全球变化与区域气象灾害风险评估丛书

未来情景下中国干旱及其影响的时空分异

程昌秀　杨　静　王　峥　著

科 学 出 版 社

北　京

内 容 简 介

本书从干旱事件的识别和特征分析，到干旱危险性评估和干旱影响因素分析，再到干旱对社会经济影响的风险评估，系统全面地分析了对比性较强的 SSP126、SSP245 和 SSP585 三种情景下干旱及其影响的时空分异特征，尤其是不同农业区的时空分异特征。本书对理解气候变化在干旱风险评估和防范中的重要作用具有重要意义，对制定气候变化适应策略和提高抗灾能力也具有重要的指导意义。

本书可以为气象、水文和农业等相关领域的科研、技术和管理人员提供参考。

审图号：GS 京（2025）0580 号

图书在版编目（CIP）数据

未来情景下中国干旱及其影响的时空分异 / 程昌秀, 杨静, 王峥著. 北京 ：科学出版社, 2025. 6. -- (全球变化与区域气象灾害风险评估丛书) .

ISBN 978-7-03-082531-5

Ⅰ. P426.616

中国国家版本馆 CIP 数据核字第 2025D2H906 号

责任编辑：郭允允　赵晶雪 / 责任校对：郝甜甜

责任印制：徐晓晨 / 封面设计：无极书装

科学出版社 出版

北京东黄城根北街 16 号

邮政编码：100717

http://www.sciencep.com

北京建宏印刷有限公司印刷

科学出版社发行　各地新华书店经销

*

2025 年 6 月第　一　版　开本：720×1000　1/16

2025 年 6 月第一次印刷　印张：11　1/2

字数：223 000

定价：168.00 元

（如有印装质量问题，我社负责调换）

“全球变化与区域气象灾害风险评估丛书”
编委会

丛书序一

近年来，全球热浪、干旱、洪涝等气象灾害事件频发，气候变化带来的影响日益显现。2022 年，联合国政府间气候变化专门委员会（Intergovernmental Panel on Climate Change，IPCC）发布报告，指出气候变化的影响和风险日益增加，随着全球气温升幅走向 1.5℃，世界将在今后 20 年面临多重灾害风险。世界气象组织 2021 年发布的《2020 年全球气候状况》中强调：持续的气候变化、极端天气气候事件的发生频率和强度均呈显著增加趋势，其带来的重大损失和破坏正在影响着人类、经济和社会可持续发展。

国际社会已高度关注气候变化引起的灾害风险，并积极推进全球从灾后应对向灾害风险综合防范转变。《2015—2030 年仙台减轻灾害风险框架》中着重强调灾害风险管理，并将全面理解灾害风险各个维度列为第一优先研究领域。世界各国政府组织与科研机构，如美国联邦应急管理署、英国气候变化委员会、荷兰环境评估署（PBL）、德国波茨坦气候影响研究所等，都在不断加强重大气象灾害风险防范能力建设方面的工作。2021 年，第 26 届联合国气候变化大会上，中美两国发表联合声明，认同气候危机的严重性，将进一步共同努力，实现《巴黎协定》中设定的将全球平均气温升幅努力限制在 1.5℃之内的目标。

中国的气象灾害种类多、频次高、影响范围广，占所有自然灾害的 70%以上，是造成社会经济损失最大的灾种之一。习近平总书记多次强调，加强自然灾害防治关系国计民生，要建立高效科学的自然灾害防治体系，提高全社会自然灾害防治能力。为增强气象灾害防御，保障经济和社会发展，全球及区域尺度的气象灾害风险评估方面也涌现出大量研究，如全球洪水人口风险评估研究、气候变暖对全球经济和人类健康风险评估研究、共享社会经济路径情景研究等。

在北京师范大学张强教授主持的国家重点研发计划项目“不同温升情景下区域气象灾害风险预估”（项目编号：2019YFA0606900）的资助下，近百名科研人员经过深入研究，系统评估了历史灾害发生规律及特点，面向未来评估了基于不同气候变化情景和共享社会经济路径下的气象灾害综合风险。研究成果揭示了气象灾害对社会经济和生态环境影响的过程和机制，构建了区域极端气候事件模拟与灾害风险预估理论框架和技术体系，研制了灾害风险预估数据集和产品共享平台，朝着全面提升不同温升情景下区域气象灾害风险预估与综合防范能力迈进了重要一步。这些区域极端气候事件的模拟及风险预估模型，以及不同温升情景下（2.0℃及以上）高精度区域气象灾害风险图集及共享平台，无疑为中国应对全球气候变化及提升综合风险防范能力提供了关键科技支撑。相关成果可望为各行业、部门和相关研究者，特别是气候变化研究、自然灾害风险评估、水文气象灾害模拟、未来气候变化预估等工作提供最新的、系统的理论与数据支撑。

项目组邀请我为“全球变化与区域气象灾害风险评估丛书”撰序，我欣然应允，并祝贺“全球变化与区域气象灾害风险评估丛书”顺利出版，相信其对我国应对气候变化和气象灾害评估研究具有示范作用和重要意义。

中国工程院院士

2022年3月于北京

丛书序二

气候变化和人类活动共同深刻地影响着流域水文循环及水资源演变过程与时空格局。自然变异及人类强迫共同促使多介质水行为中水汽输送、降水、蒸发、入渗、产流和汇流等重要水循环过程及其相互转化机制发生改变，进而改变全球水资源及自然灾害时空格局。近年来，以全球变暖为特征的气候变化显著改变了区域乃至全球尺度的水循环过程，导致洪涝、干旱等水文气象灾害频发，给经济社会发展造成了重大损失，严重影响了经济社会可持续发展。

2018 年，IPCC 组织发布的《全球 1.5℃增暖特别报告》指出，全球温度升高 2.0℃的真实影响将比预测中的更为严重，若将目标调整为 1.5℃，人类将能避免大量气候变化带来的损失与风险。所以在当前全球气候变暖的影响下，水文气象灾害在未来不同温升情景下发生发展的不确定性及其重大灾害效应已成为国家及区域可持续发展的重大科技需求。中国区域季风气候系统构成复杂，生态脆弱，灾害频发，水热交换频繁。近几十年来，大量研究表明，中国极端降水、干旱等气象灾害事件呈增加趋势，给河道安全、农业生产和社会经济等带来巨大隐患。

围绕国家战略需求，揭示气象灾害对社会经济和生态环境的影响过程和机制，研制出不同温升情景下（2.0℃及以上）高精度区域气象灾害风险图集，将会为国家应对未来气候变化提供重要的科技支撑和参考。北京师范大学张强教授带领研究团队长期从事水文气象灾害和未来气候变化研究，于 2019 年联合多家单位成功申报了国家重点研发计划项目“不同温升情景下区域气象灾害风险预估”（项目编号：2019YFA0606900）。几年来，经过深入系统研究，获得了一系列创新性成果，开展了气象灾害对社会经济影响过程与传导机制研究，模拟和预测了陆地植被生态系统结构演变及其对气象灾害影响的反馈作用，量化了气象灾害对生态环境影响的临界阈值和反馈风险，研制了多灾种–多承灾体–多区域综合风险评估模型，刻画了区域气象灾害暴发、高峰、消亡的动态演进过程，评估了不同温升情景和不同共享社会经济路径下典型区域气象灾害的社会经济和生态环境综合风险，发展集成了多致灾因子–多承灾体综合风险动态评估技术体系，为国家减灾防灾和相关政策制定提供了科技支撑，作出了重要贡献。

几年来，我见证了该项目申请、研发、阶段性成果产出以及最终的丛书成果凝练和出版。该丛书从多学科交叉角度出发，综合开展不同温升情景下区域气象灾害风险预估。通过科技创新，快速并准确地为气象灾害风险动态评估提供技术方法，为我国应对气候变化和社会经济可持续发展提供科技支撑。该丛书可作为研究气候变化、自然灾害和环境演变的科技工作者以及相关业务部门人员的参考书，还可推动气候变化科学和气象灾害研究取得新进展。

傅伯杰

中国科学院院士

2022 年 3 月于北京

丛书序三

全球变化深刻影响着人类的生存和发展，其已成为当今世界各国和社会各界非常关切的重大问题。联合国政府间气候变化专门委员会（IPCC）第六次评估报告明确指出，全球气候系统经历着快速而广泛的变化，气候变暖的速度正在加快。研究表明，全球变暖导致气象灾害事件的频率和强度均呈显著增加趋势，气象灾害对中国的灾害性影响愈趋严重。据统计，由不良天气引发的气象灾害占中国所有自然灾害的70%以上，我国每年仅受重大气象灾害影响的人口大约达4亿人次，所造成的经济损失占到国内生产总值的1%~3%。不同温升情景下，区域气象灾害风险预估研究会为国家妥善应对全球变化、参与全球气候治理及国际气候谈判提供科学支撑。

中国地处东亚季风区，复杂多样的地形地貌和气候特征决定了气象灾害的频发特征，是世界典型的“气候脆弱区”。在全球变暖背景下，区域气象灾害的演变规律及其对社会经济和生态环境的影响已成为应对气候变化的关键科学问题。深入研究温升情景下气象灾害对社会经济和生态环境影响的过程机制、特征程度、变化趋势，预估不同温升情景下区域气象灾害风险，将为应对气候变化提供科学依据，有利于提升国家综合应急能力水平与风险防范水平，具有重大的科学意义和服务国家战略的应用价值。

在北京师范大学张强教授主持的国家重点研发计划项目“不同温升情景下区域气象灾害风险预估”（项目编号：2019YFA0606900）的资助下，北京师范大学联合中国科学院地理科学与资源研究所、国家气象信息中心、青海师范大学等国内气象灾害风险预估领域的主要大学和科研机构，聚焦气象灾害风险重大科学问题，开展了“理论研究–技术研发–平台构建–决策服务”全链条贯通式研究，基于重构的气象灾害历史序列和多源数据融合技术，辨识气象灾害对区域社会经济的影响与传导特性，揭示区域气象灾害对生态环境变化的影响过程与反馈机制，形成不同温升情景下极端气候事件对区域社会经济和生态环境的综合风险评估方法体系，为未来气候变化的灾害风险防范提供决策支持。项目成果明显体现出我国全球变化研究特别是全球变化的灾害效应理论研究水平的提升，亦为我国应对气候变化和社会经济、生态环境可持续发展提供重要的科技支撑。

基于项目研究成果，项目组编撰了“全球变化与区域气象灾害风险评估丛书”，该丛书成为我国适应气候变化和应对气象灾害的标志性成果。在项目研究和丛书编撰过程中，一批气象水文灾害领域的中青年学者得到长足发展，有些已经成为领军人才。相信读者能从该丛书中体会到中国气候变化灾害效应研究水平的显著提升，看到一批青年人才成长的步伐和为未来该领域发展打下的良好基础。期盼“全球变化与区域气象灾害风险评估丛书”早日付梓，在全球变化灾害效应研究与气象灾害风险防范中发挥重要作用。

中国科学院院士

2022 年 3 月 18 日

前　言

干旱灾害是影响范围广且发生频次高，对人类造成巨大损失的自然灾害之一。《联合国防治荒漠化公约》的最新报告《旱地的全球威胁：区域和全球干旱趋势及未来预测》显示，自 1990 年以来，与此前 30 年相比，全球约四分之三的土地经历了更为干旱的状况。联合国政府间气候变化专门委员会第六次评估报告（IPCC AR6）预估，到 21 世纪中叶气候变暖将继续。中国地处欧亚大陆东部，受季风气候的影响，属于气候变化的脆弱区和敏感区，是极端气象灾害频发的国家之一，干旱造成的损失几乎达到所有气象灾害的半数以上。干旱事件的频发给生态系统和人类的生存发展带来了极大的挑战，及时准确的旱情预报是管理、减轻及应对干旱影响并保证社会和谐稳定的重要基础。开展气候变暖背景下干旱变化规律和危险性评估、干旱形成机制及其对社会经济影响的风险评估可以为旱情预报提供有利信息。

国际耦合模式比较计划（Coupled Model Intercomparison Project，CMIP）自 20 世纪 90 年代中期创建以来迅速发展，为气候变化机制的探索、未来气候变化的预估及相关影响的预测提供了不可替代的数据支持。目前，该模式比较计划已发展到第六阶段（CMIP6），情景模式比较计划（ScenarioMIP）是 CMIP6 的重要子计划之一，它在典型浓度路径（representative concentration pathways，RCPs）中融入不同共享社会经济路径（shared socioeconomic pathways，SSPs），更有利于通过社会经济发展对气候变化影响进行探索，可以为区域乃至全球可持续发展战略的选择和制定提供可靠的信息及理论依据。

危险性和风险是目前干旱研究中的两大主题，本书基于 13 套 CMIP6 气候模式数据，系统研究了低、中和高三种不同共享社会经济路径下，中国区域一般干旱、严重干旱和极端干旱三种干旱程度的危险性，不同农业区降水、气温以及二者交互对干旱的影响，以及干旱对人口和社会经济的风险。值得注意的是，干旱程度评估、干旱事件的提取以及干旱特征的评价均是危险性和风险研究的重要基础与前提，本书在进行干旱危险性和风险研究之前均对相关基础研究做了细致考量。研究基于标准化干旱分析工具（SDAT）计算标准化降水蒸散发指数（SPEI）评估干旱程度，这既考虑到干旱形成的多尺度和多因素特征，又不受限于水分平衡服从假设的单一分布特征；鉴于干旱的时空属性一体化特性，基于时空立方体方法提取干旱事件；除常用的干旱频率、持续时间、强度和影响范围等指标外，还基于时空 Moran 散点图方法分析了干旱的时空聚集性特征。

本书的研究成果期望为气象、水文和农业等相关领域的科研、技术与管理人员提供参考，为其带来新知识，启发新思路，碰撞出新思想。由于本书内容丰富，涉及面广，受作者学识水平限制，书中难免存在疏漏和不足，恳请读者给予批评指正。

作　者

2024 年 12 月

目　录

第1章 引　言

1.1 研究背景和意义

1.1.1 干旱研究的意义

干旱灾害是影响范围广且发生频次高、对人类造成巨大损失的自然灾害之一，它将导致显著的社会、经济和生态影响，引起环境、生态、水文、气象、地质和农业领域研究人员的广泛关注（Dai，2011a；Mishra and Singh，2010）。干旱几乎发生在包括多雨地区在内的所有气候区，干旱区占全球陆地面积的 40%以上，覆盖 30%的人口和 40%的农业用地。粮食安全是保证任何人在任何时候都能得到满足生存和健康需求的足够食物，这主要涉及粮食的供给保障问题，干旱灾害将直接导致粮食减产进而影响粮食安全。2017 年，中国因干旱导致的农作物受灾面积占气象灾害所致总面积的 53.4%，直接经济损失占气象灾害总损失的 13.2%（中国气象局，2019；吴泽棉等，2020）。据统计，美国因干旱事件平均每年会造成 60 亿~80 亿美元的损失（Anderson et al.，2011）。Williams 等（2022）研究表明，2020~2021 年美国西部遭遇了 1200 年以来最极端的干旱事件，大桥矗立在干涸的河床之上，游船码头已经变成干裂大地上的水泥墩。

联合国政府间气候变化专门委员会第六次评估报告（IPCC AR6）指出，随着全球气温的上升，极端高温事件发生的强度和频率将进一步加强，区域强降水与全球气候变暖几乎保持线性变化关系（IPCC，2021；周波涛和钱进，2021；王磊之等，2022）。有研究表明，如果保持目前的排放趋势，则 21 世纪末的升温水平将达到 3℃，远高于《巴黎协定》1.5℃和 2℃的气候变化缓解目标；并且如果全球变暖以目前的速度继续下去，水的供需缺口将增大五倍，而目前非洲大部分地区、澳大利亚、欧洲南部、美国南部和中部、中美洲、中国西北部和南美洲部分地区每 2~5 年就会发生一次干旱事件（Naumann et al.，2018；李华伟，2022）。近年来，由于人口的持续增加，以及农业、能源和工业等部门的无序扩张，干旱造成的影响将越加严重。

此外，20 世纪 70 年代以来，受气候变化的影响，干旱程度会逐年递增，并且会在21世纪后期对世界上的人口密集地区产生极大影响（Dai，2011b）。我国幅员辽阔，地形气候复杂，干旱造成的损失几乎达到所有气象灾害的半数以上（王劲松等，2012），而近年来，我国极端干旱事件的频率和强度均呈现显著增加趋势（刘宪锋等，2015）。及时准确的旱情预报是管理、减轻及应对干旱影响并保证社会和谐稳定发展的重要基础，这使得国内干旱风险评估更加重要。

1.1.2 气候模式研究的意义

在气候变化背景下，大气环流出现异常，水热条件发生改变，导致干旱频次和严重性均呈现显著增加的趋势，因此对不同类型干旱受气候变化影响的评估将变得尤为重要（王亚萍等，2023；Müller and Bahn，2022；Jehanzaib et al.，2020）。干旱是由降水量偏少引起的复杂自然现象，气温和风速等气候因子也会通过蒸散发对干旱的发生与发展产生不同程度的影响。未来气候因子变化的预测将对干旱风险评估与防范起到重要作用，对于制定气候变化适应战略和提高抗灾能力具有重要的指导意义。

全球气候模式（global climate models，GCMs）可以详细描述大气运动、热量交换和海–陆–气–冰相互作用等随时间演变的特征（Gleick，1989），是研究历史、现在和未来的大气变化对包括干旱在内的地表物理过程影响的重要工具（Gonzalez et al.，2010；Sun et al.，2013；Guo et al.，2015）。近年来，世界气候研究计划（World Climate Research Programme，WCRP）开发了一系列的GCMs，其中国际耦合模式比较计划（CMIP）已成为气候模拟和诊断、气候变化归因和气候变化评估的重要途径（周天军等，2014）。CMIP提供的全球气候模式已被用作IPCC第四次和第五次评估报告的支撑数据（Grose et al.，2020；Su et al.，2021），为研究地球系统对气候变化的响应提供了新思路。

1.1.3 小结

干旱是对人类造成巨大损失的灾害之一。受气候变化的影响，我国的极端干旱事件频次和严重性均有增加的趋势，及时准确的干旱风险评估将变得更加重要。干旱的发生发展与气候因子息息相关，未来气候因子变化的预测对干旱风险评估起到重要作用。气候模式是理解和预测气候及其变化的基础，对国家正确地做出未来气候变化趋势预估、减少其带来的影响和风险以及制定决策建议都有着十分重要的意义。

1.2 研究现状

1.2.1 干旱定义及特征

干旱是多要素相互作用的复杂事件，准确的干旱定义是干旱风险评估与管理的前提。干旱涉及气象、农业、水文及社会经济等学科，通常各学科对干旱有不同的理解和定义，不同的定义涵盖不同的干旱特征。时空覆盖范围广是干旱区别于其他灾害的一个特有特征（Kwon et al.，2019），一般认为干旱是特定区域和时间范围内降水量持续短缺所引起的现象（González and Valdés，2006；Beran and Rodier，1985）。降水量持续短缺是干旱的另外一个重要特征，它表明干旱不会立即形成，而是降水短缺在一段时间内积累而蠕变的结果。

降水量持续减少到一定程度将会对农业、水文、人类活动和社会经济产生影响。根据影响对象的不同，干旱又被分为气象干旱、农业干旱、水文干旱和社会经济干旱四种类型（Mishra and Singh，2010）。多尺度是干旱的又一重要特征，不同时间尺度累积的降水短缺将产生不同类型的干旱（Svoboda et al.，2012；胡彩虹等，2016）。气象干旱、农业干旱、水文干旱和社会经济干旱的发生具有一定的先后顺序，干旱之间的传递关系如图 1-1 所示。部分学者认为，不同的干旱尺度也在一定程度上反映了某种干旱类型。气象和土壤水分条件在较短的时间尺度上对水平衡异常反应敏感（如农业干旱），短时间尺度上（1~6 个月）的降水短缺将会对土壤湿度产生影响，土壤水分是农作物水分供给的主要来源，土壤水分的短缺进而引发农业干旱。通常，气象干旱对农业的影响要在 3 个月之后才能显现出来。径流、地下水和水库储存水的短缺对较长时间尺度干旱反应敏感（如水文干旱），在较长时间尺度上（＞6 个月），土壤水分的短缺又会影响河流湖泊的水量补给和水库、湿地的蓄水量等，进而引发水文干旱。当农业

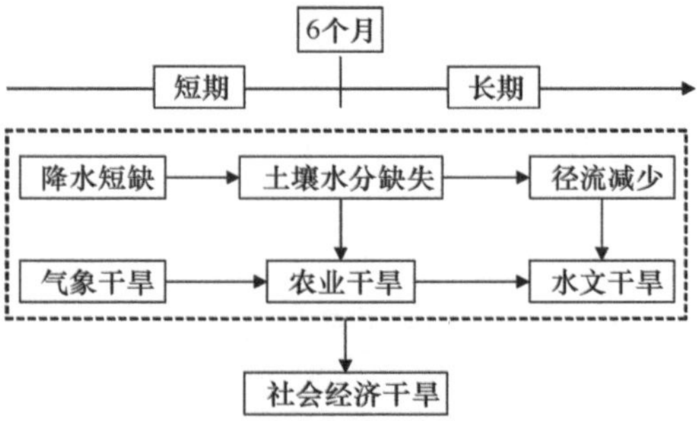

图 1-1　干旱之间的传递关系

干旱和水文干旱发展到一定程度，又会对社会、经济和环境产生影响，由此便产生社会经济干旱（Zargar et al.，2011；张强等，2014；Bae et al.，2019）。

目前大多数研究对干旱的监测分别从时间和空间两个维度进行探究，而未从总体的时空尺度上去分析干旱的特征与变化。目前最常用的干旱事件的识别方法是游程理论（侯陈瑶等，2019；韩会明等，2020；Mesbahzadeh et al.，2020）。该理论认为，当干旱指数低于某一阈值，且持续时间超过一定长度时干旱事件会发生。它更多的是从时间连续性的角度定义干旱事件，忽略了空间连续性。然而，一次干旱事件除了具有时间连续性，还具有空间影响力，时空特性是一个整体，有必要进行时空一体化的干旱事件提取。

常用的干旱事件的特征评估指标有空间范围、持续时间、严重性、强度和频次等（Shao et al.，2018；胡子瑛等，2018），这些特征是干旱危险性分析的基础。空间范围是指干旱事件发生时受到影响的空间区域，可以是多个像元，也可以是多个流域和行政区。持续时间可以从几周到几年，其通常与研究的时间尺度有关。例如，在短时间内某区域可能会表现出显著的干旱特征，但是从长时间来看，这种干旱特征可能会消失（Gocic and Trajkovic，2013）。严重性是降水短缺的程度。例如，某一时间段内累积的降水量短缺，可以反映因降水量短缺而对目标对象产生的负面影响程度（Wu and Wilhite，2004），如降水量短缺对农作物减产的影响程度。强度为单位时间内的干旱严重性，频次为干旱事件间的平均间隔时间。黄浩等（2020）和 Carrão 等（2018）均应用干旱严重性和频次构成综合指标评估干旱危险性；Liu 等（2021）将干旱的持续时间也考虑在内，基于干旱频次、持续时间和强度评估干旱危险性。

1.2.2 干旱的影响因素

自 20 世纪 80 年代以来，研究学者就从不同的影响因素着手，研究了中国区域干旱的形成机制。降水和温度是干旱危险性研究的两大直接影响因素，对降水和温度进行实时分析也是干旱影响要素分析最直接的方式。海温异常升高及海洋运动引起大气环流异常，导致降水减少，进而造成干旱。中国大部分的气候灾害由东亚气候系统变化引起（叶笃正和黄荣辉，1996），干旱灾害也不例外。干旱几乎遍布整个中国区域，华北地区受“西高东低”的环流趋势影响，夏季降水较少，比较容易引发干旱事件（邵小路等，2014）。西北地区东部在干旱年夏季常盛行“上高（西部型南亚高压）下高（新疆高压脊或伊朗高压东伸上青藏高原）”组合流型，而西北地区西部在干旱年夏季也常盛行“上高（西部型南亚高压）下高（中亚或新疆高压脊或伊朗高压东伸）”组合流型，这在一定程度上加重了该区域的干旱（钱正安等，2001）。自 2000 年以来，中国西南地区的干旱也逐渐加重，在南支槽强度弱、孟加拉湾水汽输送少以及弱极涡背景下，异常波活动造成的北极涛动（Arctic Oscillation，AO）负异常引起的冷空气路径偏东是西南地区持续干旱的重要原因（胡学平等，2015）。

除降水之外，随着气候变暖，升温引起蒸发潜力的变化是加剧干旱的又一重要原因（Vicente-Serrano et al.，2014；Agana and Homaifar，2017）。有些区域尽管每年的降水均会增加，但是受该区域最高、最低气温的影响，干旱依然会加重（Yao et al.，2020）。温度每上升 1.1℃，干旱就会进一步加重（Yao et al.，2018）。华东地区处于亚热带季风气候区，雨热同季，水汽充沛，但随着全球变暖，华东地区夏季干旱发生频率越来越高。韩兰英等（2014，2019）在干旱频发的南方地区也开展了诸多干旱成因分析，强调气温升高、区域降水减少和植被覆盖度降低等因素加剧了干旱程度。21 世纪末，受气温上升的影响，陕西北部干旱化的趋势将会加重（Wang et al.，2020）。Han Z 等（2021）研究表明，显著增加的降水并没有减轻黄土高原的农业干旱，而显著升高的气温是该区域农业干旱形成的重要因素。

尽管受降水减少和温度升高的影响，不同区域的气象干旱将存在频次增加、强度加剧及范围增大的特点（Dai and Zhao，2017），但引起不同地区气象干旱发生的因子，或引起同一地区不同时段气象干旱发生的因子却不尽相同。从区域气候类型与差异来看，地区气候类型与差异决定了干旱的影响特征。Pei 等（2022）研究表明，从整个中国区域来看，降水减少是干旱的主要成因；Liang 等（2014）研究表明，华南地区和青藏高原的气温对干旱发生产生不可忽视的影响；Ullah 等（2022）研究发现，在南亚干旱指数和降水呈现正相关，而和温度呈现负相关。虽然针对不同区域、不同时间尺度的干旱形成原因已有较多研究，但大多数只是定性分析，缺乏多因子之间相互作用的定量分析与评估。因此，厘清不同地区干旱形成的多因子协同作用，并量化不同因子对干旱危险性的影响程度，是当前面临的重要科学问题。

1.2.3 干旱程度评估指数

干旱程度评估指数的合理选择是开展干旱监测和危险性评估的前提。目前研究学者从单要素到多要素、从单尺度到多尺度、从空间同质到异质逐步完善，发展了众多的农业干旱评价指标。其中，最常用的指标有帕尔默干旱指数（PDSI）、标准化降水指数（SPI）、标准化降水蒸散发指数（SPEI）以及非参数的标准化干旱分析 I 具（SDAT），各个常用干旱指数的优缺点如表 1-1 所示。PDSI 是基于水平衡理论构建的多要素农业干旱指标（Palmer，1965），它既考虑了降水又考虑了潜在蒸散量，但是该指标系数是基于美国地区的实验而获得的经验系数，只能代

表一部分区域的气候特征，这使得该指数运用在与经验系数所在实验区气候差异较大的区域时，结论可能不一致，在全球范围内不具有普适性（Wells et al.，2004）。另外，PDSI 只能评价单一时间尺度的干旱，不具有多尺度特性。而多尺度是干旱的重要特征，通常干旱的时间尺度也称为滞后尺度，它指水分从发生亏缺开始到对社会、经济和环境等产生影响的时间间隔。随后有人提出多尺度的 SPI，它通过计算给定时间尺度内降水量的累积概率来反映干旱，如果该指数小于 0 则表明该地区的降水量小于该地区的平均降水量，将被视为干旱，绝对值越大则干旱程度越大。这便能脱离经验系数的限制，较为有效地表达降水的区域差异（Paulo et al.，2016）。SPI 虽然实现了多尺度的干旱评价，但是只顾及降水对干旱的影响，没有考虑气温等其他因素的影响，而有些区域的气温对干旱的影响不可忽视，因此该指数在某些地区的适用性仍然受限。为弥补单因素评估干旱的不足，Vicente-Serrano 等（2010）在 SPI 的基础上引入潜在蒸散项构建了 SPEI。该指数综合了 PDSI 和 SPI 的优点，同时考虑了降水和蒸散发对干旱的影响，而且可以反映干旱在长短期多个时间尺度的干旱情况。

表 1-1　各个常用干旱指数的优缺点

干旱指数	优点	缺点
PDSI	综合考虑了降水、蒸散发和土壤湿度	尺度单一；基于美国平原地区得到的参数，缺少基于山地、极端气候区的校正参数
SPI	多尺度、简单	只考虑了降水；需要假定数据的分布函数
SPEI	多尺度、简单、综合考虑降水和蒸散发	需要假定数据的分布函数
SDAT	多尺度、无须假定数据的分布	

前述干旱指数的构建均假设数据服从某一概率分布函数，但是随着研究的深入，有研究表明参数分布函数并不适合所有的数据分布，尤其是在陆地/全球尺度研究中（Guttman，1999；Farahmand and AghaKouchak，2015）。分布函数的选择将会对结果产生影响，尤其是尾部分布（Quiring，2009）。针对这一缺陷，SDAT 基于无须假设代表性参数分布的非参数框架来评估干旱程度（Farahmand and AghaKouchak，2015）。该指数与 SPI、SPEI 类似，通过计算给定时间尺度内降水的累积概率来反映干旱程度，因此也可以表达干旱的多尺度特征。此外，它利用经验分布函数代替伽马（Gamma）分布或其他分布函数进而进行干旱评估，这避免了数据分布假设不合理对结果产生的影响。另外，该方法的自适应性也比较强，除降水外，还可以评估土壤湿度、气温、径流等多种要素的“盈亏”程度。自 2015 年提出以来，该方法得到越来越广泛的应用（Faiz et al.，2022；Gaona et al.，2022；Yin et al.，2022）。

综上所述，在常用的干旱指数中，SPEI 具有多尺度特征且综合考虑了降水和蒸散发之间的平衡关系，但需要事先假定数据的分布函数，而分布函数的选择不同得到的研究结果也可能会不同，SDAT 基于经验函数分布的指数构建方式可以弥补这一不足。

1.2.4 干旱的时空分异

不同学者针对未来不同情景下，对不同区域、不同尺度的干旱特征进行研究。他们大多借助干旱指数，采用运行理论识别干旱事件，统计干旱发生的频率、持续时间、强度和影响范围，分析干旱的时空变化。然而，这些研究往往忽视了干旱的聚集性特征。事实上，并非所有干旱都会对社会经济和人类安全造成影响，持续时间长、影响范围广、强度高的干旱更容易造成损失。从时空立体的角度分析，处于干旱事件时空中心的区域更容易受到损失，该区域就是干旱的时空聚集区。

近年来，不少学者对未来干旱的时空格局和趋势进行了研究。例如，Cook 等（2020）研究 21 世纪全球的干旱情况，发现中国属于强烈干旱的热点地区；Zhang 等（2021）利用自适应帕尔默干旱强度指数（self-calibrating Palmer drought severity index，scPDSI）和标准化土壤水分指数（standardized soil moisture index，SSIS）研究中国 21 世纪的干旱趋势，认为在中国西北地区干旱和内蒙古地区干旱的影响区域与严重程度将下降，而中国南方地区将上升；Song 等（2021）采用聚类算法识别中国区域的三维干旱事件，认为在 21 世纪的 9~12 月，干旱的发生频率显著增加。

在众多研究的共同推动下，干旱时空格局和变化研究领域已发展了多种干旱识别和分析方法。例如，Andreadis 等（2005）首次提出“强度–面积–持续时间”（severity-area-duration）法并被广泛使用，因为该方法可以将单个干旱事件的空间范围、持续时间和严重程度相结合来进行分析（Blanchet and Mélèse，2020；Satish et al.，2021）。然而，这些方法均忽视了干旱集聚程度的特征。Guan 等（2022）考虑到干旱的总体影响也受干旱集聚程度的制约，利用聚集指数（aggregation index，AI）、总体面积（total area，TA）、斑块数量（number of patches，NP）分析全球干湿区的集聚程度，进而分析干湿变化特征。但是，AI 是空间全局聚集指数，仅能从空间和全局角度进行研究。事实上，考虑干旱的时空和局部集聚程度特征是必要的，因为干旱属于渐发性灾害，空间聚集指数的使用会忽略其时间连续性特征。并且局部聚集指数可以揭露局地的集聚程度特征，而全局聚集指数将空间作为一个整体，忽视了空间分异性。因此，从以上角度来看，对干旱时空变化进行时空局部聚集性的分析具有重要意义。

与气候温和的区域相比，干旱时空聚集区更易造成经济损失。因此，识别未来情景下干旱时空聚集区、分析其时空特征和变化规律可以为未来干旱风险评估提供基础，也可以为农业部门制定防灾减灾政策提供依据。

时空聚集区的识别由空间聚集区识别发展而来。目前，时空统计学中较为成熟的方法是时空扫描统计法，即利用不同大小的圆柱体在时空数据中进行扫描，找出显著聚集的若干圆柱作为时空聚集区。该方法已被 Kulldorff 等（1998）在 SaTScan 软件中实现，并广泛应用于疾病发病的时空聚集区识别中（Glaz et al.，2001；刘牧文等，2021；上官致洋等，2020；刘利利等，2020）。近年来，有研究通过改进该方法，将其应用于气象资料的时空聚集区识别中（Wan et al.，2021；张婷等，2019）。

时空扫描统计法的识别结果较为准确，但是扫描得到的聚集区结果为圆柱形，不够精确，而且严重依赖最大扫描窗口等参数的设定，需要做大量的尝试，因此存在原理、参数复杂等问题。时空 Moran 散点图的方法由 Moran 散点图发展而来，与时空扫描统计法相比具有计算简单、范围精确的优点（王峥等，2022）。因此，本研究利用时空 Moran 散点图的方法识别未来 SSP126、SSP245、SSP585 情景下 2020～2100 年干旱的时空聚集区。并且考虑到干旱造成的损失与发生区域和季节密切相关，研究还分析了不同农业区和不同季节干旱时空聚集区的时空变化。

1.2.5 干旱的风险评估

为适应自然灾害从应急管理向风险管理的转变，联合国国际减灾战略（United Nations International Strategy for Disaster Reduction，UNISDR）中明确提出，必须建立与风险共存的社会体系，强调从提高社区抵抗风险的能力入手，促进区域可持续发展（ISDR，2004；史培军等，2009）。对于发展中国家而言，强调发展与加强综合风险防范显得尤为重要。

自 20 世纪 90 年代开始，为响应“国际减灾十年”活动，中国开展了大量的灾害风险研究工作。灾害学家试图从系统论的角度认识自然灾害风险要素及相互作用。史培军（2005）提出区域灾害系统是由致灾因子（H）、孕灾环境（E）与承灾体（S）共同组成的地球表层系统结构体系（D_S）。2014 年，IPCC 第五次评估报告认为，灾害风险不仅取决于致灾因子的严重程度，在很大程度上也取决于暴露性和脆弱性水平。张强等（2017）在灾害系统理论的基础上进一步提出了干旱灾害风险形成机理的概念模型，如图 1-2 所示。该模型能全面客观地表征干旱的形成过程。旱灾的致灾因子主要受气候变化的影响而导致水分供给不足，包括降水、气温、径流、土壤水、地下水等自然要素（Kalisa et al.，2020）。例如，Gu

等（2020）研究表明，中国区域降水和径流对温度高度敏感，进而对干旱产生巨大影响；Lu 等（2019）研究表明，气温和降水等因子的差异将导致全球干旱存在差异。致灾因子将导致干旱，其具有危险性，但干旱的发生不一定会导致旱灾。干旱发展到一定程度后将导致水源匮乏，对作物和植被的生长、人类生产生活、经济等造成不利影响。因此，旱灾的承灾体既包括人类社会（如人口、财产），又包括与人类社会密切相关的生态环境，其包含暴露性和易损性两个属性。Liu 和 Chen（2021b）研究了国内生产总值（GDP）和人口等承灾体的暴露性，结果表明，与历史阶段（1986~2005 年）相比，人口在 2040~2059 年将增加 2%，GDP 将是历史阶段的 14 倍。Liu 和 Chen（2021a）既研究了 GDP 和人口等承灾体的暴露性，又研究了承灾体的易损性。柳媛普等（2018）基于人口、GDP 和耕地面积共同构建承灾体的易损性指数。干旱孕灾环境是干旱灾害风险形成的环境条件，能够对干旱灾害风险起到缩小或放大的作用。一般来说，稳定性较差、抗干扰能力较低及容易传递干旱信息的孕灾环境，其干旱灾害风险性会更显著，所以生态环境脆弱带大多是发生干旱灾害的高风险区（张强等，2014）。

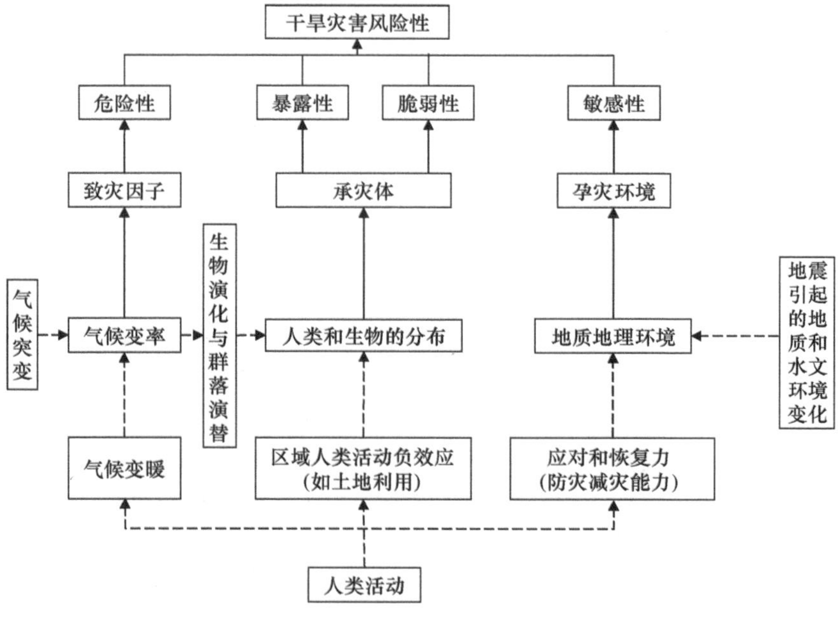

图 1-2　干旱灾害风险形成机理的概念模型（张强等，2017）

旱灾风险评估方法可归类为基于旱灾风险评估系统要素构建的风险评估模式、基于数据驱动的旱灾风险评估方法和基于物理成因过程的损失风险评估方法

（王春乙等，2015；金菊良等，2016）。基于旱灾风险评估系统要素构建的风险评估模式是从旱灾风险系统组成要素的视角出发，构建可表征干旱危险性、承灾体脆弱性和暴露性，以及孕灾环境易损性等特征的指标，进而构建综合指标表征旱灾风险。例如，Zhao 等（2020）选取牧场面积、农作物面积和人口作为暴露性指标，选取 GDP、灌溉面积、水库个数作为脆弱性指标，基于 SPEI 评估干旱危险性，将三者相互作用的结果作为干旱风险。Meza 等（2020）分别针对人工灌溉和雨水灌溉的农作物系统构建干旱危险性指标，暴露性指标为灌溉农作物和非灌溉农作物的面积，基于社会生态的易损性和防灾减灾能力构建脆弱性指标。该方法可反映旱灾风险系统中各要素影响旱灾风险的程度。基于数据驱动的旱灾风险评估方法利用数理统计的方法，基于概率密度函数估计和信息扩散理论法等评估干旱风险概率。例如，李京芳等（2022）运用 Copula 函数计算干旱特征变量之间的联合累积概率，分析了干旱联合重现期和同现重现期，以此表征旱灾风险。该方法评估原理简单，能在一定程度上反映旱灾风险的不确定性。基于物理成因过程的损失风险评估方法可较好地反映旱灾风险的物理成因过程。米娜等（2016）基于水分管理模型和作物生长模型模拟土壤干旱胁迫对作物生长和产量的影响。

1.2.6 气候模式模拟气候变化

从 1995 年 WCRP 提出 CMIP 以来，该计划已经从 CMIP1 发展到 CMIP6，如图 1-3 所示。CMIP5 和 CMIP6 是目前最常用的两种气候模式。CMIP5 模拟了不同温室气体和气溶胶浓度而导致的不同辐射强迫水平，即典型浓度路径（RCPs）下包括气候因子在内的众多变量时空值。该路径包括 4 种不同的情景：RCP2.6、RCP4.5、RCP6.0 和 RCP8.5，分别表示到 2100 年辐射强迫分别稳定在大约 2.6 W/m^2、4.5 W/m^2、6.0 W/m^2 和 8.5 W/m^2（van Vuuren et al.，2011；徐新创等，2017）。与早期的版本相比，CMIP6 使用共享社会经济路径（SSPs）和 RCPs 相结合的形式，模拟相应情景下不同时空范围的变量值。SSPs 的设定是根据当前国家或地区的实际情况，以及发展规划来获取具体社会经济发展情景，既包括人口、GDP 等定量指标，以及人力资源、经济发展、生活方式、人类发展、环境与自然资源、政策与机构、技术发展等定性指标（姜彤等，2020），还包括未来减缓、适应和应对气候变化的努力措施（O'Neill et al.，2016；Ukkola et al.，2020）。CMIP6 中的一些气候模式还包括了前几代中未包含的气候过程和地球系统要素，具有更完善的气候系统参数范式（Eyring et al.，2016；周天军等，2019），这对于重新评估气候系统对人为强迫的响应和更新未来气候预测非常重要（Gusain et al.，2020；Lyu et al.，2020；Carvalho et al.，2021）。

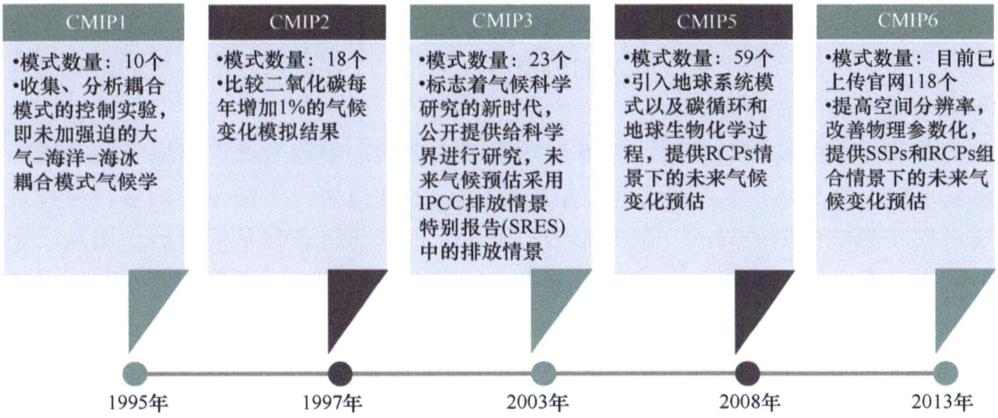

图 1-3 CMIP 发展时间轴（范雪薇等，2023）

CMIP 数据已被广泛地用于气候研究，从 CMIP1 到 CMIP6，CMIP 数据对中国区域的气候模拟能力也越来越好。IPCC 第五次评估报告指出，CMIP5 相较于 CMIP3，在气温和大尺度降水模拟能力方面有所提升（IPCC，2013），尤其对气温有更好的模拟效果（Koutroulis et al.，2016）。此外，其在模拟亚洲夏季风方面也展现出更大的优势（Sperber et al.，2013）。张艳武等（2016）评估 CMIP5 中 29 个气候模式的平均模拟能力，结果表明，各个模式能较好地模拟过去 100 多年中国地区的增温趋势和年平均气温的空间分布，尤其对中国中部和南部模拟的精度更高。张冰等（2014）利用东亚地区格点降水数据与 CMIP5 中 42 个 GCMs 对降水模拟进行对比，利用降水强度指数分析了中国区域多模式集合（MME）模拟的干旱面积、频率和空间分布情况。结果表明，与观测值相比，MME 能够有效地表征中国区域干旱特征的时间趋势。CMIP6 的表现还要更优于 CMIP5，近年来也有众多研究评估 CMIP6 模式在中国区域的表现（Xu et al.，2021；Yang et al.，2021）。Zhu 等（2020）研究表明，与 CMIP5 相比，CMIP6 模式对中国区域气候因子的模拟结果有所提升，尤其是降水的格局和年际变化，且总降水量的区域平均偏差已从 127%（CMIP5）降低到 79%（CMIP6）。与 CMIP5 相比，CMIP6 未来更容易受到研究学者们的关注。

1.2.7 小结

干旱是多要素相互作用的复杂事件，它的形成不仅包含复杂的时空动力学过程以及多尺度的水分和能量循环机制，还涉及气象、农业、水文和社会经济等领域。干旱具有时空延展和多尺度等特性。准确的干旱事件描述有助于干旱危险性的精准估计和风险管理，目前常用的游程理论侧重于描述干旱事件的时间持续性，而忽略了空间持续性。此外，常用的干旱事件特征评估指标有空间范围、持续时间、严重性、频次和强度等。在气候变化背景下，大气环流异常和水热条件发生改变，是干旱频次和严重程度增加的根本原因，但干旱危险性最直接的影响因素为降水减少和温度升高。

基于干旱的特征与成因，学者们发展了众多的干旱程度评价指标，如 PDSI、SPI、SPEI 和 SDAT 等。在这些干旱指数中，SPEI 既可以表征干旱的多尺度特征又考虑了影响干旱的降水、温度等多种因素，但其前提条件是假设数据服从一定的分布函数，对于较大的区域范围来说，一种分布函数并不适用于所有区域。而 SDAT 基于经验分布的干旱评估方式可以在一定程度上弥补 SPEI 的不足，因此基于 SDAT 框架的 SPEI 可以作为评估干旱程度的指数。

时空分异是干旱的重要特征，就干旱的时空分异分析而言，大部分的研究将时间和空间的表达割裂开来，较少有时空一体的研究。此外，干旱的时空分异研究多为干旱频次、强度、严重性等特征在时间或空间上的变化，忽略了干旱的聚集性特征，而现有的干旱聚集性指标多为空间聚集性评价，较少有时空一体的聚集性评价。即便有干旱时空聚集性的分析方法，如时空扫描统计法，但是该方法扫描得到的聚集区结果为圆柱形，不够精确，而且严重依赖最大扫描窗口等参数的设定，需要大量的尝试。

旱灾风险评估方法可归类为基于旱灾风险评估系统要素构建的风险评估模式、基于数据驱动的旱灾风险评估方法和基于物理成因过程的损失风险评估方法。灾害学家试图从系统论的角度认识自然灾害风险要素及其相互作用，基于旱灾风险评估系统构建的风险评估模式可以反映旱灾风险系统中各个要素对旱灾风险的影响程度。

CMIP6 模式采用了较以往更加合理的参数化方案，综合考虑了大气中温室气体排放、气溶胶浓度、社会经济、科学技术发展及政府规划等多方面的影响，且具有更好的分辨率，其将提供可靠性更高的气候变化预估结果。众多研究也表明其对降水和气温的模拟能力均好于以往阶段的 CMIP 数据。

1.3 研究中存在的问题

干旱影响范围广且发生频次高。我国幅员辽阔，地形、气候复杂，干旱造成的损失几乎达到所有气象灾害的半数以上，近年来干旱程度还会逐年递增，因此干旱风险评估显得尤为重要。当前研究存在以下不足。

（1）现有的干旱事件提取方法更侧重于时间持续性，而忽略了空间连续性。时空覆盖范围是旱灾区别于其他灾害的特有特征，除了有时间上的持续性还具有空间上的连续性，干旱事件提取有必要同时考虑时间和空间范围。

（2）干旱时空聚集性特征的提取未同时考虑时空要素，且现有的时空聚集性方法所得结果不够精确。除空间范围、持续时间、严重性、频次和强度等特征外，聚集性也是干旱的重要特征，现有的干旱聚集性评价方法通常更侧重于空间聚集性，从时空局部聚集的角度对干旱的时空变化进行分析具有重要意义。

（3）针对不同区域和时间尺度的干旱形成原因，缺乏多因子相互作用的定量分析与评估。现有的干旱成因分析更多的是定性分析，而定量分析有助于危险性以及风险模型的建立，且现有研究更侧重于单因子作用的研究，而干旱作为复杂事件通常受多种因素的影响。此外，不同区域、不同时间尺度的干旱成因也会有所差异，目前缺少干旱成因空间分异性的研究。

1.4 本书的内容与框架

结合上述问题，本书评估了 SSP126、SSP245 和 SSP585 情景下 2020~2100 年的干旱危险性，并分析了干旱危险性的时空分异、不同情景下干旱的时空聚集区，以及干旱危险性与降水和温度间的时空相关性分异格局，最后基于干旱风险系统理论评估了三种情景下干旱风险的时空分异，章节组织如图 1-4 所示，主要研究内容为第 4~第 7 章，具体内容如下。

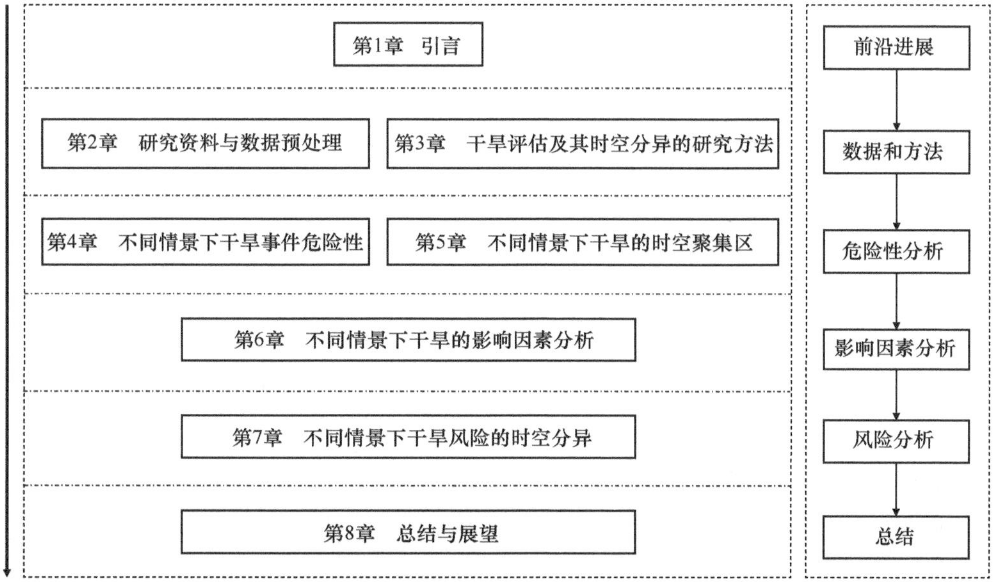

图 1-4 章节组织

（1）不同情景下干旱事件的提取与特征分析，以及危险性评估。本部分首先基于 SDAT 框架计算的 SPEI 指数识别干湿程度，利用时空立方体模型提取 SSP126、SSP245、SSP585 三种共享社会经济路径下 2020~2100 年的干旱事件，该模型可以同时保证干旱事件在时空上的连续性，较完整地展示干旱事件的时空分异；其次将干旱事件分为一般干旱、严重干旱和极端干旱三种类型，分别分析了不同农业区不同类型干旱事件的面积、持续时间、强度、严重性等特征，以及这些特征在不同时间段和区域间的差异；最后分别评估了不同情景下不同区域的干旱危险性。

（2）不同情景下干旱时空聚集区的提取及其时空变化分析。本部分利用时空 Moran 散点图的方法识别未来 SSP126、SSP245、SSP585 情景下 2020~2100 年干旱的时空聚集区，该方法与时空扫描统计法相比具有计算简单、范围精确的优点。此外，考虑到干旱造成的损失与发生区域和季节密切相关，研究还分析了不同农业区和不同季节干旱时空聚集区的时空变化。

（3）不同情景下干旱与影响因素间时空相关性的分异研究。本部分分别评估了不同情景下降水和气温演变趋势的空间分异；干旱与降水和气温的时空相关性，并展示了时空相关性的空间分异；基于地理探测器分析了降水和气温，以及二者交互对干旱的解释力。

（4）不同情景下干旱风险的评估。本部分基于干旱风险的系统理论模式，以人口和 GDP 表征干旱承灾体的暴露性，以人均 GDP 表征干旱承灾体的脆弱性，进而构建在干旱危险性、承灾体的暴露性和脆弱性指标共同作用下的干旱风险评价指数，分析了不同情景下一般干旱、严重干旱和极端干旱的风险时空分异，进而明确不同发展路径对干旱风险所产生的影响。

第 2 章　研究资料与数据预处理

本书所用数据可概括为致灾因子数据和承灾体数据两大部分：致灾因子数据由降水和气温组成，包括历史数据与 SSP126、SSP245 和 SSP585 三种未来情景数据两部分，由于未来情景数据本身参数化过程存在不确定性以及对地形等要素存在描述性偏差等原因，大部分气候模式数据与真实情况依然存在很大差别，需要基于历史数据对未来情景数据进行校正，并对其精度进行评估；承灾体数据包括不同情景下的人口和 GDP 数据。各数据与章节间的对应关系如图 2-1 所示。

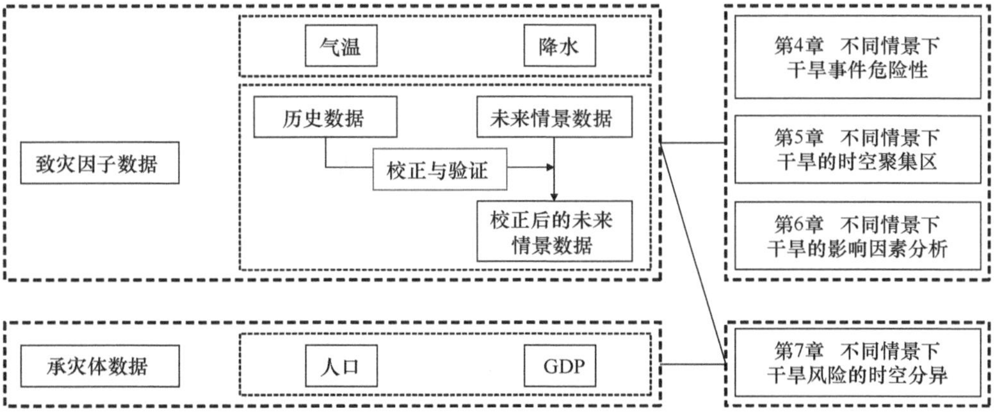

图 2-1　各数据与章节间的对应关系

2.1　历史气象数据

本书基于 CN05.1 格点化观测数据集对未来情景数据进行校正与验证。CN05.1 数据集是由吴佳和高学杰（2013）使用国家气象信息中心 2416 个国家级信息台站（基本站、基准站和一般站）采用薄板样条函数法和角距权重（ADW）法分别插值后叠加得到的格点数据集。该数据集有 0.25°×0.25°和 0.5°×0.5°两种空间分辨率、天和月两种时间分辨率，数据的时间范围是 1961~2012 年。CN05.1 数据集因其高空间分辨率已被应用于诸多研究，与其他降水产品相比，CN05.1 数据集能更准确地描述中国降水的空间分布特征（Li et al.，2017；Zou and Zhou，2022；Xie et al.，2022）。同时，它也是最常用的对气候模式数据进行校准的基准数据之一，已被广泛地应用于全球或区域气候模型的校正和验证（Xu et al.，2009；Li et al.，2014）。本研究选取空间分辨率为 0.5°×0.5°的逐月时间尺度的数据集对未来情景数据进行校正和验证。

2.2 未来情景气象数据

2.2.1 CMIP6 数据集介绍

气候系统模式是目前研究气候变化机理和预估未来气候的主要工具，可以为科学研究提供重要资料和参考依据。CMIP 已经历了六个阶段，为科技工作者提供了详细且极具价值的参考数据。CMIP6 是 WCRP 发起 CMIP 计划实施近 30 年来参与气候模式数量最多、设计科学试验最为详细完善的新一轮比较计划，为未来 5～10 年的全球气候变化研究提供了丰富的模式数据。CMIP6 着重于回答以下三大科学问题：①地球系统如何响应外部强迫；②造成当前气候模式存在系统性偏差的原因及其影响；③如何在受内部气候变率、可预报性和情景不确定性影响的情况下对未来气候变化进行评估。针对上述热点问题，自 2015 年开始，CMIP6 已经开展了 23 个模式相互比较项目（model intercomparison projects，MIPs），并有超过 100 个模式组参与其中。情景模式比较计划（ScenarioMIP）是 CMIP6 的重要子计划之一。ScenarioMIP 设计中分两步确定强迫路径：首先确定未来全球平均的辐射强迫水平，在保持 CMIP5 辐射强迫水平连续性的基础上，填补 CMIP5 强迫路径的空白；其次选择每种辐射强迫水平对应的社会经济情景（张丽霞等，2019；范雪薇等，2023）。

SSPs 描述了没有气候政策影响下的未来社会发展情况，针对不同温室气体排放情景设定了不同的发展路径，共提供了 5 个基础的共享社会经济路径，即可持续发展路径（SSP1）、中间路径（SSP2）、区域竞争路径（SSP3）、不均衡路径（SSP4）和以传统化石燃料为主的路径（SSP5）（Popp et al.，2017；姜彤等，2020）。每个情景中，都包括一套由化学活性气体、气溶胶和温室气体的排放与浓度、土地利用/土地覆盖组成的时间路线，影响着国家不同发展战略路径的选择（姜彤等，2018；翁宇威等，2020）。其中，为了方便科研工作者在进行未来气候预测时有更多选择，CMIP6 不仅将 CMIP5 模式下的 RCP2.6、RCP4.5、RCP6.0 和 RCP8.5 升级为 SSP126、SSP245、SSP460 和 SSP585，同时新的排放模式还包括 SSP119、

SSP434、SSP534OS 以及 SSP370。本研究选取了对比性较强的 SSP126、SSP245 和 SSP585 三种情景数据进行分析。

2.2.2 数据选择

本研究需要获取未来情景下逐月尺度的气温和降水数据，以便准确识别干旱时空聚集区、分析干旱特征。为了得到较为可靠的结果，本研究选用 CMIP6 气候模式数据集中的 13 套 GCMs，首先进行数据的误差订正与降尺度，然后取多模式平均作为最终结果。13 套数据的选取标准为：①模式数据的变量至少包含气温、降水，以便计算 SPEI；②模式数据至少包含历史数据和 SSP126、SSP245、SSP585 未来情景数据；③模式数据空间分辨率不低于 100km，若空间分辨率过低，效果可能不好；④数据可获取。根据以上标准，本研究共筛选出 13 套符合要求的数据，如表 2-1 所示。但是，EC-Earth3-Veg 和 EC-Earth3-Veg-LR 模式的降水数据缺失值较多，因此在计算降水的多模式平均结果时将这两个模式剔除。

表 2-1　来自 CMIP6 数据集的 13 套 GCMs 信息

序号	模式名称	研究机构所在国家或地区	CMIP 的时间范围	ScenarioMIP 的时间范围	分辨率（经度×纬度）
1	AWI-CM-1-1-MR	德国	1850～2014 年	2015～2100 年	0.94°×0.94°
2	BCC-CMS2-MR	中国	1850～2014 年	2015～2100 年	1.125°×1.125°
3	CAMS-CSM1-0	中国	1850～2014 年	2015～2099 年	1.125°×1.125°
4	CESM2-WACCM	美国	1850～2014 年	2015～2299 年	1.25°×0.94°
5	EC-Earth3-Veg	欧洲	1850～2014 年	2015～2100 年	0.7°×0.7°
6	EC-Earth3-Veg-LR	欧洲	1850～2014 年	2015～2100 年	1.125°×1.125°
7	FIO-ESM-2-0	中国	1850～2014 年	2015～2100 年	1.25°×0.94°
8	GFDL-ESM4	美国	1850～2014 年	2015～2100 年	1°×1.25°
9	INM-CM4-8	俄罗斯	1850～2014 年	2015～2100 年	1.5°×2°
10	INM-CM5-0	俄罗斯	1850～2014 年	2015～2100 年	1.5°×2°
11	MPI-ESM1-2-HR	德国	1850～2014 年	2015～2100 年	0.94°×0.94°
12	MRI-ESM2-0	日本	1850～2014 年	2015～2100 年	1.125°×1.125°
13	TaiESM1	中国	1850～2014 年	2015～2100 年	1.25°×0.94°

注：BCC-CMS2-MR、CAMS-CSM1-0 和 FIO-ESM-2-0 的研究机构在中国大陆；TaiESM1 的研究机构在中国台湾。

2.2.3 误差订正与降尺度

1. 误差订正法

尽管在不断发展和改进过程中，气候模式数据的模拟效果和分辨率都有了极大的提高，但目前大部分气候模式数据与真实情况依然存在较大差别。因此，将气候模式结果应用于各种类型的研究之前，需要对其进行误差订正。

误差订正的方法有很多。目前，常用的误差订正法有增量法、分位数映射（quantile mapping，QM）法等。增量法认为同一地点的观测数据与模式数据的偏差不随时间变化，即对于温度而言，假设某地区某一段时间内观测平均温度与模式数据模拟的平均温度相差 2℃，则在另一段时间内观测数据与模式数据平均温度之差也为 2℃。降水数据的订正与其类似，仅将作差改为作比。显然，增量法原理简单，但是存在效果差、无法处理日尺度数据的缺点。QM 法是基于累积概率分布的订正方法，旨在调整需要订正数据的累积分布函数（cumulative distribution function，CDF），使其更接近观测数据，近期的研究中使用此方法的居多（Qian and Chang，2021；Huang et al.，2021；Aslam et al.，2020）。但是，QM 法依旧认为气候变量的 CDF 不随时间变化。

Li 等（2010）在 QM 法的基础上提出等距累积分布函数匹配（equidistant cumulative distribution function matching，EDCDF）法。对于数据中的每一个网格，EDCDF 法认为 GCM 输出的逐月结果（降水和温度）与观测数据属于同一种分布，对于分布中特定的位置，假设模型和参与训练的观测值的差异也适用于需要订正的时期。该方法可用式（2-1）表示：

$$x_{\text{correct}} = x + F_{\text{oc}}^{-1}\left[F_{\text{ms}}(x)\right] - F_{\text{mc}}^{-1}\left[F_{\text{ms}}(x)\right] \tag{2-1}$$

式中，x_{correct} 为误差订正后的气候变量；x 为误差订正前的气候变量；F 为模型模拟（m）或观测（o）的训练时期（c）或订正时期（s）气候变量的 CDF；F^{-1} 为 CDF 的反函数。

本研究采用 EDCDF 法进行误差订正。在订正过程中，观测数据采用来源于国家气象信息中心的 CN05.1 格点化观测数据集。通过调研现有研究中常用的降水和温度分布特征，本研究中降水数据的 CDF 采用混合伽马分布拟合，温度数据采用正态分布对情景数据进行误差订正。

2. 降尺度方法

进行气候变化预估模拟往往需要大量的计算资源，因此输出模式数据的分辨率一般较低，如目前最新的 CMIP6 的分辨率一般在 100km 到几百公里。这种分辨率不能满足较小尺度的研究需求，在研究前往往需要降尺度。

降尺度方法主要包括统计降尺度和动力降尺度。统计降尺度通过建立高分辨率观测数据与模式数据的关系，得到降尺度的结果，具有计算量小、方法简单的优点，但对观测资料的需求较大。动力降尺度的基本思路为：在全球模式或再分析资料提供的大尺度强迫下，利用高分辨率区域气候模式模拟研究区范围内对次网格尺度强迫的响应，从而得到更大空间尺度上气候信息的细节（秦大河，2018）。动力降尺度具有较明确的物理意义，但其原理相对复杂。本研究采用空间分解（spatial disaggregation，SD）的统计降尺度方法。

SD 统计降尺度方法将误差订正后输出的粗分辨率数据生成更高分辨率的结果。SD 是基于精细尺度分布的地形和大尺度的气候特征在未来时期保持不变的假设进行的（Su et al.，2018），具体操作步骤如下：首先，基于多年平均值，采用双线性内插法将 0.5°×0.5°的网格观测气候变量插值到 GCM 粗分辨率中。观测气候变量与温度偏差校正模型输出之间的异常场定义为模型数据与观测数据之间的差值，降水定义为模型输出结果与观测数据之比。然后，采用双线性内插法将气候变量的粗分辨率异常场插值到 0.5°×0.5°分辨率，并将温度插值异常场与 0.5°×0.5°网格观测气候变量相加，将降水插值异常场与 0.5°×0.5°网格观测数据相乘，得到降尺度的 GCM 模拟。

2.2.4　精度评价

交叉验证是检验模型解释能力或方法有效性的常用方法，它将数据集分为训练集和测试集两部分，训练集用于模型或方法的训练，测试集用于验证模型或方法的有效性。交叉验证通过重复多次选取训练集，遍历所有数据，达到更好的验证效果。

本研究采用折刀法进行交叉验证，即：①将 1961~1986 年的数据作为训练集，1987~2012 年的数据作为测试集；②将 1971~1996 年的数据作为训练集，1961~1970 年、1997~2012 年的数据作为测试集；③将 1981~2006 年的数据作为训练集，1961~1980 年、2007~2012 年的数据作为测试集。然后，取 3 轮误差订正、降尺度后的数据和真实数据的平均相关系数、标准差和均方根误差绘制泰勒图（图 2-2）。

在未经过误差订正和降尺度的数据中，降水的 INM-CM4-8 和 INM-CM5-0 模式数据与观测数据的相关系数较高，CAMS-CSM1-0 和 BCC-CSM2-MR 模式数据与观测数据的均方根误差最低，大部分数据的相关系数在 0.5~0.7，均方根误差在 50~100；温度的各个模式数据与观测数据的相关系数均在 0.95~0.99，均方根误差均小于 5。在经过误差订正和降尺度的数据中，降水的 FIO-ESM-2-0 模式数据与观测数据的相关系数较高，各个模式的均方根误差相差不大，在 40~60，相关系数为 0.6~0.8；温度的各个模式数据与观测数据的相关系数均高于 0.98，均方根误差均小于 5。

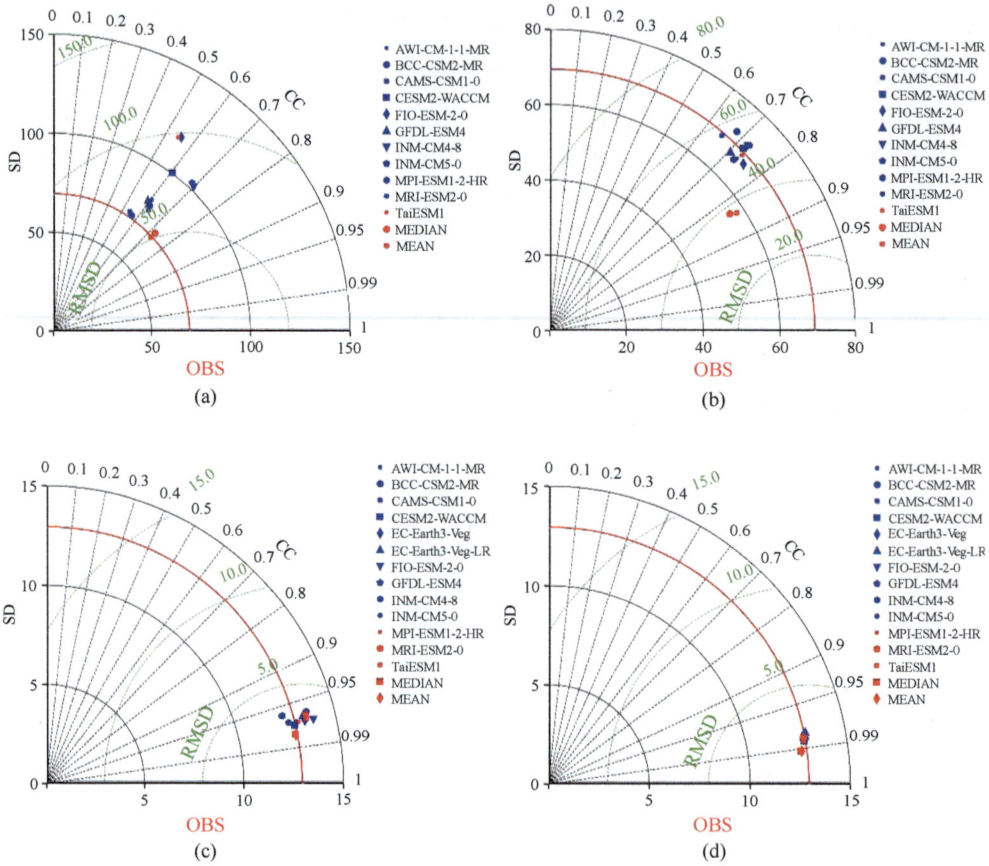

图 2-2　交叉验证的泰勒图

（a）未误差订正、降尺度的各模式降水模拟效果；（b）误差订正、降尺度后的各模式降水模拟效果；（c）未误差订正、降尺度的各模式气温模拟效果；（d）误差订正、降尺度后的各模式气温模拟效果。SD 表示标准差；CC 表示相关系数；RMSD 表示均方根误差；OBS 表示观测值；MEDIAN 表示中位数；MEAN 表示平均值

对比误差订正、降尺度后的结果与原始数据可知，经过误差订正与降尺度后，温度、降水数据的模拟效果均得到了提升，其中降水数据提升较大。对比多模式平均值、中位数与单模式结果可知，多模式平均后，温度、降水数据的模拟效果也得到了提升。其中，经过误差订正、降尺度的降水、温度多模式平均数据与观测数据的相关系数分别达到 0.843 和 0.992，效果良好。

历史观测时期（1961～2012 年）与不同 SSPs 情景下多模式平均的中国区域平均温度、降水以及 3 个月尺度的降水–蒸散发（P-PET）的逐年结果如图 2-3 所示。干旱是降水和蒸散发共同作用的结果，P-PET 是计算 3 个月尺度的标准化降水蒸散发指数（SPEI-3）的中间变量，与 SPEI-3 呈正相关，可以在一定程度上反映干旱情况。本研究采用桑思韦特（Thornthwaite）方法计算蒸散发，该方法的介绍见第 3 章。

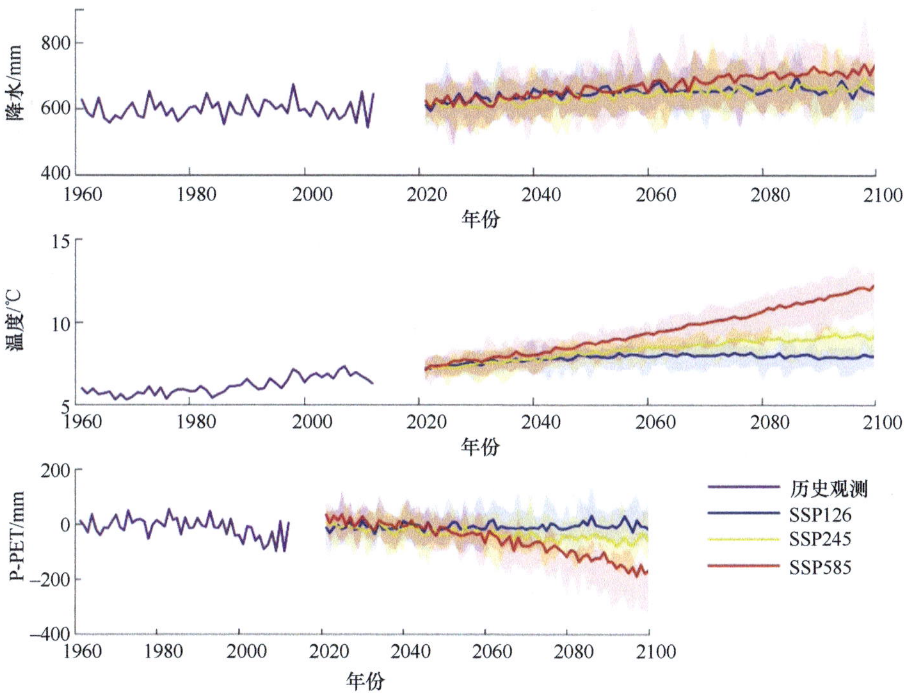

图 2-3　中国历史观测时期和未来情景降水、温度及 P-PET 的变化情况

与历史观测数据相比，3 种情景下的降水均呈现出增加趋势，其中 SSP126 与 SSP245 情景增加趋势类似，SSP585 情景在 2060 年后的平均降水显著高于其他 2 个情景。历史观测的平均温度具有明显上升趋势，并且 3 个情景的平均温度在历史数据的基础上均继续上升。其中，SSP126 和 SSP245 情景下 2060 年后的平均温度开始稳定，而 SSP585 情景下平均温度持续快速上升。历史观测的平均 P-PET 在 2000 年后有较明显的下降，并且在 2010 年左右开始波动。2021 年至 21 世纪末，SSP126 情景的平均 P-PET 较稳定，干旱化不明显；SSP245 情景的平均 P-PET 有略微下降趋势；SSP585 情景的平均 P-PET 具有明显下降趋势，说明在 SSP585 情景下中国明显干旱化。此外，无论是降水、温度还是 P-PET，未来情景数据的波动幅度均不及历史观测数据明显，这是由多模式平均导致的。然而，这并不意味着未来气候波动不如历史时期剧烈，尽管如此，依然可以认为图 2-3 中降水、温度和 P-PET 的长期趋势是可靠的，基于该数据得到的干旱结果也同样可信。

2.3 人口和社会经济数据

本书旱灾风险评估所用到的承灾体数据包括人口和GDP，书中所用数据来源于Jiang等（2022）。该承灾体数据集将气候变化情景与中国人口问题相结合，采用人口–发展–环境（PDE）模型和柯布–道格拉斯（Cobb-Douglas）模型，考虑了中国特有的人口政策和迁移规律的影响，各地区间经济发展不均衡、全面两孩政策实施、城市化与户籍约束等对人口年龄结构和分省份迁移的影响，通过历史时期生育率、死亡率、迁移率、教育水平，以及资本存量、全要素生产率、劳动力水平等率定和验证了人口与经济模型参数，在全球SSPs框架下，开展了不同情景下2020～2100年中国分城乡的人口和分产业的经济预估。自2022年发布以来，该数据集已被用于多项研究。Zhang J等（2023）基于该数据集发现在气候变暖环境下人类对热舒适度的响应有所降低。Qin等（2022）研究了西北太平洋热带气旋的人口暴露性变化。

该数据集的中国数据包含单独二孩和全面两孩两种政策下人口和GDP的预测结果，格点分辨率为0.5°×0.5°，GDP单位为亿元，人口单位为人，时间分辨率为年。全面两孩政策是目前社会发展的主要趋势，本研究基于全面两孩政策，将SSP1、SSP2和SSP5三种发展路径情景下的人口和GDP作为承灾体，进而评估承灾体的暴露性和易损性。

第3章　干旱评估及其时空分异的研究方法

3.1　干旱程度评估方法

由于降水可能不是一直服从某一固定的概率分布函数，与传统的基于某一固定概率分布的SPI或SPEI的评估不同，本研究采用的干旱评估方法不会事先假设干旱服从某种分布，这将更加有助于在不同时空范围和不同情景下比较干旱程度。研究表明，3个月尺度的SPEI反映了土壤湿度季节性的干湿变化，与农作物的产量更加相关（Potopová et al.，2015；Liu et al.，2018；Adisa et al.，2019）。本研究基于3个月尺度的SPEI评估不同共享社会经济路径下的干旱程度。

本书基于SDAT框架的SPEI的干旱评估思想与SPEI方法相同，同样认为某一地区的干旱程度是区域内某一时刻的水热平衡与该地区长期的水热平衡指标均值的偏离程度，不同的是基于SDAT框架的SPEI基于经验概率分布评估水热平衡的分布特征。偏离度的评估是一个两阶段的概率估计，首先计算某一时序下水热平衡指标的经验分布，推导其累积概率分布，然后通过将该经验分布的概率值与标准正态分布下此概率值所对应的横坐标值相对应，对经验分布的概率值标准化，如图3-1所示。其中，0对应累积经验分布曲线的50%分位数，即水热平衡参数的平均态；大于0对应累积经验分布曲线50%~100%分位数，

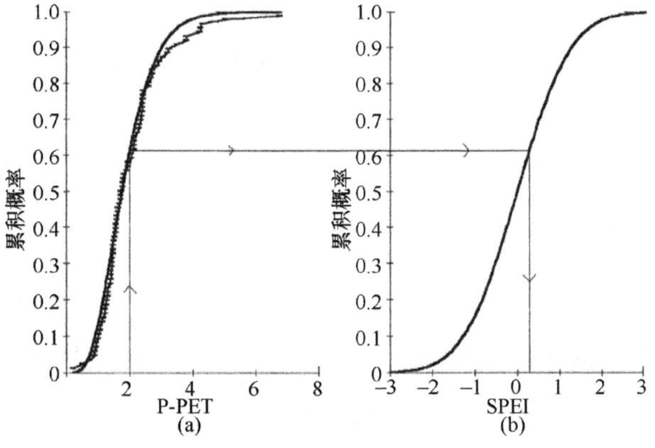

图3-1　经验分布曲线的累积概率（a）和正态分布的累积概率（b）间的对应

即高于水热平衡参数的平均态；小于 0 对应累积经验分布曲线 0%~50%分位数，即低于水热平衡参数的平均态。

SPEI 是基于水热平衡也就是降水和蒸散发之间平衡的指标，国际上比较常用的潜在蒸散量（PET）的计算方式有彭曼–蒙特斯（Penman-Monteith）模型法和桑恩韦特（Thornthwaite）函数法，其中 Thornthwaite 函数法仅与温度相关，计算相对简单，本研究利用 Thornthwaite 函数法计算潜在蒸散量，计算过程如式（3-1）所示：

$$\mathrm{PET}=\begin{cases}0 & T\leqslant 0℃\\ 16\left(\dfrac{10T}{I}\right)^{\alpha} & 0℃<T\leqslant 26.5℃\\ -415.85+32.24T-0.43T^{2} & T>26.5℃\end{cases} \tag{3-1}$$

式中，T 为月平均气温；I 为年总加热指数，可表示为

$$I=\sum_{i=1}^{12}\left(\frac{T}{5}\right)^{1.514} \quad T>0℃ \tag{3-2}$$

α 是关于 I 的一个三阶多项式，可表示为

$$\alpha=0.49239+1.792\times10^{-2}I-7.71\times10^{-5}I^{2}+6.75\times10^{-7}I^{3} \tag{3-3}$$

由于每个月的日照时数和天数不同，计算时对 PET 进行了调整：

$$\mathrm{PET}=\mathrm{PET}\left(\frac{\theta}{30}\right)\left(\frac{h}{12}\right) \tag{3-4}$$

式中，h 为每个月第 15 天的日照时数；θ 为每个月的天数。

SPEI 通过降水和蒸散发之间的平衡状态表示水分情况，如式（3-5）所示：

$$D=P-\mathrm{PET} \tag{3-5}$$

式中，P 为降水量；D 为降水和潜在蒸散量之间的水分平衡。

本研究中假设各情景均为一个独立的系统，因此干旱评估时将每个系统看成一个独立的整体而进行干旱评估，因此每一个情景都分别构建一个经验概率分布，采用格林戈登位置对应（Gringorten plotting position，GPP）算法构建经验概率，如式（3-6）所示：

$$p(x_i)=\frac{i-0.44}{n+0.12} \tag{3-6}$$

式中，n 为样本量；i 为从非零值算起的顺序数；$p(x_i)$ 为经验概率。紧接着经验概率值将基于标准正态分布转化为干旱指数，如式（3-7）所示：

$$\mathrm{SI}=\varphi^{-1}(p) \tag{3-7}$$

式中，φ 为标准正态分布函数；p 为由式（3-6）得到的经验概率值。

本研究基于 SDAT 框架计算的 SPEI 值按照世界气象组织（WMO）将干旱严重程度分成 4 类，如表 3-1 所示，本研究主要关注一般干旱、严重干旱和极端干旱。

表 3-1　干旱分类

SPEI 值	干旱程度
(−1.0，0]	正常
(−1.5，−1.0]	一般干旱
(−2，−1.5]	严重干旱
(−∞，−2]	极端干旱

3.2　干旱事件的提取及危险性评估方法

3.2.1　干旱事件的提取方法

本研究基于三维数据的时空连通性来识别干旱事件，所用数据是空间分辨率为 0.5°×0.5°，时间分辨率为 1 年的 2020～2100 年的时空数据集，可将数据看成一个时空立方体，如图 3-2 所示。每一个小的立方体是一个时空位置。以某一个立方体为中心，与该立方体连通的时空立方体均认为与该立方体是同一次的灾害事件。连通性根据与该立方体的相连性进行识别，如图 3-2 所示，相连性分为三种连接方式，即边边相连、顶点相连和面面相连。如果一个立方体与该立方体符合其中一种连接方式，则认为它们之间连通，逐一判断并提取最大连通体作为一次干旱事件。

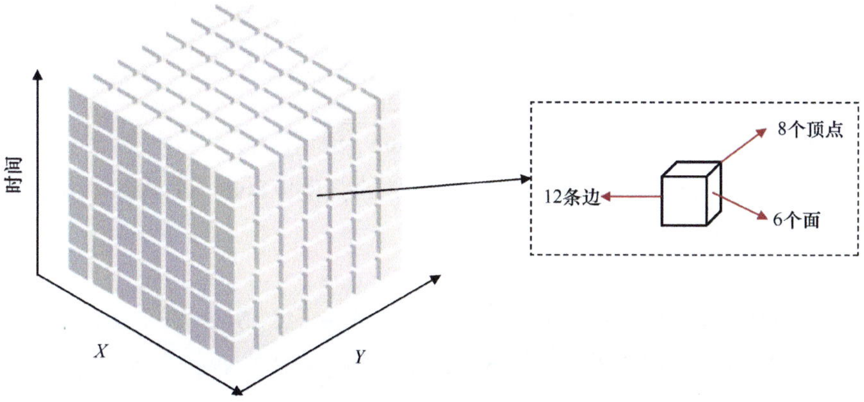

图 3-2　基于三维连通性的干旱事件提取示意图

3.2.2 干旱危险性的评估方法

本研究中的干旱危险性考虑了平均每年的干旱影响面积、持续时间、严重性和强度等干旱特征。研究在危险性评估之前先评估了这些指标以及干旱强度在不同区域的时空分异。干旱的影响面积为某一地区某一年的干旱事件所影响的平均空间范围，如式（3-8）所示：

$$\text{Average\_A} = \frac{\text{Sum\_A}}{N} \tag{3-8}$$

式中，Average_A 为某一年干旱事件的平均影响面积；Sum_A 为某一年干旱事件所影响到的所有空间范围大小，以网格个数为单位，空间范围不随干旱事件的持续时间而叠加，即一年内受影响区域不管干旱持续时间长短都只进行一次计数；N 为某一年干旱事件的总个数。

干旱的持续时间为某一地区某一年干旱事件的平均持续时间，如式（3-9）所示：

$$\text{Average\_T} = \frac{\text{Sum\_T}}{N} \tag{3-9}$$

式中，Average_T 为某一年干旱事件的平均持续时间；Sum_T 为某一年干旱事件持续时间的总和，单位为月。

干旱的严重性为某一地区某一年干旱事件的平均严重性，如式（3-10）所示：

$$\text{Average\_Sev} = \frac{\text{Sum\_Sev}}{N} \tag{3-10}$$

式中，Average_Sev 为某一地区某一年干旱事件的平均严重程度；Sum_Sev 为某一年所有干旱事件的严重程度之和，单次干旱事件的严重程度为其所影响时空范围的 SPEI 值之和。

干旱的强度为某一地区某一年干旱事件在单位时空范围内的严重性，如式（3-11）所示：

$$\text{Average\_I} = \frac{\text{Sum\_ST}}{\text{Sum\_Sev}} \tag{3-11}$$

式中，Average_I 为某一地区某一年干旱事件的强度；Sum_ST 为某一年干旱事件涉及的所有时空范围。

干旱危险性评估如式（3-12）所示：

$$\text{Hazard} = \text{Average\_A} \cdot \text{Average\_T} \cdot \text{Average\_Sev} \cdot N / \text{Area} \tag{3-12}$$

式中，Area 为研究区域的面积；N/Area 为单位面积的干旱事件个数。

3.3　干旱时空模式分析方法

3.3.1　空间相关性

本研究基于热点分析（Getis-Ord Gi*）评估干旱承灾体暴露性的空间相关性，即一个区域对周边区域的影响程度大小。本研究首先基于承灾体暴露性的分布分析暴露性的空间分布特征。虽然暴露性较高的区域容易引起注意，但其可能是不具有统计学意义的高值，若要成为具有显著统计学意义的热点，要素应具有高值，且被其他同样具有高值的要素所包围，也就是说，数据需要呈现显著的空间自相关性。基于热点分析的空间自相关性评估的基本思路是某个要素及其相邻要素的局部总和将与所有要素的总和进行比较，当局部总和与所预期的局部总和有很大差异，导致其无法成为随机产生的结果时，会产生一个具有显著统计学意义的 z 得分，z 得分越高，高值（热点）的聚类就越紧密，空间正相关性就越强。热点分析的计算如式（3-13）所示：

$$G_i^* = \frac{\sum_{j=1}^{n} w_{i,j} x_j - \bar{X}\sum_{j=1}^{n} w_{i,j}}{S\sqrt{\frac{\left[n\sum_{j=1}^{n} w_{i,j}^2 - \left(\sum_{j=1}^{n} w_{i,j}\right)^2\right]}{n-1}}} \tag{3-13}$$

式中，x_j 为承灾体暴露性；$w_{i,j}$ 为承灾体 i 和 j 之间的空间权重；n 为要素总数；$\bar{X}$ 为承灾体暴露性的均值；S 为承灾体暴露性的标准差。其中，

$$\bar{X} = \frac{\sum_{j=1}^{n} x_j}{n} \tag{3-14}$$

$$S = \sqrt{\frac{\sum_{j=1}^{n} x_j^2}{n} - \bar{X}^2} \tag{3-15}$$

3.3.2　时空聚集区

本研究利用时空 Moran 散点图的方法识别干旱时空聚集区。时空 Moran 散点图首先建立一个二维坐标系，该坐标系的 x 轴代表观测值与样本均值的离差，y 轴代表 3×3×3 时空邻域观测值与样本均值离差的加权平均，时空上的任意观测

单元都对应坐标系的一个散点。在时空 Moran 散点图中，落入第一象限、第三象限的散点被认为属于时空聚集区，因为第一象限的点自身及其邻域的属性值都较高（高–高区），属于高值聚集区，而第三象限的点自身及其邻域的属性值都较低（低–低区），属于低值聚集区。

实际应用中，因研究目的不同，有时会选取合适的阈值，筛选符合要求的散点（而不是将整个象限的散点都看作时空聚集区），以便得到符合研究需求的时空聚集区。以使用 SPEI 研究干旱为例，当 SPEI 小于 0 时说明气候偏干旱，大致对应散点图中第三象限的点，但是只有当 SPEI 小于–1.0 时才认为发生了一般干旱，此时，第三象限的点将不满足要求，需要使用其他阈值才能划出一般干旱时空聚集区的确切范围。

时空 Moran 散点图中散点的横纵坐标 z_i 和 W_{z_i} 的计算方式如式（3-16）和式（3-17）所示。其中，x_i 为对应单元 i 的观测值；x_j 为 i 的邻域单元 j 的观测值；$\bar{x}$ 为样本的均值；δ 为样本的标准差；w_{ij} 为时空权重矩阵。时空权重矩阵由空间权重矩阵改进而来，即将“象式”“车式”“后式”三种邻接分别改进为具有公共边、具有公共面、具有公共边或公共面的邻接情况。本研究采用改进的“后式”邻接方式确定时空权重矩阵。

$$z_i = \frac{x_i - \bar{x}}{\delta} \tag{3-16}$$

$$W_{z_i} = \sum\nolimits_j w_{ij} \frac{x_j - \bar{x}}{\delta} \tag{3-17}$$

时空 Moran 散点图的方法认为，尽管时空 Moran 散点图可以表达观测值的聚集情况，但是不能直观反映时空中各区域的聚集性，也不能给出结果的显著性程度。因此，需要进一步计算时空局部空间关联指标（spatio-temporal local indicators of spatial association，ST-LISA），将其作为衡量干旱聚集程度的指示指标，并沿袭二维空间中 Moran 散点图显著性检验的思想，将 ST-LISA 的显著性检验结果作为显著性的过滤条件。在散点图中，每个散点 ST-LISA 的值为横纵坐标之积，如式（3-18）所示，显著性检验方法为 Z 检验，Z 值的计算如式（3-19）～式（3-21）所示：

$$I_i = z_i \cdot W_{z_i} \tag{3-18}$$

式中，z_i 与 W_{z_i} 的含义与式（3-16）和式（3-17）相同。

$$Z_i = \frac{I_i - E(I_i)}{\mathrm{SD}(I_i)} \tag{3-19}$$

式中，$E(I_i)$ 为样本的均值；$\mathrm{SD}(I_i)$ 为样本的标准差。

$$E(I_i)=\frac{-w_i}{s-1} \tag{3-20}$$

式中，$-w_i$ 为目标单元的权重；s 为样本中单元的个数。

$$\mathrm{Var}\left(I_i\right)=w_i^{(2)}\frac{s-\dfrac{m_4}{m_2^2}}{s-1}+2w_{i(kh)}\frac{\dfrac{2m_4}{m_2^2}-s}{(s-1)(s-2)}-\frac{w_i^2}{(s-1)^2} \tag{3-21}$$

式中，$\mathrm{Var}(I_i)$ 为样本方差；$w_i^{\ 2}=\left(\sum_j w_{ij}\right)^2$；$w_i^{(2)}=\sum_j w_{ij}^2$，$i\neq j$；$m_2=\sum_i\left(\dfrac{x_i-\overline{x}}{\delta}\right)^2/s$；$m_4=\sum_i\left(\dfrac{x_i-\overline{x}}{\delta}\right)^4/s$；$w_{i(kh)}=\sum_{k\neq i}\sum_{h\neq i}w_{ik}w_{ih}$，$k\neq h$。通过方差即可得到样本的标准差$\mathrm{SD}(I_i)$。

3.4　干旱和影响因素间的时间相关性评价

由于干旱因子的复杂特征，且互信息可以有效测量两个非线性序列的依赖关系，本研究基于互信息评价干旱和气象干旱因子间的时间相关性。互信息表示两个序列的共享信息，它度量一个随机变量由于已知另一个随机变量而对其不确定性的减少程度。如果 x 和 y 相互独立，则 x 与 y 互不提供任何信息，因此它们的互信息为 0；如果 x 是 y 的一个确定性函数，且 y 也是 x 的一个确定性函数，那么传递的信息被 x 和 y 共享。在应用中可基于熵表示信息量，互信息为二者信息量的交集，计算如式（3-22）所示：

$$I\left(x;y\right)=H\left(x\right)+H\left(y\right)-H\left(x,y\right) \tag{3-22}$$

式中，$I\left(x;y\right)$为 SPEI 和标准化降水指数（SPI）或标准化气温指数（STI）两个序列的互信息；H（x）和 H（y）分别为 x 和 y 的信息熵，表示两个序列各自的不确定性；H（x, y）为两个序列的联合熵，表示两个序列一起发生的确定性。

在评价相关性之前，本研究首先基于与干旱评估相同的方法分别对气温和降水进行标准化得到 SPI 和 STI。

3.5　降水和气温对干旱的解释力评估方法

本研究基于地理探测器方法评估降水、气温以及二者交互对干旱的解释力。地理探测器方法由 Wang 等（2010）提出，是目前最常用的影响因素解释力评估方法之一（王劲峰和徐成东，2017）。自提出以来，该方法已经发展出一套相对完整的影响因素解释力评估的理论与方法体系。相对于地理加权回归（geographically weighted regression，GWR）等其他空间影响因素解释力评估方法，地理探测器方法有诸多优势，它从着眼于点对点的变量间一对一的回归分析转向点对层变量的一对多的方差分析。由于地理要素之间的复杂非线性关系，很多要素之间的相关性可能不再以一一对应的显著相关形式存在，所以精确的一一对应的回归分析难免受限。而该方法从点对层的方差分析的视角，通过观察在影响因素约束下点的方差的改善情况来判断该影响因素层对点的影响程度，这在一定程度上能有效揭示隐藏在复杂性背后的影响力。

3.5.1 基于地理探测器的影响因素解释力评估

地理探测器探测空间异质性背后驱动因素的基本思想是：如果某个自变量对某个因变量有重要的影响，那么自变量（x）和因变量（y）的空间分布应具有相似性。判断要素间的非线性相互作用是该方法的优势之一，为了更有效地挖掘变量间的非线性关系，该方法中 x 为类型值数据，y 为大小有意义的数值型数据。地理探测器通过判断落在 x 各类型内 y 的方差是否比没有进行空间划分之前的整体方差更加同质，来确定 x 对 y 空间分异的解释力 q。该方法的方程表达如式(3-23)所示：

$$q = 1 - \frac{1}{N\sigma^2}\sum_{y=1}^{L} N_y \sigma_y^2 \tag{3-23}$$

式中，σ_y^2 为落在某一 x 类型内的 y 的方差；N_y 为落在某一 x 类型内的 y 的样本量；L 为 x 的类型数量；σ^2 为 y 无约束条件下的方差；N 为整个空间范围内的样本量；q 为 x 对 y 空间分异的解释程度。x 对 y 的解释程度大，σ_y^2 均趋于 0，q 趋近于 1；x 对 y 的解释程度小，σ_y^2 与 σ^2 无明显差异，q 趋近于 0。

除单一驱动要素外，地理探测器还可以分析交互因子对研究对象分异性的影响，以及交互影响相对于单因子影响的程度差异。由于地理影响要素间的复杂作用，通常多要素会共同作用于某一要素，并且这种共同作用的结果并非简单的因子间的线性叠加之和，而是相对单因子作用叠加后呈现非线性增强或减弱的状态。这种交互影响的估计方法如式（3-22）所示。但式（3-22）中影响因素 x 的物理含义有所变化，其他均与单因素探测保持一致。在交互因子探测中，x 为 x_1 和 x_2 两个因子交互形成的层对象，如图 3-3 所示。方法是通过将 q_{x_1} 和 q_{x_2} 与 $q_{x_1 \cap x_2}$ 进行比较，判断在两个层 x_1 和 x_2 的交互作用下，y 的空间分异有无增强。$x_1 \cap x_2$ 是将

x_1 和 x_2 叠置后重新生成的地理层要素。如果 $q_{x_1 \cap x_2} > \max(q_{x_1}, q_{x_2})$，则交互因子对 y 的作用呈双因子增强；如果 $q_{x_1 \cap x_2} = q_{x_1} + q_{x_2}$，则两个因子相互独立；如果 $q_{x_1 \cap x_2} > q_{x_1} + q_{x_2}$，则交互因子对 y 的作用呈非线性增强。

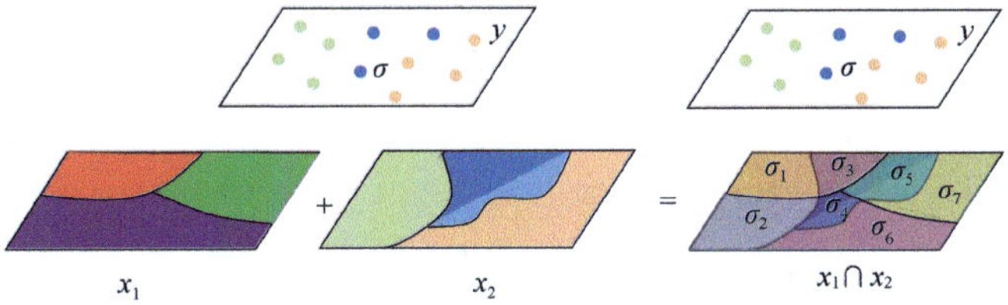

图 3-3　交互因子解释力示意图（程昌秀，2022）

σ 为整个区域的标准差

3.5.2　最佳分类方法与分类个数探测

基于地理探测器的影响因素解释力评估中的自变量应是类型变量，由于本研究中降水和气温均为连续变量，因此在评估之前需要将其离散成类型变量。不同的数据离散化方法以及离散类别个数将得到不同的解释力结果，如何离散数据以及将数据离散成几类是地理探测方法应用之前的关键步骤。本研究分别测试了等距分类、自然断点、分位断点和几何断点等几种数据离散化方法，以及 3～10 的分类个数；分别计算各断点方法和分类个数组合离散化下的降水和气温变量对干旱的解释力，即 q 值；通过比较得到最大 q 值，进而将最大 q 值对应的离散化方法和分类个数作为本研究的最佳分类方法和分类个数，并采取该分类方法和分类个数下的 q 值作为最终解释力。

3.6　干旱风险评估方法

本研究基于旱灾风险的系统性理论评估干旱风险。结合数据的可获取性，本研究中的风险评估指标是干旱危险性、干旱承灾体脆弱性和干旱承灾体暴露性所构成的综合评估指标，如式（3-24）所示。暴露性指的是承灾体可能受到致灾因子不利影响的数量或范围。一般人类社会暴露性多采用受灾人口数、人口密度或者灾害日数与相对应的人口的乘积来表征，暴露性越高，灾害风险越大。本书分别研究干旱对人口和 GDP 的影响，因此暴露性评估中将人口和 GDP 区分开来，本书中的干旱承灾体暴露性是指暴露在干旱事件中的人口数量或 GDP。

$$R = H \times E \times V \tag{3-24}$$

式中，R 为干旱风险；H 为干旱危险性；E 为干旱承灾体暴露性；V 为干旱承灾体脆弱性。

承灾体的脆弱性是指灾害发生对人们生产生活的冲击程度，这可能取决于人们居住的自然环境，也可能来自个人或群体所处的社会情境，因此自然脆弱性和社会脆弱性是脆弱性评估中考虑最多的两个方面。相较而言，社会脆弱性将受到更广泛的关注（周利敏，2012）。受数据限制，本书只考虑社会脆弱性，认为人均 GDP 越高的区域对灾害的抵抗能力也越强，而人均 GDP 低的区域往往代表社会经济不发达，教育医疗和基础设施等也较为落后，这便使得灾害来临时，人们对灾害的抵抗能力较弱。因此，本书中的脆弱性在某时空范围内与人均 GDP 呈负相关，认为人均 GDP 越高，脆弱性越低，人均 GDP 越低，脆弱性越高。

第 4 章　不同情景下干旱事件危险性

本章分析了不同情景下不同程度干旱事件危险性的时空分异，首先基于 SDAT 框架下的 SPEI 计算得到不同情景下中国区域 2020～2100 年一般干旱、严重干旱和极端干旱三种干旱的 SPEI 值以表征干旱程度，并分析其时空分布特征；基于三维干旱事件提取方法分别提取了 SSP126、SSP245 和 SSP585 三种情景下三种干旱程度的干旱事件；并分别分析了 9 个农业区干旱事件平均每年的个数、平均面积、平均持续时间和平均强度等在不同时间段的特征差异，以及不同农业区在不同时间段的干旱程度；最后分别分析了不同农业区的干旱危险性。本章技术路线如图 4-1 所示。

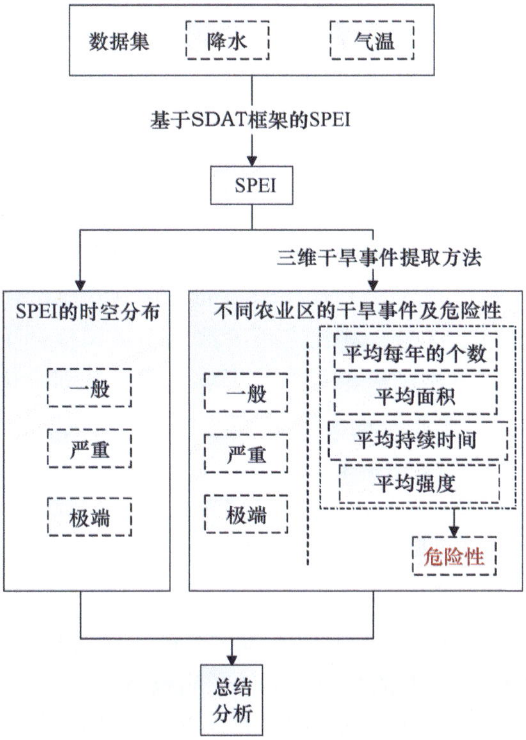

图 4-1　本章技术路线图

4.1 不同情景下干旱的时空分异

4.1.1 研究结果

不同情景下，一般干旱、严重干旱和极端干旱三种干旱程度的时空分布分别如图 4-2～图 4-4 所示。每幅图为某情景下某种干旱程度的时空分布，图中颜色对应 SPEI 值的大小，从蓝色到红色表示干旱越来越严重。不同情景下一般干旱的空间分布表明（图 4-2），一般干旱几乎在整个时期占据着整个中国区域。其中，在 SSP126 情景下，一般干旱的时空格局随时间变化不明显；在 SSP245 情景下，从 2060 年开始，干旱的空间覆盖范围在西北区域有所扩张，且严重程度也较大；在 SSP585 情景下，从 2050 年开始，干旱的空间覆盖范围在西北区域也有明显扩张，而严重程度在 2060～2080 年西北区域较大，而之后有所减小。不同情景下严重干旱的空间分布表明（图 4-3），中国东部的干旱程度整体大于西部。其中，在 SSP126 和 SSP245 情景下，严重干旱程度的时空格局随时间变化不明显；而在 SSP585 情景下，2060 年以前严重干旱程度均呈现东高西低的空间分异格局，之后西部严重干旱开始增加，到 2080 年几乎覆盖了整个中国区域。不同情景下极端干旱的空间分布表明（图 4-4），SSP126 情景下的极端干旱在 2040 年之前较 2040 年之后空间覆盖范围广，之后变化趋势不太明显；在 SSP245 情景下，2060~2080 年西北部的极端干旱较其他时间段更严重；在 SSP585 情景下，从 2060 年开始东部区域干旱的严重性和覆盖范围开始有增加的趋势。

对比分析不同情景下不同干旱程度的时空分布特征：三种情景下不同干旱程度的时空分布均呈现从一般干旱到极端干旱的时空分布逐渐稀疏的趋势，说明一般干旱影响着大部分时空区域，相比之下，严重干旱和极端干旱的影响区域相对较小。此外，三种情景下不同干旱程度的影响范围随时间变化的时空趋势表明：在 SSP585 情景下，三种干旱程度的影响范围随时间的变化较 SSP126 情景和 SSP245 情景呈现极不均匀的分布格局，该情景下的三种干旱程度在后期均呈现时空密集性急剧增大的趋势。在 SSP126 情景下，一般干旱和严重干旱在不同时间段的时空格局差异不是很明显，极端干旱随时间变化有些许减少。在 SSP245 情景下，三种干旱程度随时间的变化在整个时间段均不明显。在 SSP585 情景下，三种干旱程度的影响范围随时间的变化有所增加，尤其是极端干旱，在后期有明显的增加。并且随着严重程度的加重，干旱影响范围显著增加的时间点有所推移，一般干旱显著增加的时间点在 2050 年左右，严重干旱显著增加的时间点在 2060 年左右，极端干旱显著增加的时间点在 2070 年左右。

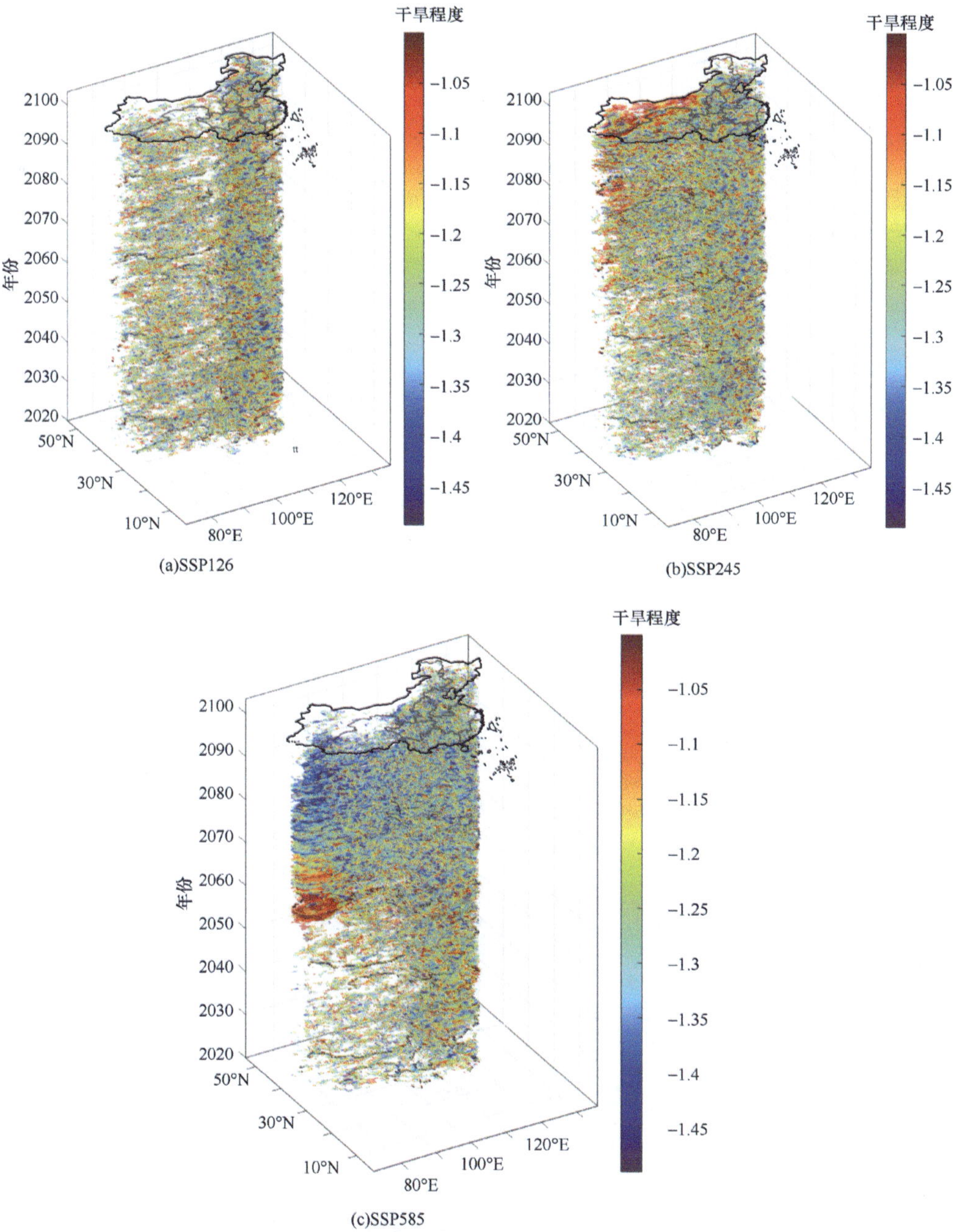

图 4-2 不同情景下一般干旱的时空分布

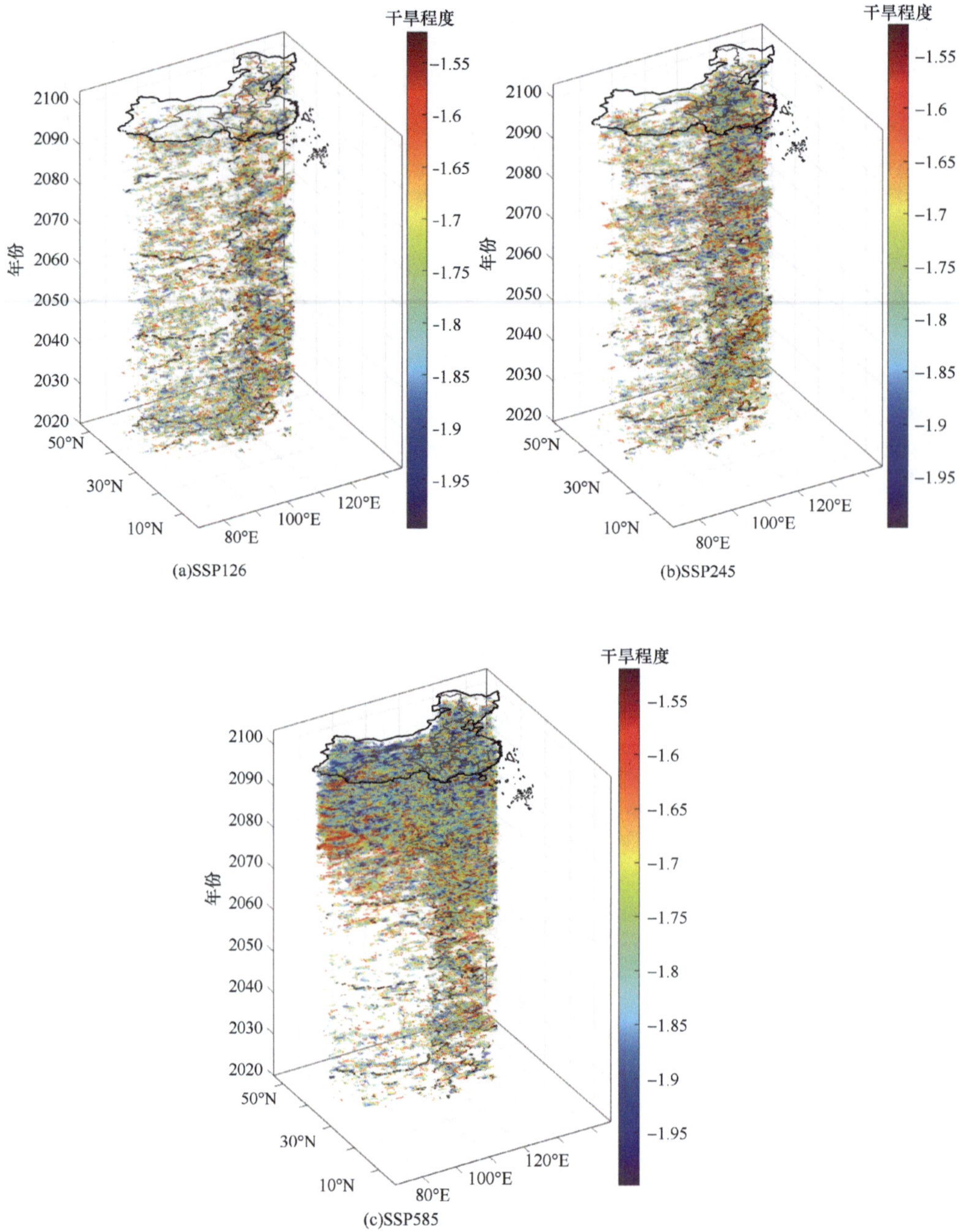

图 4-3　不同情景下严重干旱的时空分布

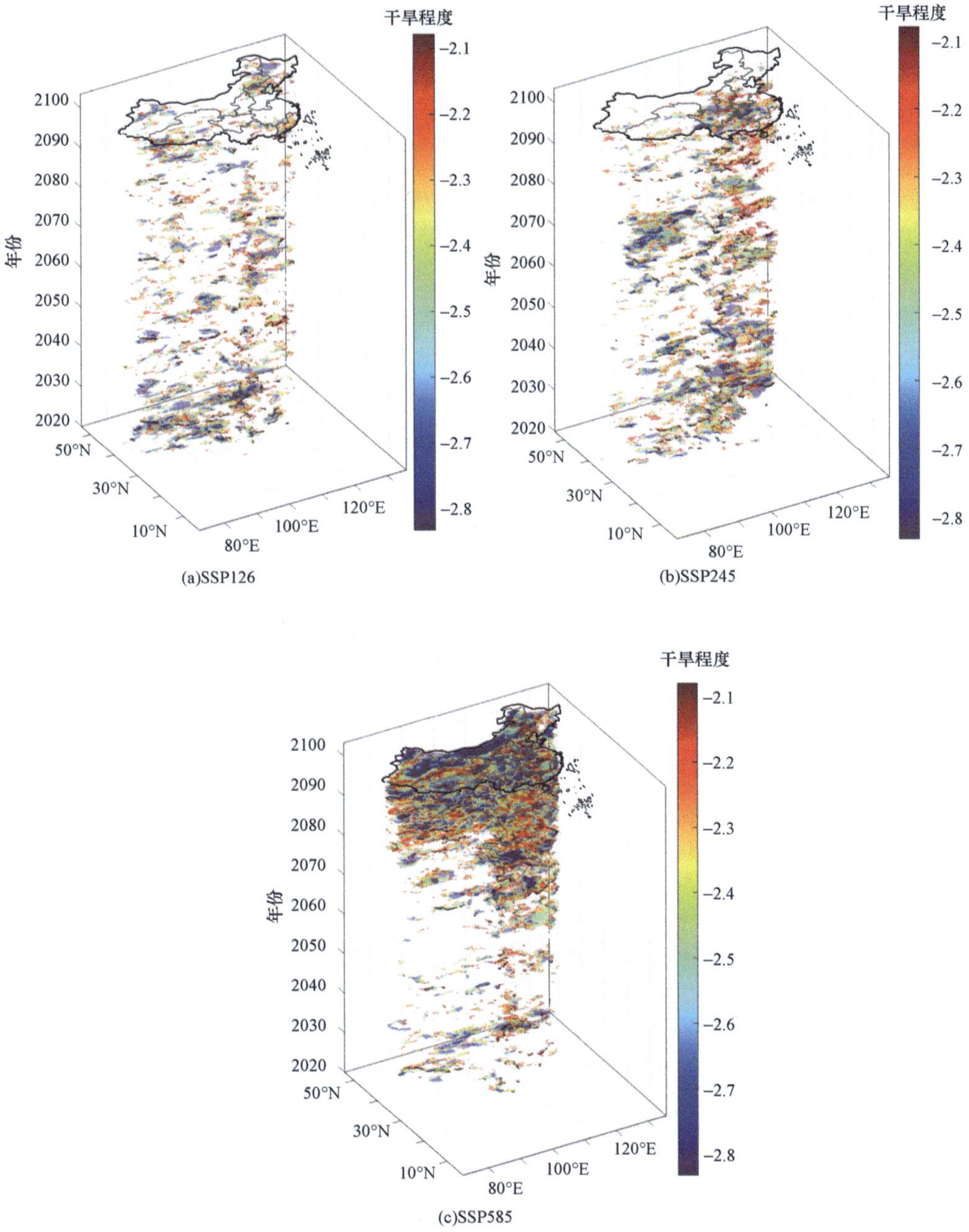

图 4-4　不同情景下极端干旱的时空分布

为进一步研究不同干旱程度在不同时期的时空变化，本研究根据上述分析所得出的时间变化特征，将整个时段又划分成 2020～2040 年、2041～2060 年、2061～

2080 年和 2081～2100 年四个区间，分别表示前期、中前期、中后期和后期。一般干旱、严重干旱和极端干旱在 SSP126、SSP245 和 SSP585 三种情景下的分布分别如图 4-5～图 4-7 所示，图中每一个网格点值为未来情景下，某一程度的干旱事件在对应时段的平均严重性，从上到下依次是一般干旱、严重干旱、极端干旱。此外，分别研究了每种干旱在四个时间段内的干旱程度。图 4-5～图 4-7 中分别展示了某一情景下某一干旱程度严重性的空间分布随时间的变化过程，以及同一时段下不同类型干旱的空间分布。

图 4-5 表明，在 SSP126 情景下，三种干旱程度在整个研究时段均不同程度地影响着整个中国区域；三种干旱程度的严重性均呈现随时间推移而减弱的趋势，但是不同时间段特定干旱程度造成影响的空间格局有所差异。首先，在前期，相比于北方干旱半干旱区，一般干旱对其他区域的影响更大，随着时间的推移，一般干旱对长江中下游、云贵高原和中国南部的影响有较大程度的减轻，但对青藏高原区与北方干旱半干旱区的影响差异变化不大，对东北地区影响的变化程度介于二者之间；严重干旱对青藏高原的影响大于其他区域，随着时间的推移，这种影响程度在中期有所减轻且对北部地区影响程度更大，后期依然对北部地区影响较大，且影响

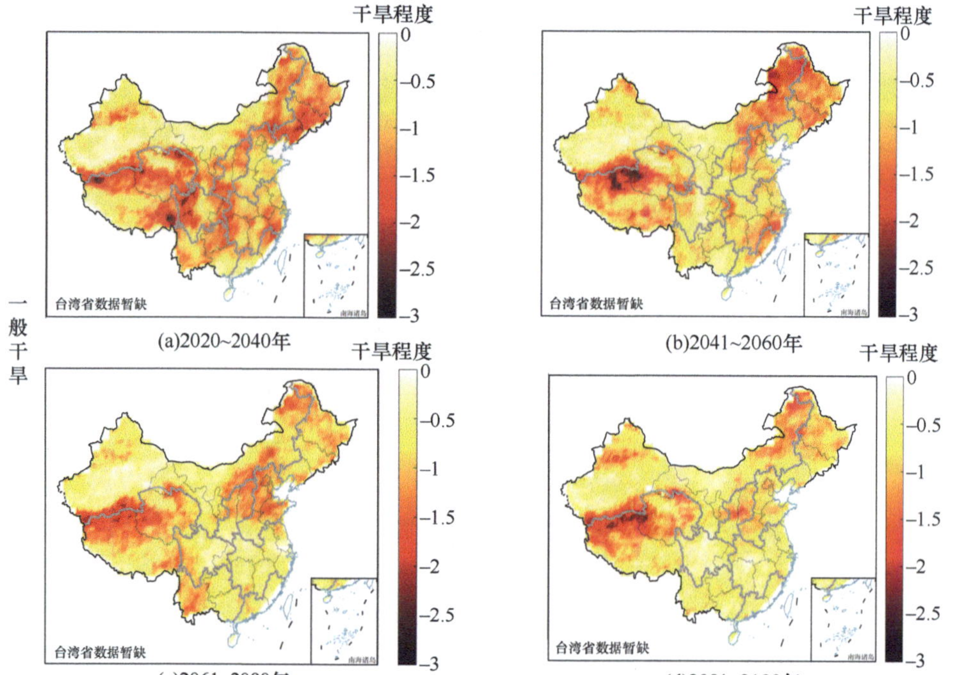

(a)2020~2040年 (b)2041~2060年 (c)2061~2080年 (d)2081~2100年

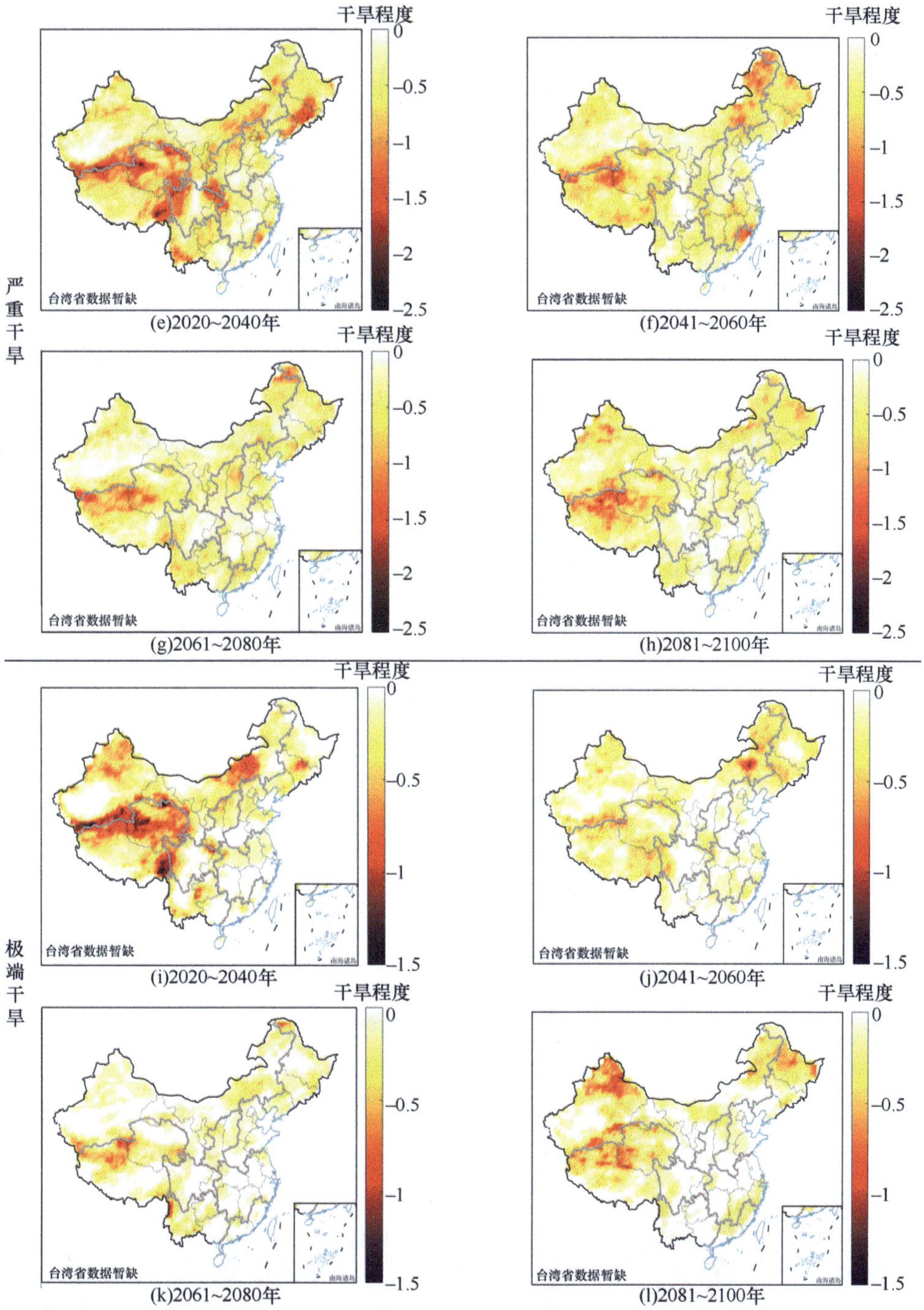

图 4-5　一般干旱、严重干旱和极端干旱的严重性在 SSP126 情景下的时空分异

范围较中后期有所扩张；极端干旱对北方干旱半干旱区、青藏高原区和东北地区的影响大于其他区域，随着时间的推移，极端干旱的严重性在这些区域从前期到中后期均有所减轻，在后期又有所增强，但对其他区域影响的差异相对不大。

在 SSP245 情景下，三种干旱程度在各个研究时段均不同程度地遍布整个中国区域；一般干旱和严重干旱的影响程度均呈现在中后期和后期增强的趋势，极端干旱的影响程度的整体变化趋势较不稳定。随着时间推移，一般干旱的影响程度在除云贵高原、青藏高原和四川盆地交界处以外的区域，均呈现增强的趋势，尤其是北方干旱半干旱区；严重干旱的影响程度在中后期开始从青藏高原、四川盆地及周边地区、黄土高原区、黄淮海地区和长江中下游地区向云贵高原区、东北平原区与北方干旱半干旱区扩散；极端干旱从前期到中后期对青藏高原区的影响范围，从南部向北再向整个区域扩散，而对东北平原区的影响程度在不断减弱。

在 SSP585 情景下，三种干旱程度在整个研究时段均不同程度地遍布整个中国区域；三种干旱程度的影响均呈现几乎在整个中国区域随时间推移而增强的趋势。一般干旱的影响程度从东北和西南地区逐渐在全国范围内增强，尤其是中后期开始，北方干旱半干旱区的变化最突出；严重干旱在中后期开始在全国范围增强，尤其是北方干旱半干旱区；极端干旱从中后期开始在全国范围开始增强，到后期有明显增强，尤其是北方干旱半干旱区，以及东南地区。

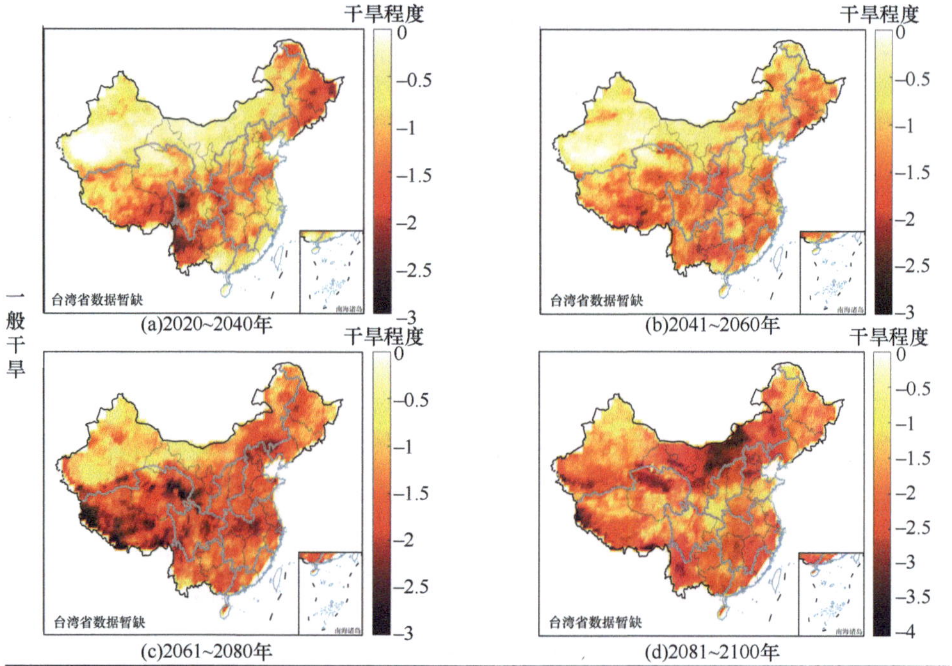

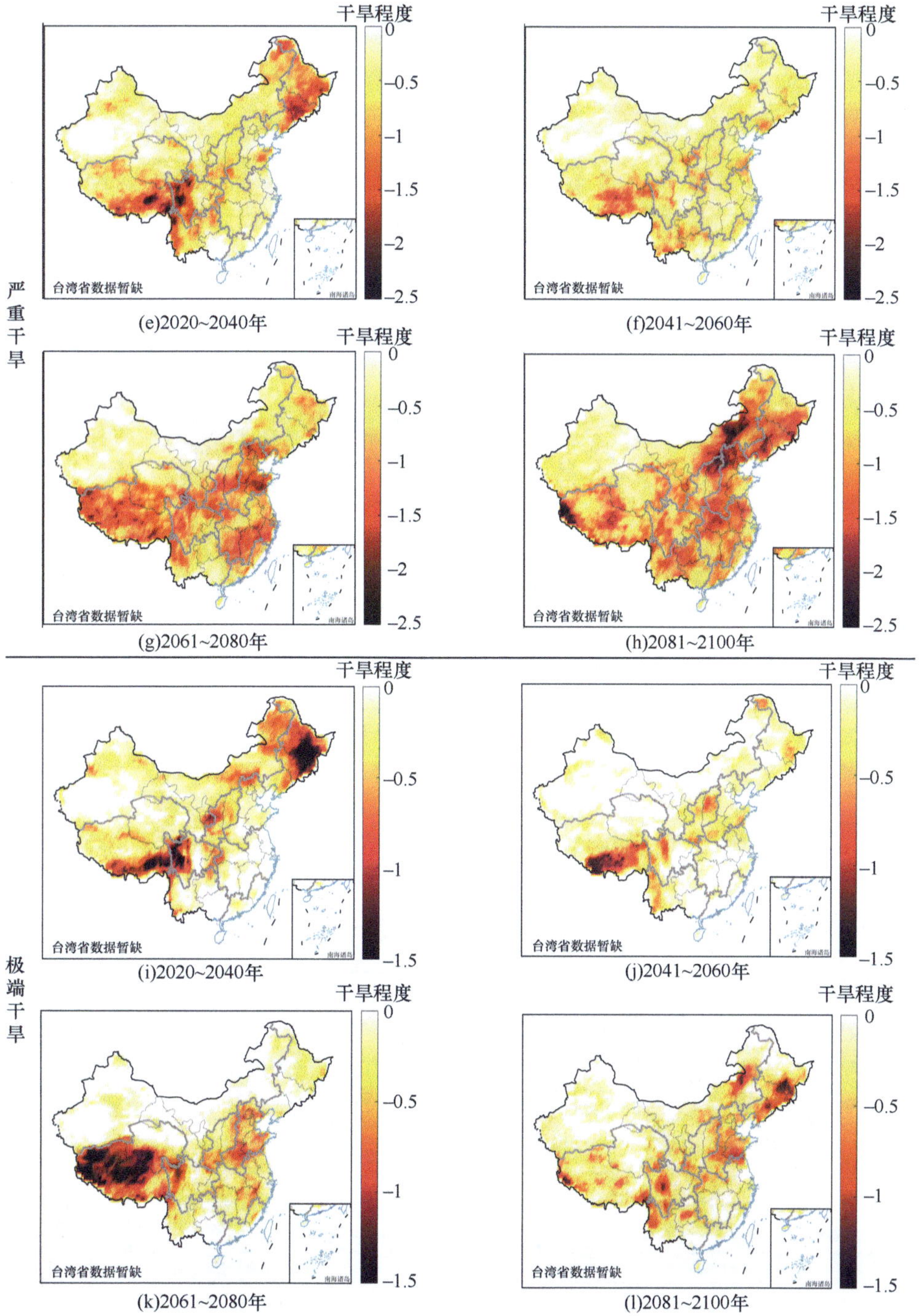

图 4-6　一般干旱、严重干旱和极端干旱的严重性在 SSP245 情景下的时空分布

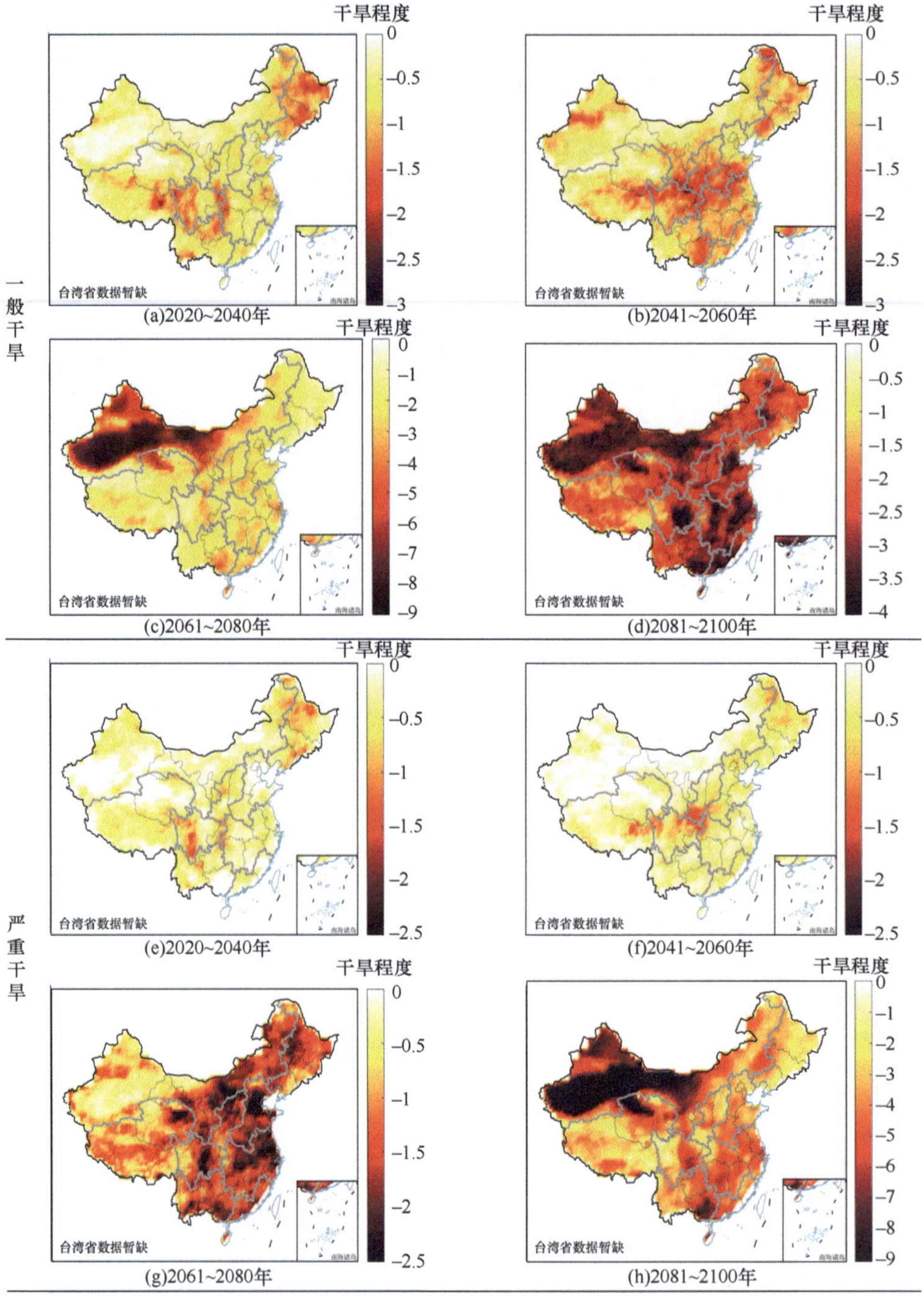

(a)2020~2040年 (b)2041~2060年

(c)2061~2080年 (d)2081~2100年

(e)2020~2040年 (f)2041~2060年

(g)2061~2080年 (h)2081~2100年

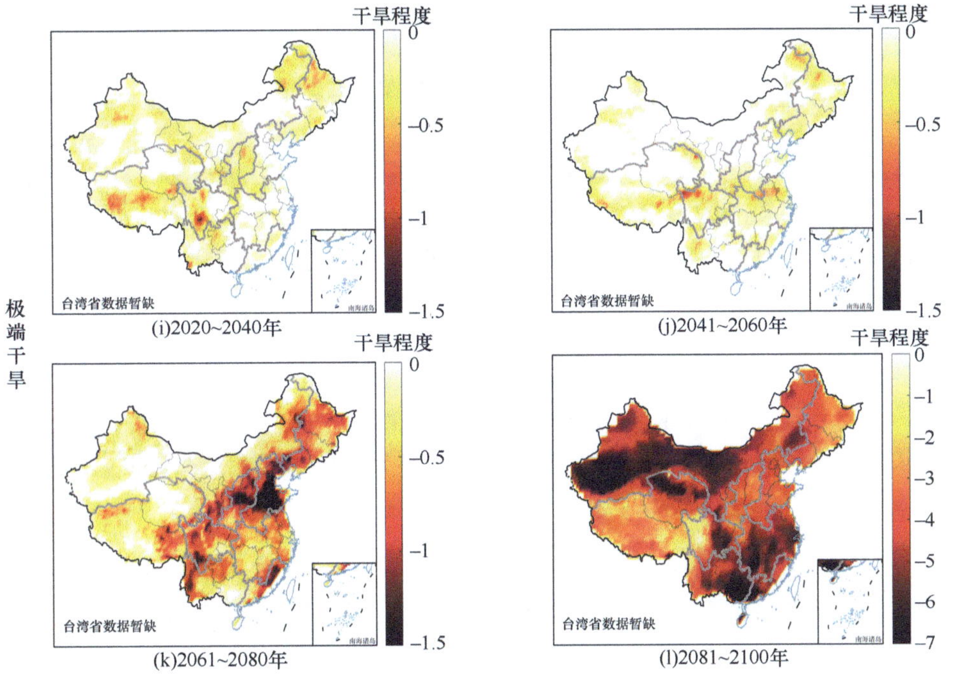

图 4-7　一般干旱、严重干旱和极端干旱的严重性在 SSP585 情景下的时空分布

4.1.2　本节小结

本节内容基于 SDAT 框架计算了 SPEI，评估了干旱严重程度，并分析了不同情景下不同干旱程度的时空分异，结果表明：干旱几乎不同程度地影响着整个中国区域。在 SSP126 情景下，三种干旱程度的严重性随时间的变化均有所减弱，北方干旱半干旱区的一般干旱严重性在整个时间段均较低，长江中下游地区和华南区的严重干旱和极端干旱严重性在大部分时间段均较小。在 SSP245 情景下，三种干旱程度的严重性随时间的变化整体上没有固定的趋势，三种干旱程度严重性的时空分异均呈现前期较为集中，而后期逐渐向周围扩散的格局，并且对于严重干旱和极端干旱，前期严重性较大的区域在后期严重性有所减小。此外，该情景下北方干旱半干旱区的三种干旱的严重性均较低，位于长江中下游地区、云贵高原和南部地区的极端干旱的严重性在大部分时间段也较低；青藏高原区和东北平原地区三种干旱的严重性在整个时期均偏高。在 SSP585 情景下，三种干旱程度的严重性均呈现在后期几乎整个区域急剧增强的趋势，且这种增加趋势呈现随干旱严重程度的增加而急剧增强的时间点推后的格局，一般干旱严重性在中后期开始急剧增强，严重干旱和极端干旱在后期开始急剧增强，但严重干旱急剧增加的程度要大于极端干旱。此外，

北方干旱半干旱区的干旱严重性急剧增强的程度最大。

4.2 不同情景下干旱事件的基本统计特征

为进一步明确干旱事件及其影响的时空分异性，按照农业区划，本节将整个中国区域划分成 9 个农业区，分别统计分析了不同情景下，9 个农业区在四个时间段的干旱事件的平均每年的个数、平均面积、平均持续时间和平均强度等特征差异，为进一步探讨干旱对农业的影响提供支持。

4.2.1 干旱事件平均每年的个数

不同情景下不同农业区在不同时期的干旱事件平均每年的个数分别如图 4-8～图 4-10 所示，干旱事件均集中在北方干旱半干旱区和青藏高原区。

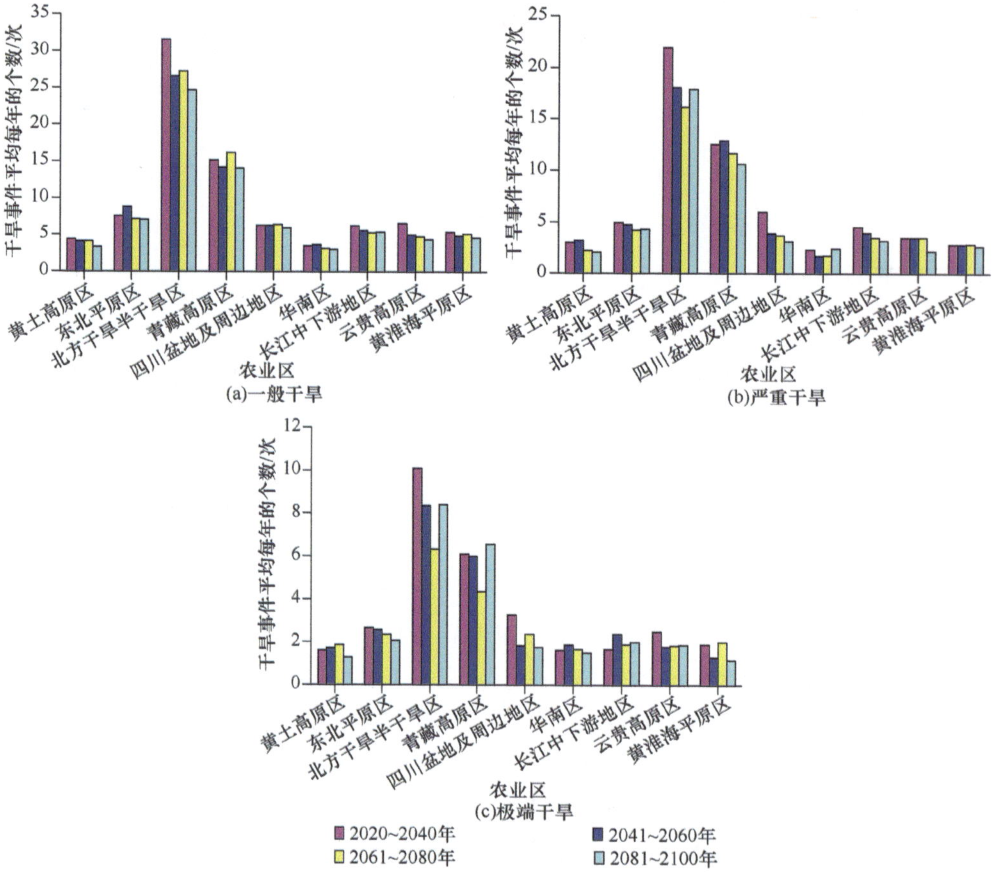

图 4-8 SSP126 情景下不同农业区在四个时期的干旱事件平均每年的个数分布

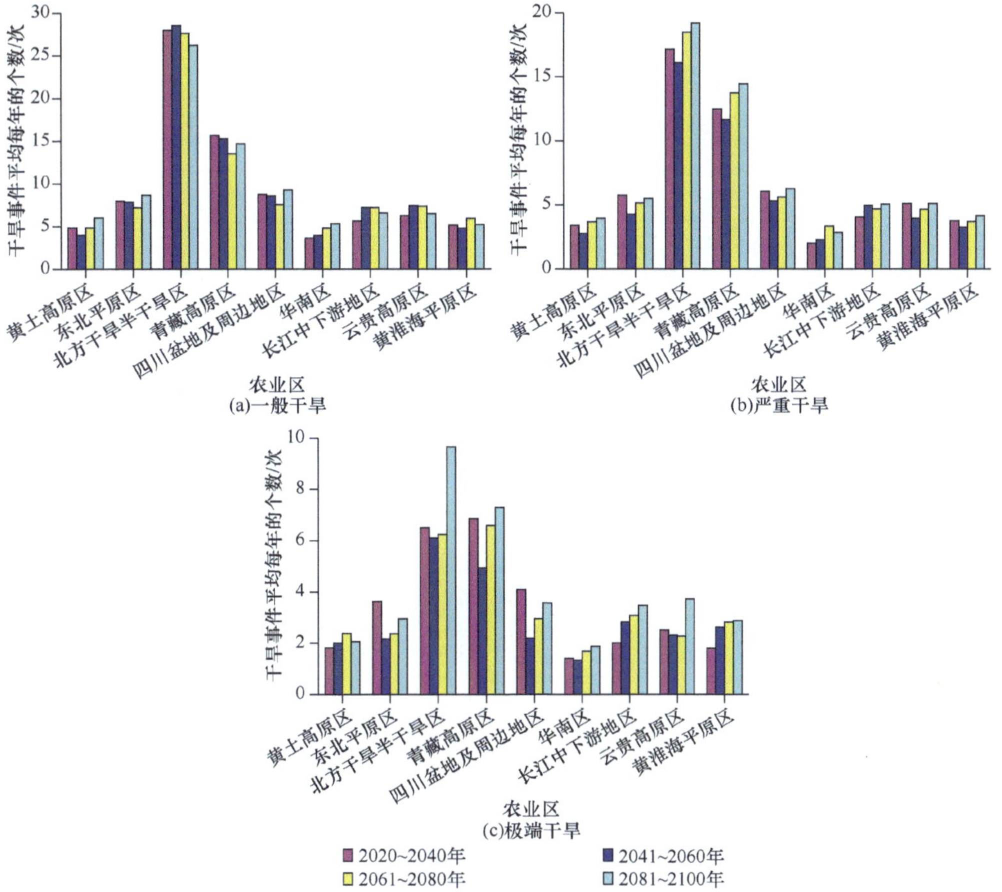

图 4-9　SSP245 情景下不同农业区在四个时期的干旱事件平均每年的个数分布

在 SSP126 情景下，除青藏高原区和长江中下游地区的极端干旱、华南区的严重干旱之外，其余区域的干旱事件平均每年的个数几乎在后期均呈现较前期减少的趋势。对于一般干旱事件平均每年的个数，黄土高原区、北方干旱半干旱区、云贵高原区的这种变化趋势尤为明显；对于严重干旱事件平均每年的个数，北方干旱半干旱区、青藏高原区、四川盆地及周边地区的变化趋势均较为明显；对于极端干旱事件平均每年的个数，东北平原区的变化趋势较为明显。此外，北方干旱半干旱区从一般干旱到极端干旱事件平均每年的个数依次为 24~32 次、16~22 次和 6.3~10 次，青藏高原区对应干旱事件平均每年的个数依次为 14~16 次、10.7~13 次和 4.4~6.6 次，其余区域对应干旱事件的个数依次低于 9 次、6 次和 3 次。

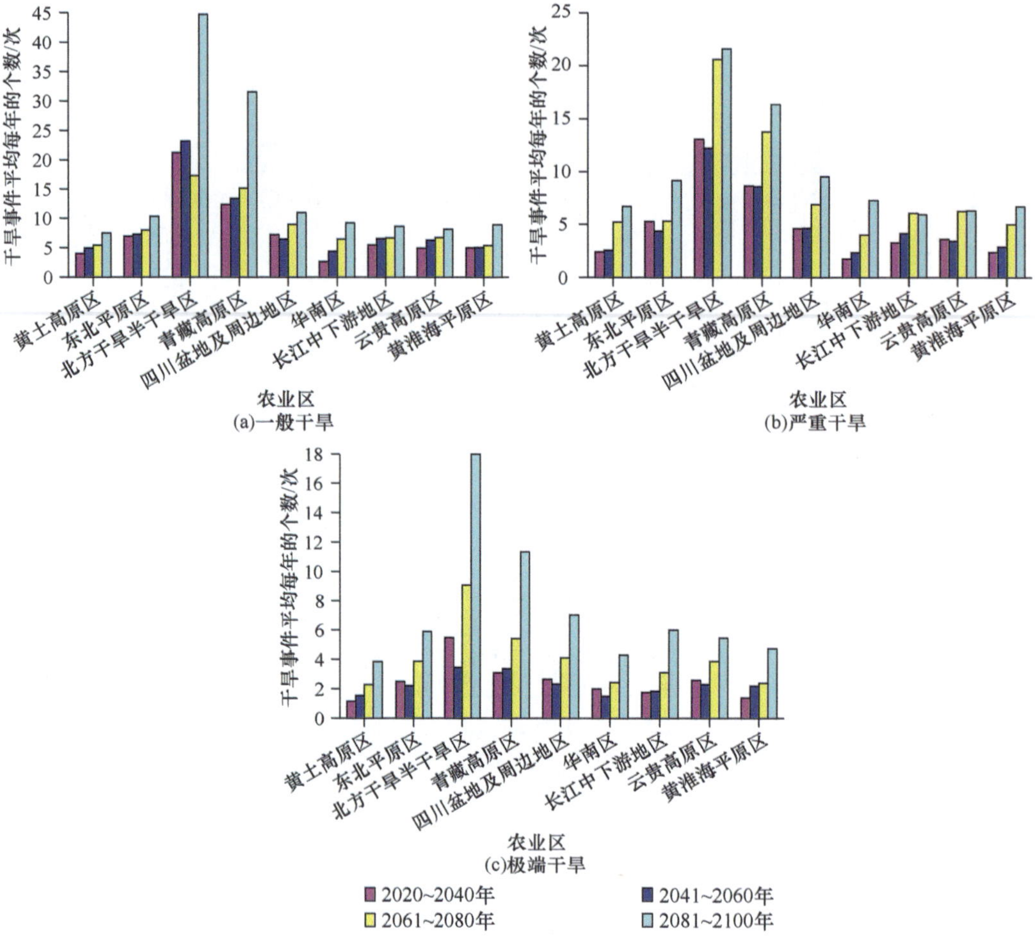

图 4-10　SSP585 情景下不同农业区在四个时期的干旱事件平均每年的个数分布

SSP245 情景相较于 SSP126 情景，不同类型干旱事件平均每年的个数，呈现出后期大于前期的区域个数增多的趋势。对于一般干旱事件平均每年的个数，除北方干旱半干旱区和青藏高原区外，其余区域干旱事件平均每年的个数在后期均有增加趋势，华南区的增加趋势尤为明显。对于严重干旱事件平均每年的个数，除东北平原区和云贵高原区外，其余区域干旱事件平均每年的个数在后期均有增加趋势，北方干旱半干旱区、青藏高原区、华南区和长江中下游地区的增加趋势更为明显。对于极端干旱事件平均每年的个数，除东北平原区和四川盆地及周边地区外，其余区域干旱事件平均每年的个数均有增加趋势，北方干旱半干旱区、华南区、长江中下游地区、云贵高原区和黄淮海平原区的增加趋势均较为明显。

此外，北方干旱半干旱区从一般干旱到极端干旱事件平均每年的个数依次为 26.2~28.6 次、16~19 次和 6~9.7 次，青藏高原区对应干旱事件平均每年的个数依次为 13.6~15.7 次、11.7~14.5 次和 5~7.3 次，其余区域对应干旱事件平均每年的个数依次低于 9 次、6 次和 4 次。

在 SSP585 情景下，所有地区的所有类型干旱事件平均每年的个数均呈现增加趋势，且极端干旱事件个数在后期增加的程度最大。对于一般干旱，几乎所有区域的变化趋势均较为明显，北方干旱半干旱区、青藏高原区后期的干旱事件平均每年的个数尤为突出，二者相比以前任一阶段均呈现翻倍增加；严重干旱较一般干旱增加趋势更明显，几乎从中后期开始均有明显增加；对于极端干旱，所有区域的干旱事件平均每年的个数从中后期开始均有明显增加，且后期的干旱事件个数相对中后期又更为突出，如北方干旱半干旱区中后期个数约为中前期的 2 倍，而后期个数又约为中后期的 2 倍。此外，北方干旱半干旱区从一般干旱到极端干旱事件平均每年的个数依次为 17.3~45 次、12~21.6 次和 3.5~18 次，青藏高原区对应干旱事件平均每年的个数依次为 12.4~31.6 次、8~17 次和 3.4~11.4 次，其余区域对应干旱事件的个数依次低于 11 次、9 次和 7 次。

4.2.2　干旱事件的平均面积

不同情景下不同农业区在不同时期的干旱事件的平均覆盖网格数（以此表示平均面积）分别如图 4-11～图 4-13 所示，不同情景下，不同程度干旱事件的平均面积从一般干旱到极端干旱整体上依次减小。在 SSP126 情景下，对于一般干旱，长江中下游地区、青藏高原区、黄淮海平原区和东北平原区干旱事件的平均面积较为突出，在四个时期均保持覆盖 15 个以上的网格；此外，长江中下游地区干旱事件的平均面积呈现逐渐减小的趋势，华南区和四川盆地及周边地区干旱事件的平均面积在四个时期均较小，也呈现随时间变化而减小的趋势；北方干旱半干旱区、黄土高原区干旱事件的平均面积呈现随时间变化增大的趋势。对于严重干旱，青藏高原区和长江中下游地区干旱事件的平均面积均呈现较为明显的随时间变化而减小的趋势，其余区域的变化趋势不明显；此外，四川盆地及周边地区干旱事件的平均面积在四个时期均较小，覆盖范围小于 8 个网格，青藏高原区和东北平原区在四个时期均较为突出，覆盖范围大于 13 个网格。对于极端干旱，黄土高原区、华南区和黄淮海平原区干旱事件的平均面积呈现随时间变化而增大的趋势，北方干旱半干旱区、青藏高原区和云贵高原区呈现随时间变化而减小的趋势，其余区域的变化趋势不明显；东北平原区、青藏高原区、北方干旱半干旱区干旱事件的平均面积在四个时期均较为突出，大部分覆盖 10 个以上网格。

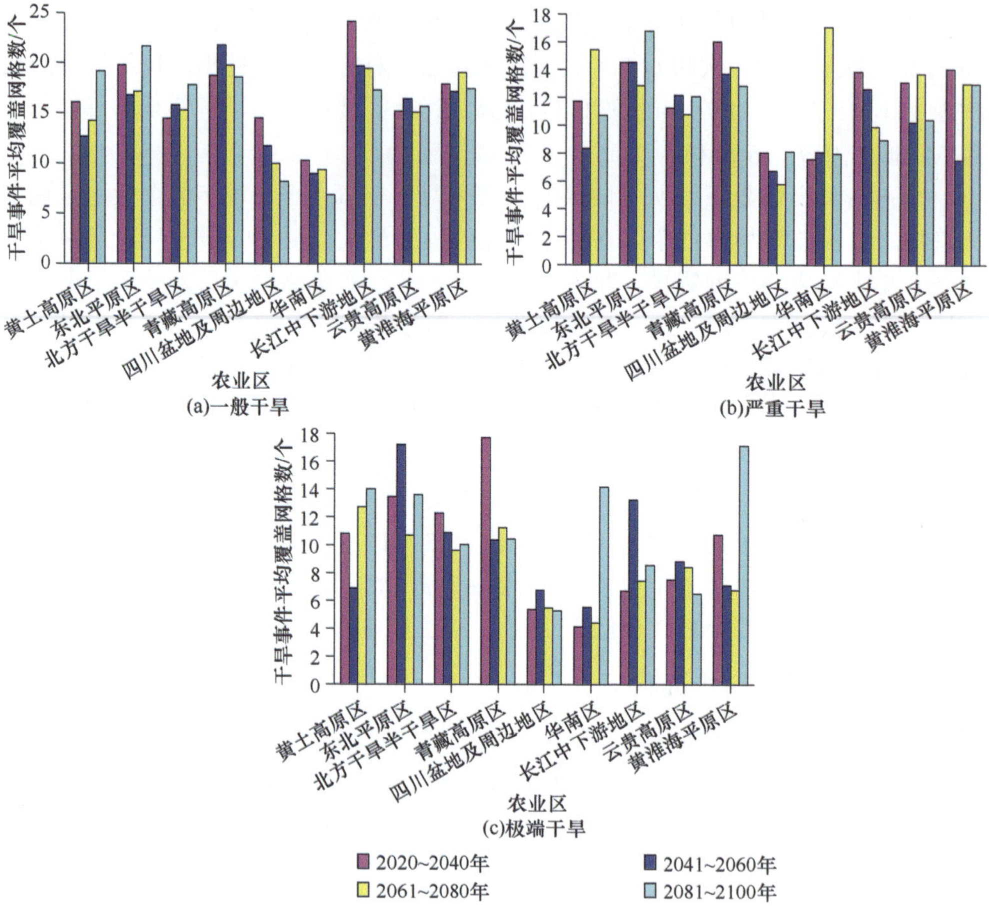

图 4-11　SSP126 情景下不同农业区在四个时期的干旱事件平均覆盖网格数分布

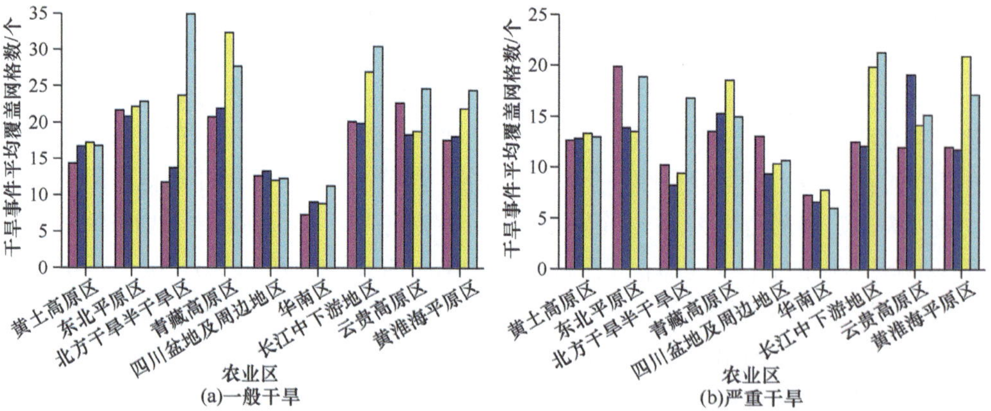

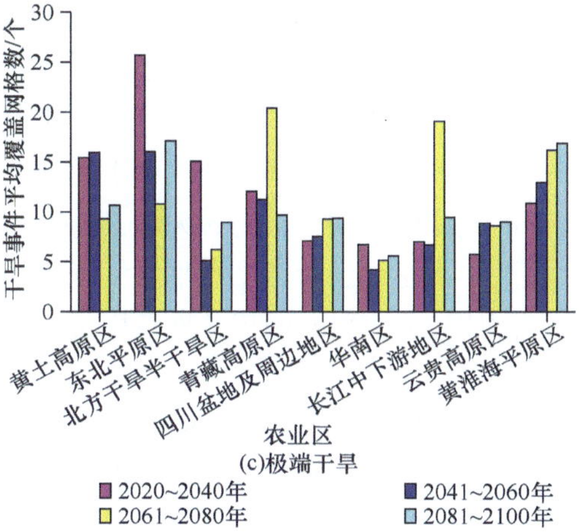

图 4-12　SSP245 情景下不同农业区在四个时期的干旱事件平均覆盖网格数分布

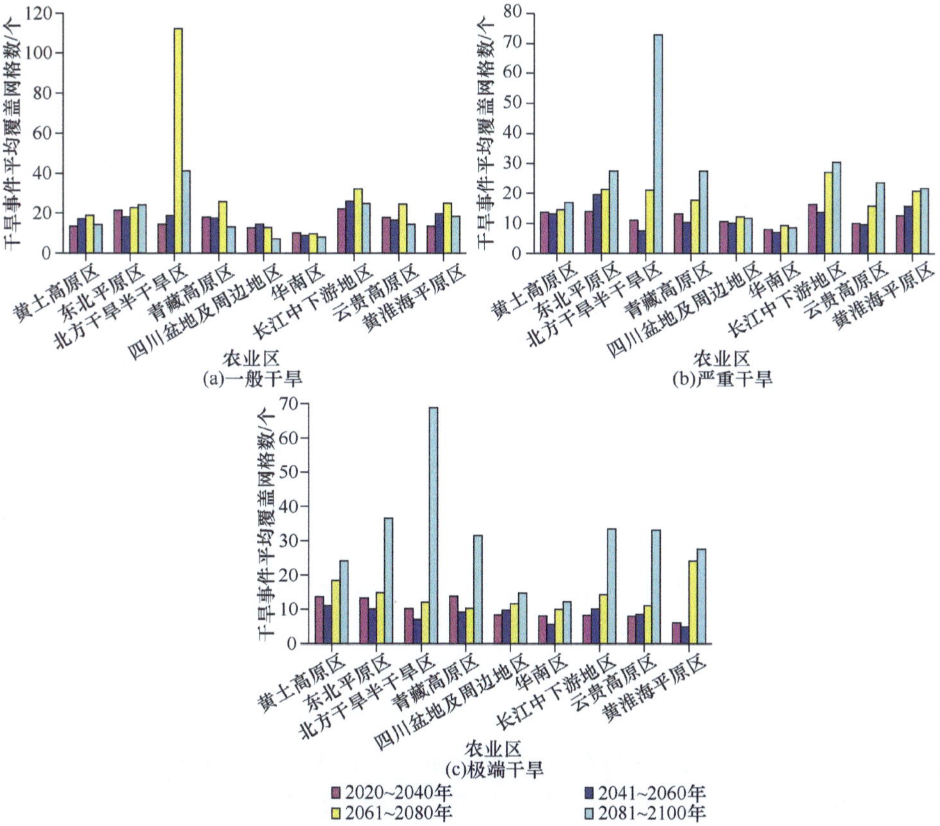

图 4-13　SSP585 情景下不同农业区在四个时期的干旱事件平均覆盖网格数分布

在 SSP245 情景下，各种干旱程度的平均面积较 SSP126 情景均有所增大。对于一般干旱，北方干旱半干旱区、青藏高原区、华南区、东北平原区、长江中下游地区和黄淮海平原区干旱事件的平均面积均呈现随时间变化而增大的趋势；并且中后期开始，北方干旱半干旱区、青藏高原区、长江中下游地区和黄淮海平原区干旱事件的平均面积明显大于前期和中前期，且明显大于其他区域。对于严重干旱，后期北方干旱半干旱区、长江中下游地区和黄淮海平原区干旱事件的平均面积均明显高于前期，且与其他区域相比较为突出，四川盆地及周边地区和华南区有减少趋势。对于极端干旱，四川盆地及周边地区、长江中下游地区、云贵高原区和黄淮海平原区干旱事件的平均面积有随时间变化而增加的趋势，黄土高原区有减小趋势，其余区域的变化趋势不明显；此外，东北平原区和黄淮海平原区干旱事件的平均面积在四个时期均较大，保持覆盖 10 个网格以上。

在 SSP585 情景下，三种程度干旱事件的平均面积较其他两种情景均有明显增大。对于一般干旱，中后期开始北方干旱半干旱区干旱事件的平均面积较其他区域尤为突出，中后期时约为排在第二的长江中下游地区面积的 4 倍，但其余区域也大于同时期其他两种情景下干旱事件的平均面积。对于严重干旱，所有区域干旱事件的平均面积均呈现随时间变化而增大的趋势，尤其是北方干旱半干旱区，后期干旱事件的平均面积约为前期的 7 倍。对于极端干旱，后期所有地区干旱事件的平均面积的增加程度均大于严重干旱和一般干旱，其中黄淮海平原区从中后期开始就有激增。

4.2.3 干旱事件的平均持续时间

不同情景下不同农业区在不同时期的干旱事件的平均持续时间分别如图 4-14～图 4-16 所示。在 SSP126 情景下，对于一般干旱，所有区域在所有时间段的干旱事件平均持续时间保持在 1.8 个月以上。东北平原区、四川盆地及周边地区、长江中下游地区和云贵高原区干旱事件的平均持续时间呈现随时间变化逐渐缩短的趋势，北方干旱半干旱区、黄淮海平原区呈现随时间变化轻微增加的趋势。对于严重干旱，所有区域在所有时间段的干旱事件平均持续时间较一般干旱有所缩短，保持在 1.3 个月以上。黄土高原区、四川盆地及周边地区、长江中下游地区和黄淮海平原区干旱事件的平均持续时间呈现随时间变化缩短的趋势，其余区域没有明显的变化趋势。对于极端干旱，所有区域在所有时间段的干旱事件平均持续时间较严重干旱又有所缩短，保持在 1~1.8 个月。黄土高原区、青藏高原区和黄淮海平原区干旱事件的平均持续时间呈现随时间变化逐渐缩短的趋势，而东北平原区和长江中下游地区呈现随时间变化逐渐增加的趋势，其余区域的变化趋势不明显。

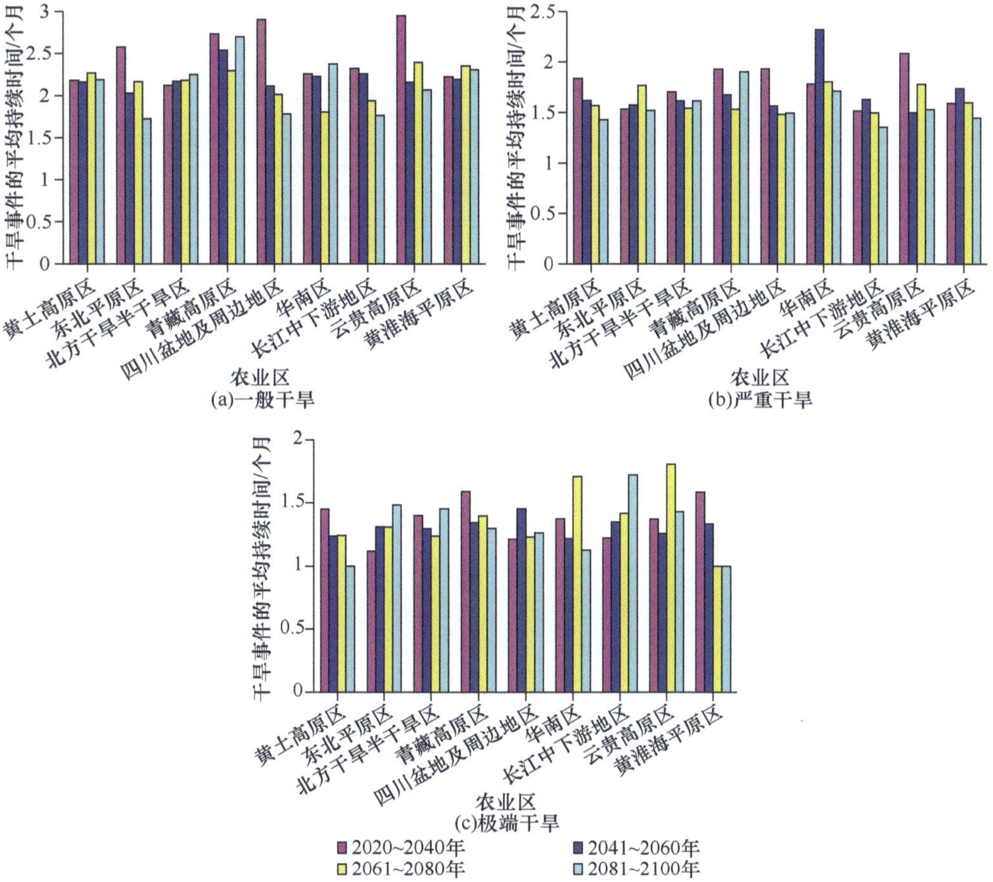

图 4-14　SSP126 情景下不同农业区在四个时期的干旱事件的平均持续时间分布

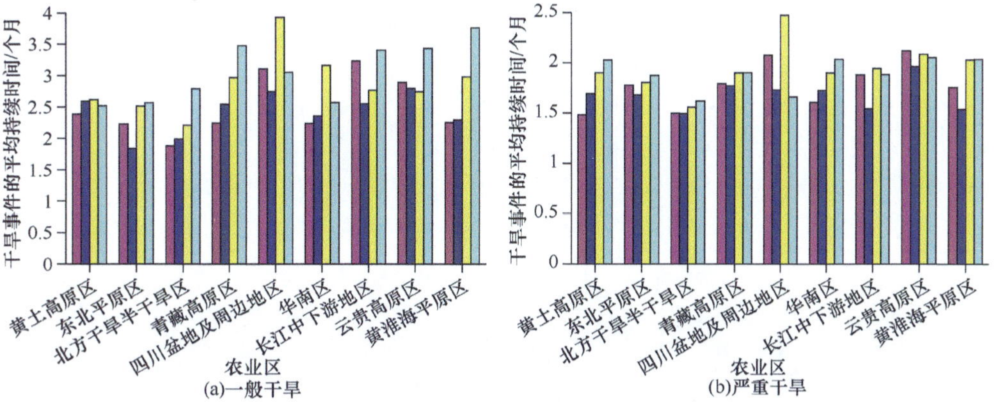

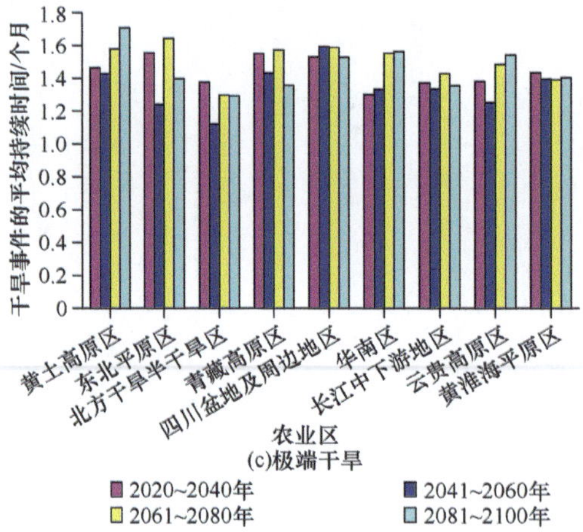

图 4-15 SSP245 情景下不同农业区在四个时期的干旱事件的平均持续时间分布

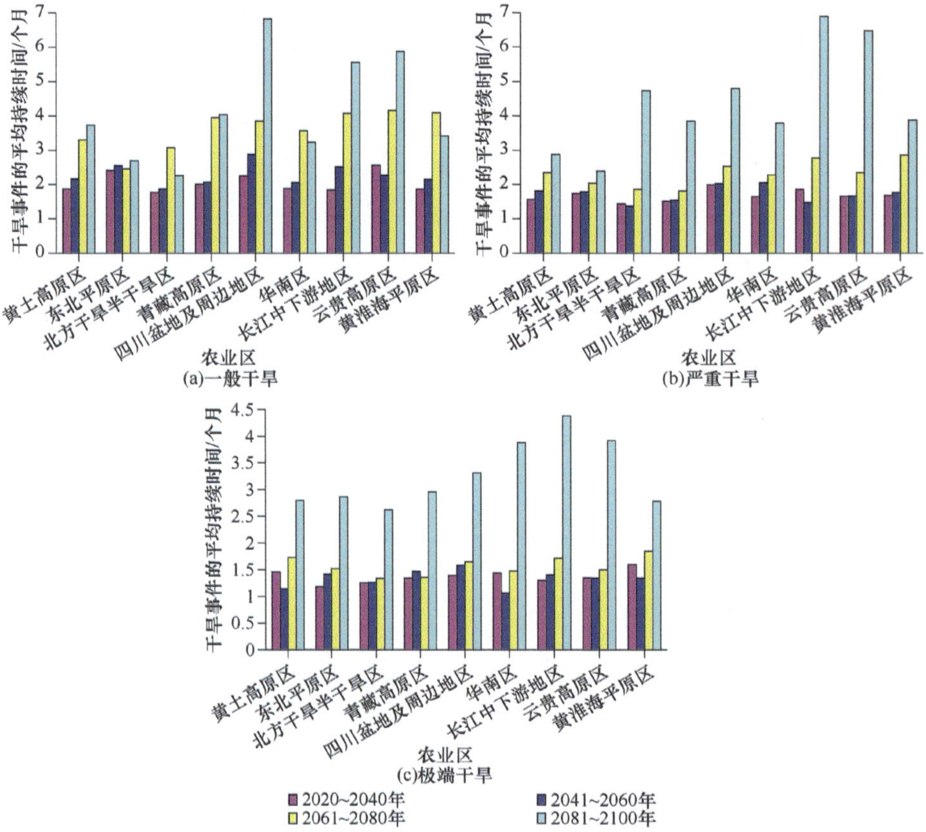

图 4-16 SSP585 情景下不同农业区在四个时期的干旱事件的平均持续时间分布

在 SSP245 情景下，对于一般干旱，除四川盆地及周边地区、华南区、长江中下游地区和云贵高原区外，其他区域干旱事件的平均持续时间均呈现随时间变化逐渐增加的趋势；北方干旱半干旱区前期和东北平原区中前期干旱事件的平均持续时间较短，约为 1.8 个月，四川盆地及周边地区中后期干旱事件的平均持续时间最长，为 3.9 个月。对于严重干旱，黄土高原区、北方干旱半干旱区、青藏高原区、华南区和黄淮海平原区干旱事件的平均持续时间均呈现随时间变化增加的趋势，其余区域没有特别明显的变化趋势，四川盆地及周边地区中后期干旱事件的平均持续时间较为突出，约为 2.5 个月。对于极端干旱，黄土高原区、华南区、云贵高原区干旱事件的平均持续时间呈现随时间变化增加的趋势，北方干旱半干旱区呈现随时间变化缩短的趋势，其余区域的变化不明显，其中黄土高原区后期干旱事件的平均持续时间较为突出，约为 1.7 个月。

在 SSP585 情景下，所有干旱事件类型在后期的持续时间均长于前期。对于一般干旱，除东北平原区外，其余区域干旱事件的平均持续时间从中后期开始就有激增；四川盆地及周边地区、长江中下游地区和云贵高原区干旱事件的平均持续时间在后期尤为突出，均大于 5 个月；其次是黄土高原区、青藏高原区、华南区和黄淮海平原区，均大于 3 个月。对于严重干旱，所有区域干旱事件的平均持续时间均呈现整个时间段不断增加，且后期激增的趋势；北方干旱半干旱区、四川盆地及周边地区、长江中下游地区和云贵高原区在后期干旱事件的平均持续时间尤为突出，均大于 4.5 个月。对于极端干旱，所有区域干旱事件的持续时间均有激增，尤其是华南区、长江中下游地区和云贵高原区，后期约是中后期的 2.5 倍，分别达到 3.9 个月、4.4 个月和 3.9 个月。

4.2.4　干旱事件的平均强度

不同情景下不同农业区在不同时期的干旱事件的平均强度分别如图 4-17～图 4-19 所示。在 SSP126 情景下，对于一般干旱，后期干旱事件的平均强度较前期均有所减小，其中华南区干旱事件的平均强度在前期和后期均较小，约为 1.17（0.5°×0.5°×1 个月），而青藏高原区干旱事件的平均强度在四个时期均较大，均大于 1.21（0.5°×0.5°×1 个月）。对于严重干旱，除东北平原区外，后期所有地区干旱事件的平均强度较前期均有所减小，北方干旱半干旱区、青藏高原区干旱事件的平均强度在整个时间段比其他地区均较大，在 1.7（0.5°×0.5°×1 个月）以上。对于极端干旱，长江中下游地区干旱事件的平均强度随时间变化有明显的增加趋势，北方干旱半干旱区、青藏高原区干旱事件的平均强度在整个时间段比其他地区均较为突出，均在 2.27（0.5°×0.5°×1 个月）以上，华南区中前期和中后期干旱事件的平均强度较小，约为 2.15（0.5°×0.5°×1 个月）。

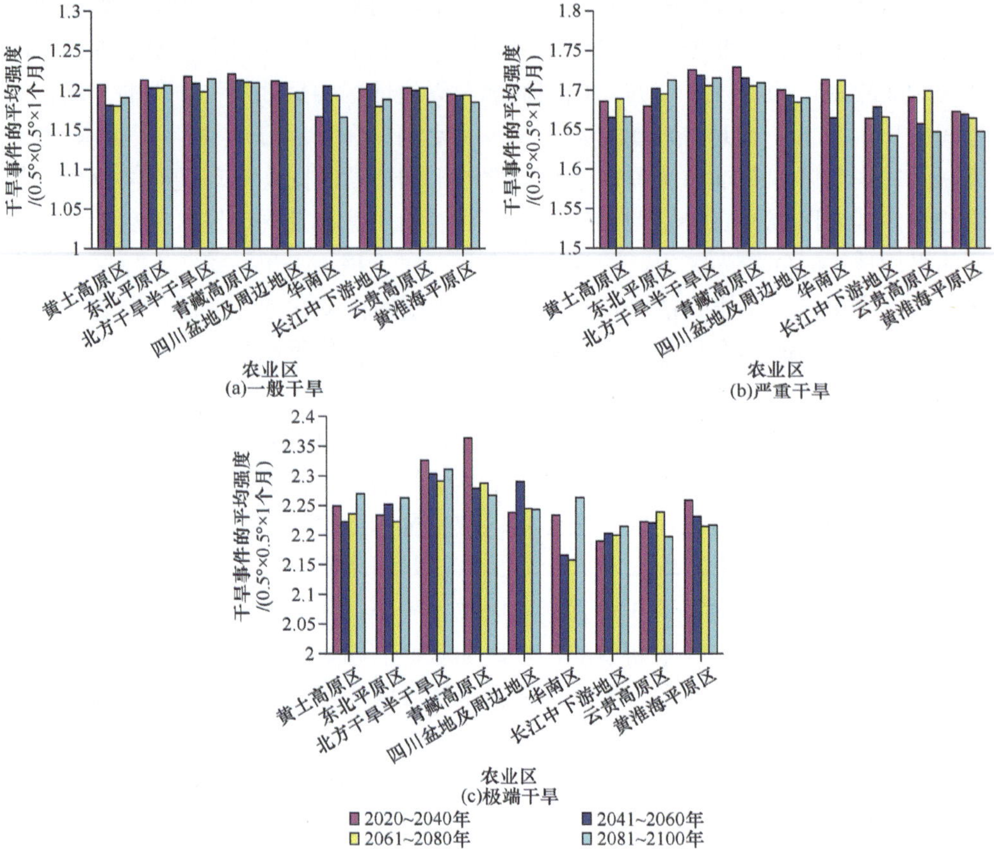

图 4-17　SSP126 情景下不同农业区在四个时期的干旱事件的平均强度分布

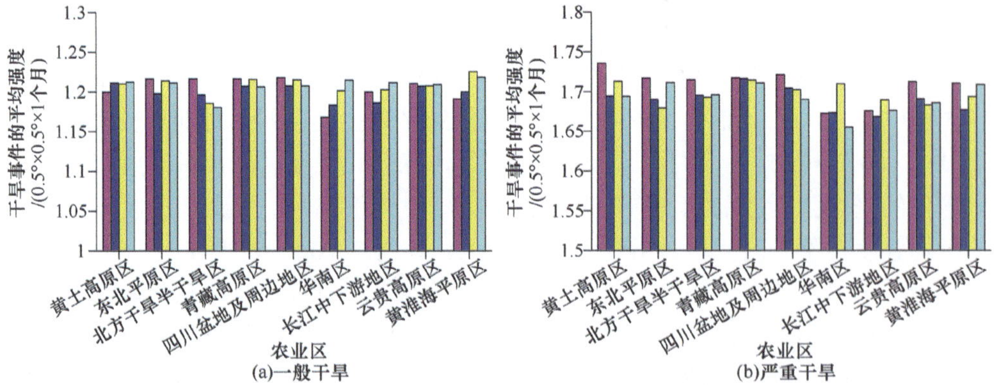

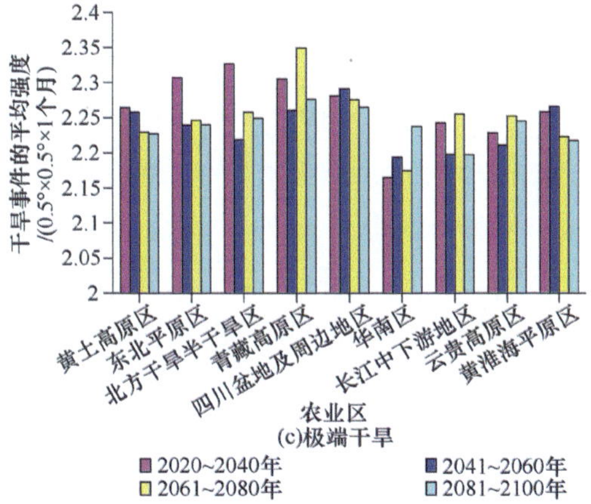

图 4-18　SSP245 情景下不同农业区在四个时期的干旱事件的平均强度分布

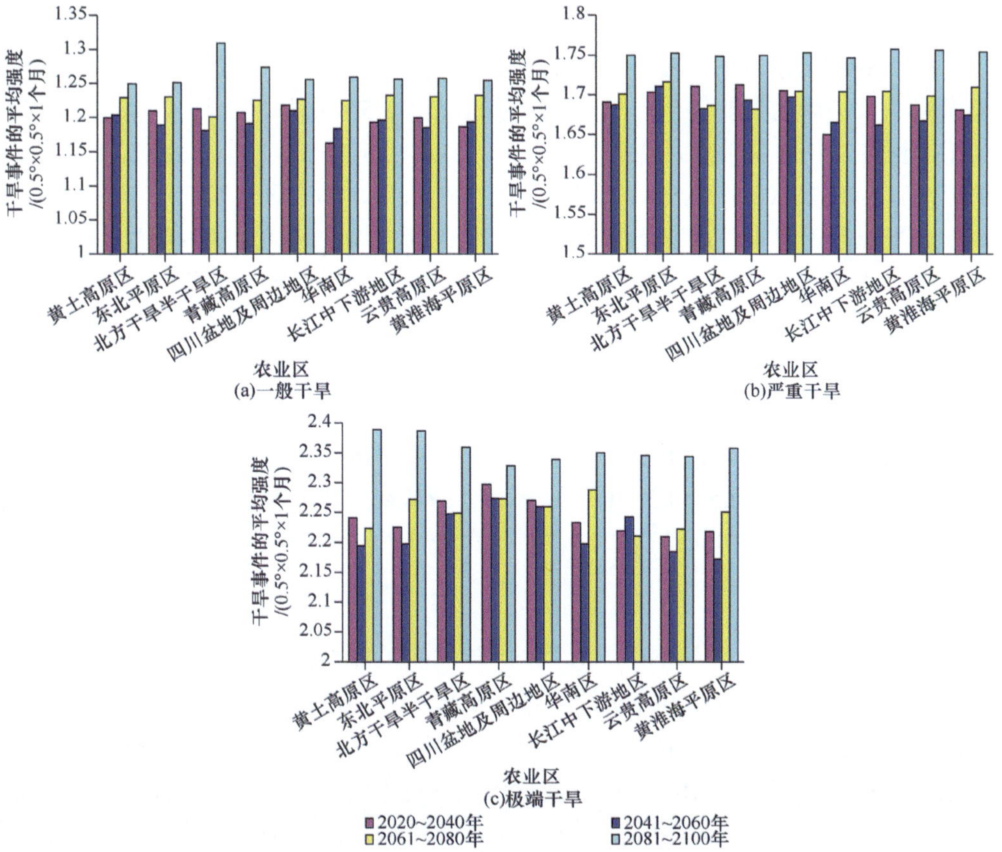

图 4-19　SSP585 情景下不同农业区在四个时期的干旱事件的平均强度分布

在 SSP245 情景下，对于一般干旱，黄土高原区、长江中下游地区、华南区和黄淮海平原区干旱事件的平均强度呈现随时间变化逐渐增大的趋势，北方干旱半干旱区呈现随时间变化逐渐减小的趋势，其余区域的变化趋势不太明显；除北方干旱半干旱区的中后期和后期，以及华南区的前期和中前期干旱事件的平均强度较小，约为 1.17（0.5°×0.5°×1 个月）外，其余地区相差不大，均约为 1.2（0.5°×0.5°×1 个月）。对于严重干旱，除四川盆地及周边地区干旱事件的平均强度随时间变化有明显的减小趋势外，其余区域虽没有明显的变化趋势，但均呈现后期小于前期的格局；华南区干旱事件的平均强度除中后期外均较小，为 1.65~1.67（0.5°×0.5°×1 个月），青藏高原区四个时期干旱事件的平均强度均较大，在 1.7（0.5°×0.5°×1 个月）以上。对于极端干旱，除华南区和云贵高原区外，其他地区后期干旱事件的平均强度较前期均较小；青藏高原区和四川盆地及周边地区干旱事件的平均强度在整个时间段均较为突出，在 2.26（0.5°×0.5°×1 个月）以上，华南区干旱事件的平均强度在后期之前均较小，为 2.15~2.19（0.5°×0.5°×1 个月）。

在 SSP585 情景下，对于一般干旱，所有干旱事件的平均强度在后期均有明显增强，大于后期之前任一时段，均大于 1.25（0.5°×0.5°×1 个月），且北方干旱半干旱区在后期较其他地区更为突出，为 1.31（0.5°×0.5°×1 个月）；其次是青藏高原区，为 1.26（0.5°×0.5°×1 个月）；黄土高原区、华南区、长江中下游地区和黄淮海平原区干旱事件的平均强度随时间变化而增加的趋势均较为明显。对于严重干旱，所有区域后期干旱事件的平均强度也均有明显增加，大部分地区保持在 1.75（0.5°×0.5°×1 个月）以上；东北平原区和华南区的增加趋势尤为明显，且各个区域干旱事件的平均强度差异较小。对于极端干旱，各个区域干旱事件的平均强度在后期的增加程度大于一般干旱和严重干旱，均保持在 2.33（0.5°×0.5°×1 个月）以上；黄土高原区、东北平原区、北方干旱半干旱区后期干旱事件的平均强度较为突出，均在 2.37（0.5°×0.5°×1 个月）以上；从整个研究时段来看，青藏高原区干旱事件的平均强度均保持在 2.27（0.5°×0.5°×1 个月）以上。

4.2.5 本节小结

本节基于时空立方体结构提取了不同程度的干旱事件，分别分析了 9 个农业区在不同时间段内的干旱事件平均每年的个数、平均面积、平均持续时间和平均强度。研究结果表明：对比不同情景，对应类型干旱事件平均每年的个数按照 SSP126、SSP245 和 SSP585 的顺序依次增加，且不同情景下干旱事件均集中在北方干旱半干旱区与青藏高原区；随着干旱严重性的增加，干旱事件平均每年的个数也在减少。SSP126 情景下，除青藏高原区和长江中下游地区的极端干旱、华南区的严重干旱之外，其余区域的干旱事件平均每年的个数在后期均呈现较前期减少的趋势；SSP245 情景下，不同类型干旱事件平均每年的个数呈现出后期大于前期的区域个数增多的趋势；SSP585 情景下，所有地区的所有类型干旱事件平均每年的个数后期均高于其他时间段，尤其是极端干旱。对比不同情景下干旱事件的平均面积发现，不同情景下，不同程度干旱事件的平均面积从一般干旱到极端干旱整体上依次减小。SSP126 情景下，东北平原区和青藏高原区的三种类型干旱事件的平均面积均较为突出；SSP245 情景相较于 SSP126 情景，其干旱事件的平均面积均有所增大，后期北方干旱半干旱区、黄淮海平原区、长江中下游地区的一般干旱和严重干旱事件的平均面积均较为突出，且黄淮海平原区的极端干旱事件的平均面积依然突出；SSP585 情景下，北方干旱半干旱区较其他地区的一般干旱事件的平均面积在中后期较为突出，严重干旱事件的面积在后期较为突出，所有区域极端干旱事件的平均面积在后期几乎均有明显增大。对比不同情景下干旱事件的平均持续时间发现，对应类型的平均持续时间整体上按照 SSP126、SSP245、SSP585 情景的顺序依次增大，且随着干旱严重程度的增加，干旱平均持续时间整体上缩短。SSP126 情景下，四川盆地及周边地区和长江中下游地区的一般干旱和严重干旱的平均持续时间呈现逐渐缩短的趋势，而长江中下游地区极端干旱事件的平均持续时间有所增加；对于严重干旱，所有地区后期干旱事件的平均持续时间较前期均有所缩短；对于极端干旱，除黄土高原区、青藏高原区、华南区和黄淮海平原区外，其余地区后期干旱事件的平均持续时间较前期均有不同程度的增加。SSP245 情景下，四川盆地及周边地区的一般干旱和严重干旱事件在中后期的平均持续时间均较为突出，分别为 3.9 个月和 2.5 个月；云贵高原区严重干旱事件的平均持续时间较为突出，一直保持在 2 个月以上；此外，黄土高原区后期的极端干旱较为突出，约为 1.7 个月。SSP585 情景下，所有类型干旱在后期的持续时间均长于前期。四川盆地及周边地区、长江中下游地区和云贵高原区在后期一般干旱事件的平均持续时间尤为突出，均在 5 个月以上；北方干旱半干旱区、四川盆地及周边地区、长江中下游地区和云贵高原区在后期严重干旱事件的平均持续时间尤为突出，均在 4.5 个月以上。对比不同情景下干旱事件的平均强度发现，SSP126 情景下，后期一般干旱事件的平均强度较前期均有所减小，北方干旱半干旱区以及青藏高原区严重干旱和极端干旱事件的平均强度较大，整个时期均分别在 1.7（0.5°×0.5°×1 个月）和 2.27（0.5°×0.5°×1 个月）以上；SSP245 情景下，青藏高原区和四川盆地及周边地区极端干旱事件的平均强度整个时间段均在 2.26（0.5°×0.5°×1 个月）以上；SSP585 情景相较于其他两种情景，几乎后期所有地区所有程度的干旱事件的平均强度均增强，其中北方干旱半干旱区一般干旱事件的平均强度在后期有突出增加，在 1.31（0.5°×0.5°×1 个月）以上，黄土高原区、东北高原区、北方干旱半干旱区，以及黄淮海平原区极端干旱事件的平均强度在后期突出，均在 2.3（0.5°×0.5°×1 个月）以上。

4.3 干旱危险性的评估

4.3.1 研究结果

本节分别研究了不同情景下不同农业区的干旱危险性，研究结果如图 4-20 所示。图 4-20 中分别展示了 SSP126、SSP245 和 SSP585 三种情景下持续时间在一个月以上的干旱危险性，据此区分干旱危险性等级，见图 4-20 的图例。

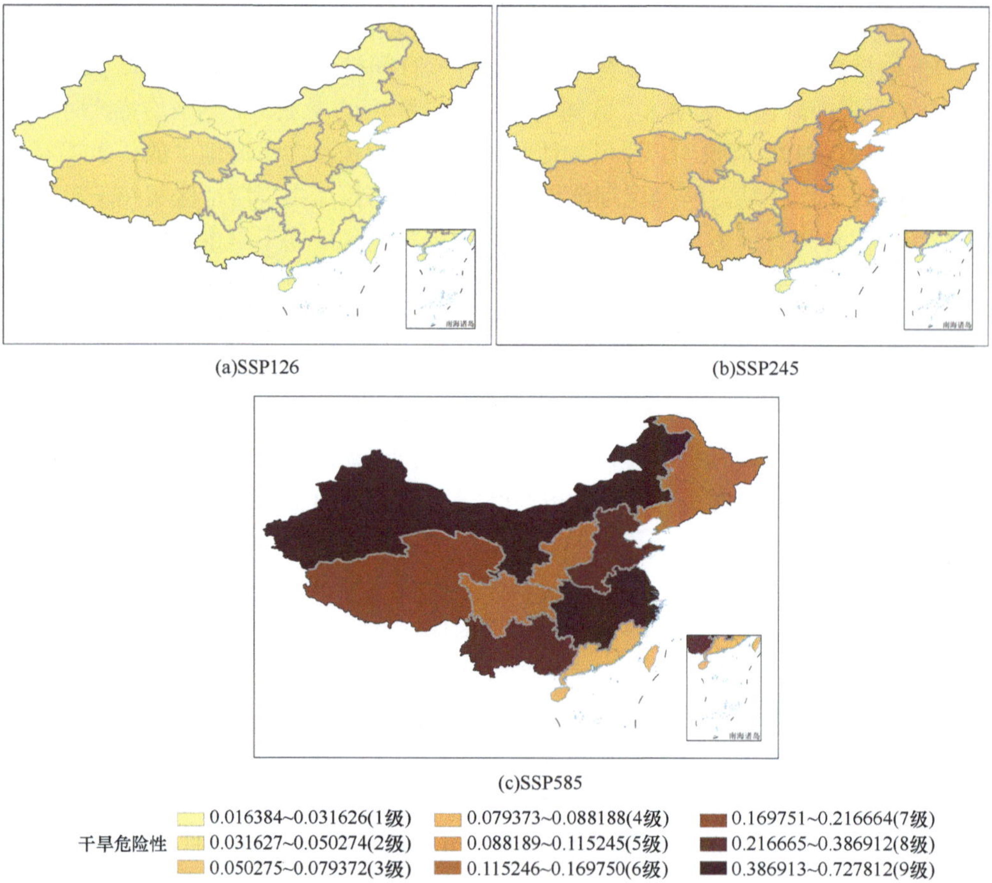

图 4-20 不同情景下不同农业区的干旱危险性分异

整体来看，SSP585 情景下的干旱危险性最大，SSP126 情景下的干旱危险性最小，且 SSP585 情景下的干旱危险性空间分异最大，而 SSP126 情景下的干旱危险性空间差异最小。SSP126 情景下的干旱危险性为 1～2 级，危险性最大的地区是青藏高原区、黄土高原区、黄淮海平原区和东北平原区；SSP245 情景下的干旱危险性为 1～5 级，干旱危险性最严重的地区是黄淮海平原区，其次是长江中下游地区，再次是东北平原区、黄土高原区、青藏高原区和云贵高原区；SSP585 情景下的干旱危险性为 3～9 级，干旱危险性最严重的地区是北方干旱半干旱区，以及长江中下游地区，其次是黄淮海平原区和云贵高原区，再次是青藏高原区。

本节进一步分析了一般干旱、严重干旱和极端干旱三种干旱在不同情景下的干旱危险性，SP126、SSP245 和 SSP585 三种情景下的研究结果依次如图 4-21～图 4-23 所示，研究同样将干旱危险性根据百分位法划分成 9 个等级，依次对应图中从浅黄到深棕的 9 种颜色。结果显示：SSP126 和 SSP245 情景下，一般干旱到

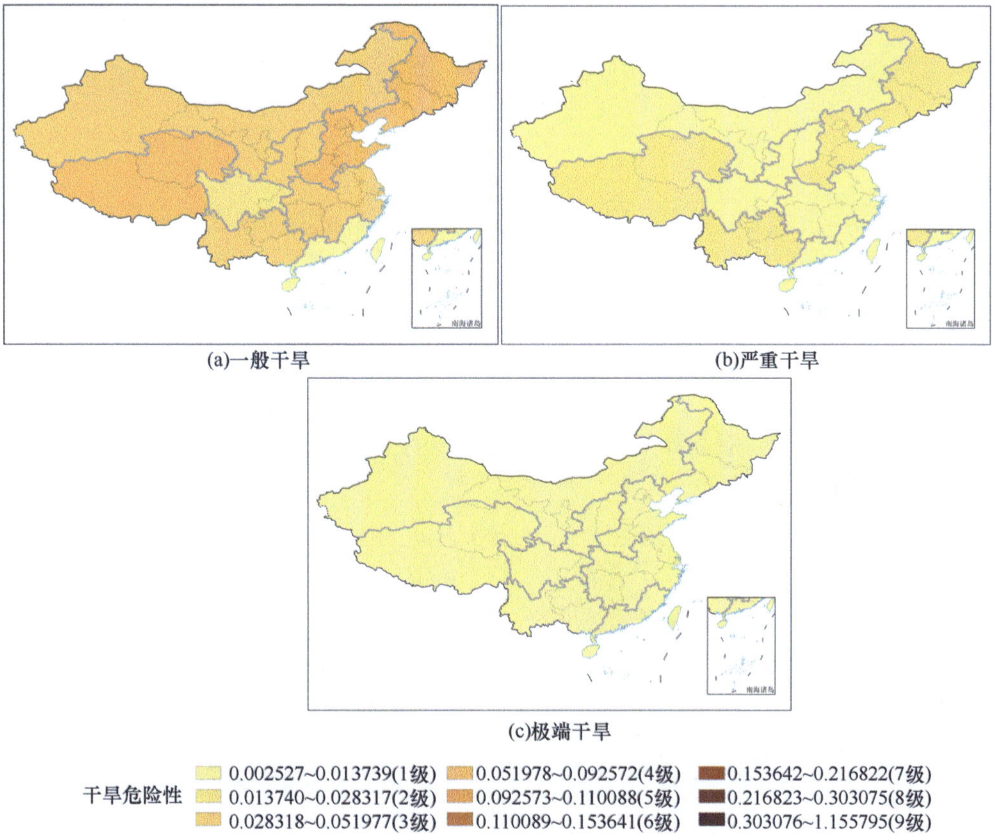

图 4-21　SSP126 情景下不同干旱程度危险性的空间分异

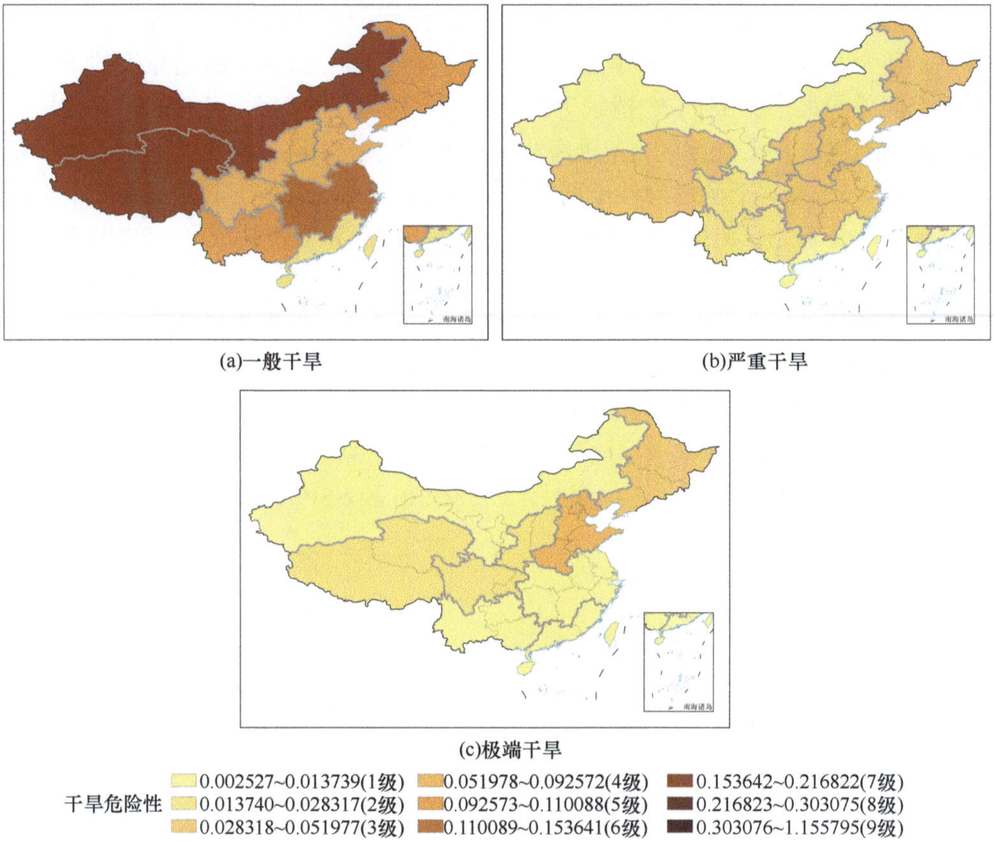

图 4-22　SSP245 情景下不同干旱程度危险性的空间分异

极端干旱的干旱危险性依次减小，而 SSP585 情景下，一般干旱到极端干旱的干旱危险性依次增大，且各个农业区干旱危险性的空间分异按照 SSP126、SSP245、SSP585 的顺序依次增大。

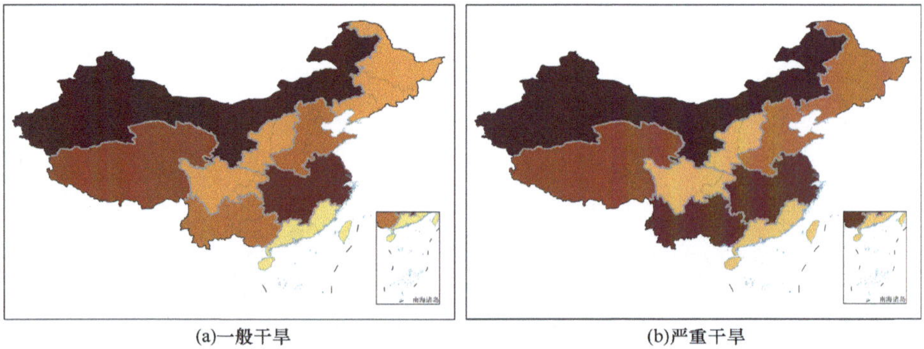

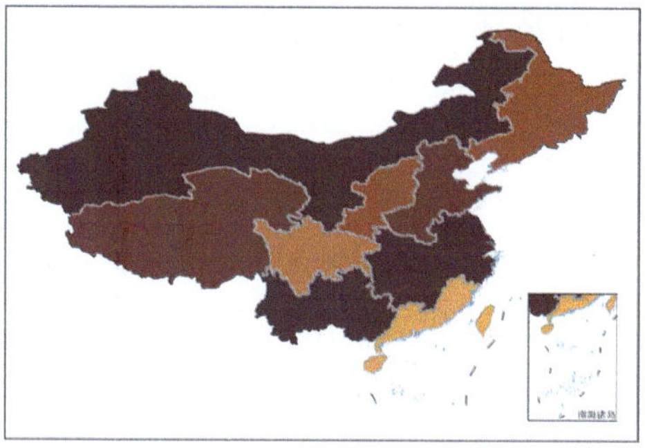

(c)极端干旱

干旱危险性
0.002527~0.013739(1级)　0.051978~0.092572(4级)　0.153642~0.216822(7级)
0.013740~0.028317(2级)　0.092573~0.110088(5级)　0.216823~0.303075(8级)
0.028318~0.051977(3级)　0.110089~0.153641(6级)　0.303076~1.155795(9级)

图 4-23　SSP585 情景下不同干旱程度危险性的空间分异

SSP126 情景下，一般干旱的干旱危险性为 1～4 级，空间分异较小，最严重的地区为青藏高原区、东北平原区和黄淮海平原区；严重干旱的干旱危险性为 1～2 级，最严重的地区为青藏高原区、黄淮海平原区、东北平原区和云贵高原区；所有地区极端干旱的危险性均为 1 级。

SSP245 情景下，一般干旱的干旱危险性为 1～7 级，最严重的地区是北方干旱半干旱区和青藏高原区，其次是长江中下游地区；严重干旱的干旱危险性为 1～3 级，最严重的地区是青藏高原区、东北平原区、黄淮海平原区、黄土高原区和长江中下游地区；极端干旱的干旱危险性为 1～4 级，最严重的地区是黄淮海平原区，其次是东北平原区。

SSP585 情景下，一般干旱的干旱危险性为 1～9 级，最严重的地区为北方干旱半干旱区，其次是长江中下游地区；严重干旱的干旱危险性为 3～9 级，最严重的地区为北方干旱半干旱区，其次是长江中下游地区和云贵高原区；极端干旱的干旱危险性为 6～9 级，最严重的地区是北方干旱半干旱区、长江中下游地区和云贵高原区，其次是青藏高原区和黄淮海平原区。

4.3.2　本节小结

本节内容分别从整体和一般干旱、严重干旱、极端干旱三种干旱类型评估了不同情景下的干旱危险性，研究结果表明：从整体来看，黄淮海平原区的干旱危险性在三种情景下均较为突出；东北平原区和青藏高原区的干旱危险性在 SSP126 和 SSP245 情景下较为突出；长江中下游地区和云贵高原区的干旱危险性在 SSP245 和 SSP585 情景下均较为突出；此外，北方干旱半干旱区的干旱危险性在 SSP585 情景下较为突出，而其在 SSP126 和 SSP245 情景下的干旱危险性均较小。分干旱类型来看，SSP126 和 SSP245 情景下，从一般干旱到极端干旱的干旱危险性依次减小，而 SSP585 情景下，从一般干旱到极端干旱的干旱危险性依次增大，且各个农业区干旱危险性的空间分异按照 SSP126、SSP245、SSP585 的顺序依次增大。SSP126 情景下，青藏高原区、东北平原区和黄淮海平原区的一般干旱和严重干旱的危险性均较大，分别为 4 级和 2 级；SSP245 情景下，北方干旱半干旱区的一般干旱危险性较为突出，为 7 级，青藏高原区和长江中下游地区的一般干旱和严重干旱的危险性均较大，分别为 6～7 级和 3 级，黄淮海平原区和东北平原区的严重干旱和极端干旱的危险性均偏高，在 3～4 级；SSP585 情景下，北方干旱半干旱区的三种干旱危险性均最大，为 9 级，其次是长江中下游地区，三种干旱危险性在 8～9 级，云贵高原区的严重干旱和极端干旱的危险性在 8～9 级，黄淮海平原区的极端干旱危险性为 8 级。

4.4 本章小结

本章从整体和不同农业区全面分析了不同情景下干旱影响的时空范围和干旱事件平均每年的个数、平均面积、平均持续时间和平均强度等干旱特征及干旱危险性的时空分异。从干旱的时空影响范围来看，一般干旱影响着大部分时空区域，相比之下，极端干旱影响区域变小。已有研究发现，随着温室气体排放浓度的增加，干旱事件的持续时间和严重性也增加（Chen et al.，2022）。本章进一步研究了不同干旱程度的危险性特征在不同情景下的差异，研究表明：极端干旱事件平均每年的个数、平均面积、平均持续时间和平均强度等特征整体上随着温室气体排放浓度的增加逐渐增大。SSP126 情景下，除青藏高原区和长江中下游地区的极端干旱、华南区的严重干旱之外，其余区域所有干旱事件平均每年的个数在后期均呈现较前期减少的趋势。SSP585 情景下，三种干旱程度的严重性和干旱事件平均每年的个数均呈现在后期几乎所有区域增强的格局，尤其是极端干旱呈现急剧增强；且干旱严重性增加趋势呈现随干旱严重程度的增加而急剧增强的时间点推后的格局，一般干旱的严重性在中后期开始急剧增强，严重干旱和极端干旱在后期开始急剧增强，但严重干旱急剧增加的程度要大于极端干旱。此外，SSP585 情景下的干旱危险性较 SSP126 情景和 SSP245 情景有明显增加。

SSP126 情景下，不同农业区的干旱危险性最大为 2 级，比较严重的地区包括青藏高原区、黄土高原区、黄淮海平原区和东北平原区等旱作地区，这些地区内一般干旱危险性最大，其次是严重干旱。黄淮海平原区和东北平原区作为我国的粮食主产区（刘泽瑾等，2022），干旱不仅对区域范围而且对全国粮食产量产生一定影响。但在温室气体低排放浓度的作用下，这些影响在后期有所减弱。青藏高原干旱面积和干旱强度在三种干旱类型中均较大。黄淮海平原区的严重干旱的平均面积在后期较为突出；一般干旱的平均持续时间在众多区域中较为突出，且随时间变化有增加趋势；所有干旱类型的干旱强度均较为居中，且均随时间变化有减小趋势。东北平原区的三种干旱事件的平均面积均较为突出，且后期较前期干旱事件的平均面积均有所增加；所有干旱类型的平均持续时间均较为居中，后期一般干旱和严重干旱的平均持续时间较前期有所缩短，但极端干旱的平均持续时间随时间变化有所增加。

SSP245 情景下，不同农业区的干旱危险性最大为 5 级，最严重的地区为黄淮海平原区，与其他地区相比，该地区的极端干旱较为突出，而北方干旱半干旱区的一般干旱最严重。黄淮海平原区的三种干旱的平均面积均呈现随时间变化增大的趋势，面积排序在所有地区中均处于中上等；并且三种干旱事件的平均持续时间均较长，尤其是一般干旱后期的平均持续时间比较长。北方干旱半干旱区的一般干旱面积随着时间的增长在不断增大，且在后期尤为突出；但其平均持续时间和平均强度均没有特别突出。与低排放情景相比，在 SSP245 情景下，温室气体排放浓度有所增加，使得干旱危险性加倍增强。特大干旱事件的预警预报与风险管理，是当前防灾减灾中十分困难和薄弱的环节之一（夏军等，2022），黄淮海平原区作为主要的农业区，需加强农业防范措施，并对其制定合理的农业保险制度。北方干旱半干旱区作为我国传统的草地畜牧业生产区，后期扩大的一般干旱面积也应引起关注。

SSP585 情景下，不同农业区的干旱危险性最大为 9 级，该情景下无论是整体还是各种程度的干旱危险性，均是北方干旱半干旱区最为严重。另外，其他区域相较其他两种情景也有不同程度的加重，次严重的区域为长江中下游地区。北方干旱半干旱区一般干旱的平均面积在中后期几乎是同时期面积排序第二区域的 3 倍，后期的干旱平均面积也较为突出；严重干旱的平均面积在后期几乎是同时期面积排序第二区域的 2.5 倍，极端干旱的平均面积在后期也有激增，与其他区域的激增相比，也较为突出。该情景下，长江中下游地区不同类型的干旱事件的平均面积均较为突出，尤其是严重干旱和极端干旱；后期一般干旱和严重干旱的平均持续时间也较为突出。长江中下游地区作为重要的经济发展区，人口密集（Li et al.，2021；Zhang Y et al.，2023），人口和经济将遭受较大的干旱风险。

此外，四川盆地及周边地区的干旱危险性虽然在众多区域中表现不突出，但需要引起关注。SSP245 和 SSP585 情景下，四川盆地及周边地区极端干旱事件的面积增大；SSP245 情景下，四川盆地及周边地区三种干旱程度的平均持续时间均较为突出，依次保持在 2.7 个月、1.7 个月和 1.5 个月以上，极端干旱事件的平均强度在整个时期均保持在 2.26（0.5°×0.5°×1 个月）以上；SSP585 情景下，三种干旱程度的平均持续时间均呈现随时间变化不断增加的趋势，一般干旱和严重干旱后期的持续时间分别为 6.9 个月和 4.9 个月，极端干旱的持续时间为 3.4 个月。该区域是我国现代农业发展区和长江中上游重要生态屏障（刘慧丽等，2023），潜在的干旱风险将对该区域乃至更大范围产生重大影响。

第 5 章　不同情景下干旱的时空聚集区

本章内容主要分为两个模块：第一模块是识别未来 SSP126、SSP245 和 SSP585 情景下中国区域 2020～2100 年的干旱时空聚集区，该部分主要基于时空 Moran 散点图方法识别干旱时空聚集区，所用干旱指数是代表农业的3个月尺度的SPEI-3；第二模块是基于干旱时空聚集区的识别结果，对不同农业区、不同季节干旱时空聚集区的时空变化加以分析。

第二模块又分为两部分：第一部分是干旱时空聚集区的空间变化分析；第二部分是时间趋势分析。其中，第一部分将研究时段分为前期（2020～2060 年）和后期（2061～2100 年），在网格尺度上探讨了不同季节以及整体干旱影响时间和干旱集聚程度的空间变化，所选的代表性指标分别是干旱时空聚集单元占比和 ST-LISA 累积值。然后，将网格汇总到区域上，使用 *K*-means 聚类结合人工分类的方法，在区域（农业区）尺度上探讨了不同季节以及整体干旱时空聚集区数量和类别的空间变化。这是由于干旱时空聚集区往往属于较大的时空团体，本身尺度较大，仅进行网格尺度分析意义不大，因而将这些时空团体的时空演化过程升至更宏观的区域尺度进行探讨。第二部分使用 Mann-Kendall 趋势检验法和 Sen's 斜率法在区域尺度上探讨整个研究时段内干旱时空聚集区数量和类别、干旱影响范围和干旱集聚程度的时间趋势。其中，干旱影响范围和干旱集聚程度所选取的指标分别是干旱时空聚集单元占比和最大 ST-LISA。本章的整体研究框架如图 5-1 所示。其中，干旱影响范围对应 5.2.1 节，干旱集聚程度对应 5.2.2 节，干旱时空聚集区的演化过程对应 5.2.4 节。

干旱时空聚集单元与干旱时空聚集区的概念容易混淆，因此在此做出解释。在本章中，干旱时空聚集单元指干旱时空聚集区内 0.5°×0.5°×1 个月的时空立方体，其空间大小（0.5°×0.5°）和时间长度（1 个月）是由 SPEI-3 的时空分辨率决定的。干旱时空聚集区一般包含多个干旱时空聚集单元。干旱时空聚集单元占比是指在某个时空内，干旱时空聚集单元在整体中的比例。因此，在区域尺度上，干旱时空聚集单元占比可以指示干旱影响的时空范围。

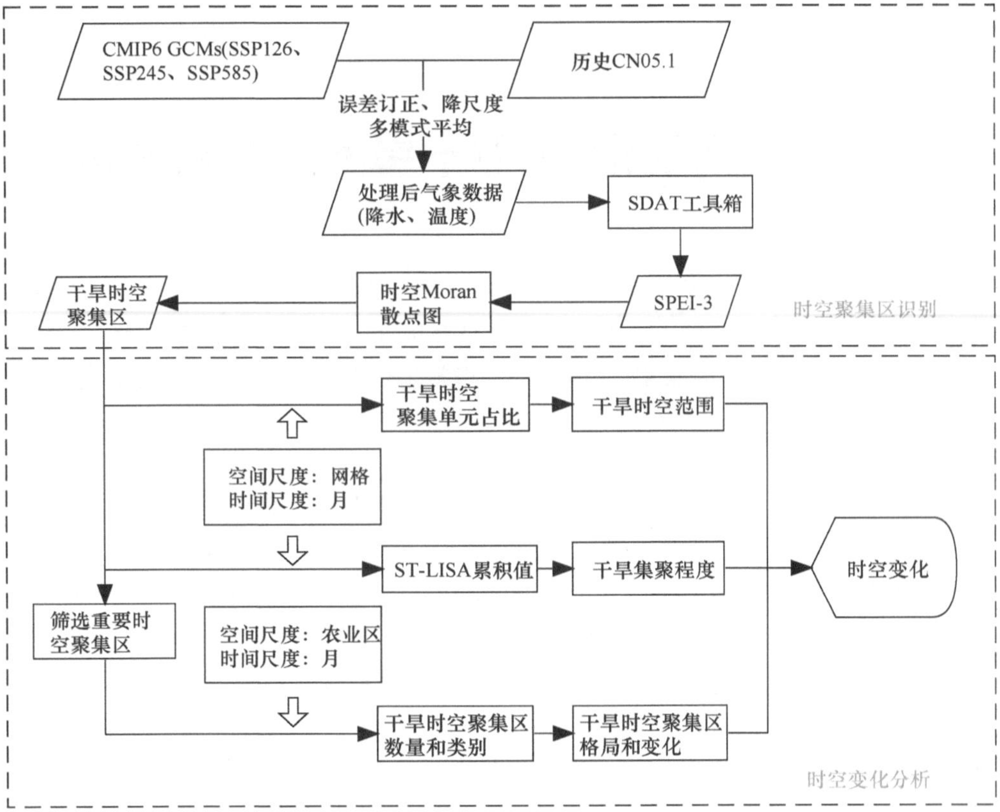

图 5-1　本章整体研究框架

5.1　不同情景下干旱时空聚集区识别结果

本研究使用时空 Moran 散点图的方法识别中国未来情景下前期（2020～2060 年）和后期（2061～2100 年）的干旱时空聚集区，需要：①根据温度、降水和位置信息计算对应位置的 SPEI-3；②根据 SPEI-3 的属性值绘制时空 Moran 散点图和散点密度图；③计算 ST-LISA 及其显著性，并根据显著性筛选散点；④根据规定的阈值筛选散点；⑤将符合要求的散点对应到三维时空中，识别得到干旱时空聚集区，并分析时空聚集区的时空变化。由于 SPEI-3 网格数据的空间分辨率为 0.5°×0.5°，时间分辨率为月，因此三维时空中每个时空单元的大小为 0.5°×0.5°×1 个月。另外，基于 SDAT 框架的 SPEI-3 的计算方法已于第 3 章详细阐述，在此不做赘述；ST-LISA 及其显著性的计算方法也已于第 3 章详细阐述，研究将根据 $p<0.001$ 的显著性检验条件剔除不显著的散点。

干旱程度较小时通常不会造成危害，但当干旱程度达到一般干旱（SPEI-3<–1）时，会造成一定的社会经济损失。因此，本研究将干旱时空聚集区定义为一般干旱聚集区，即本时空单元的 SPEI-3 小于–1，周围 3×3×3 邻域的 SPEI-3 均值也小于–1 的区域。

当研究样本确定后，SPEI-3 的均值及标准差已经确定，因此时空 Moran 散点图中某散点横坐标 z_i 的取值仅和对应时空单元的 SPEI-3 呈正相关，当周围邻域的时空权重矩阵也确定后，纵坐标 W_{z_i} 的取值也仅与邻域 SPEI-3 的均值呈正相关。基于此，我们可以轻易地根据 SPEI-3 的阈值要求计算出散点图横纵坐标的阈值要求，即在散点图中，横纵坐标均小于–1.002 的点所对应的时空单元属于干旱的时空聚集区。以 SSP245 情景下前期的散点密度图为例（图 5-2），红色方框内的散点所对应的时空单元属于干旱时空聚集区。

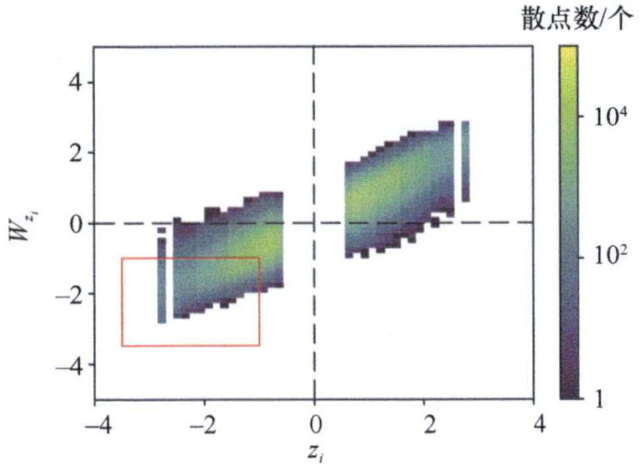

图 5-2　干旱的时空 Moran 散点密度图筛选结果（以 SSP245 情景前期为例）

根据位置信息，进一步将属于干旱时空聚集区内的散点对应到三维空间中。以 SSP126、SSP245、SSP585 情景下的 2069 年为例，干旱时空聚集区的识别结果如图 5-3 所示。图 5-3 呈现示例年份干旱时空聚集区的总体情况，在每张分图中，横纵坐标分别表示经度和纬度，竖坐标表示月份，颜色代表干旱时空聚集区内的 ST-LISA 值。根据 ST-LISA 值与 3×3×3 时空区域内 SPEI-3 的计算方法，可以认为当 ST-LISA 值较大时，该区域内干旱的聚集性较强，并且干旱也相对严重。

由图 5-3 可知，干旱时空聚集区通常形成独立或相互连续的时空团簇。聚集区中心区域的 ST-LISA 值一般较大，说明中心区域干旱聚集性较强，干旱较严重。在示例年份，ST-LISA 值处于 1~6，SSP126 情景下的干旱时空聚集区占据的时空范围小，但聚集性强；SSP245 情景下的时空范围大，且聚集性强；SSP585 情景下的时空范围大，但聚集性弱。

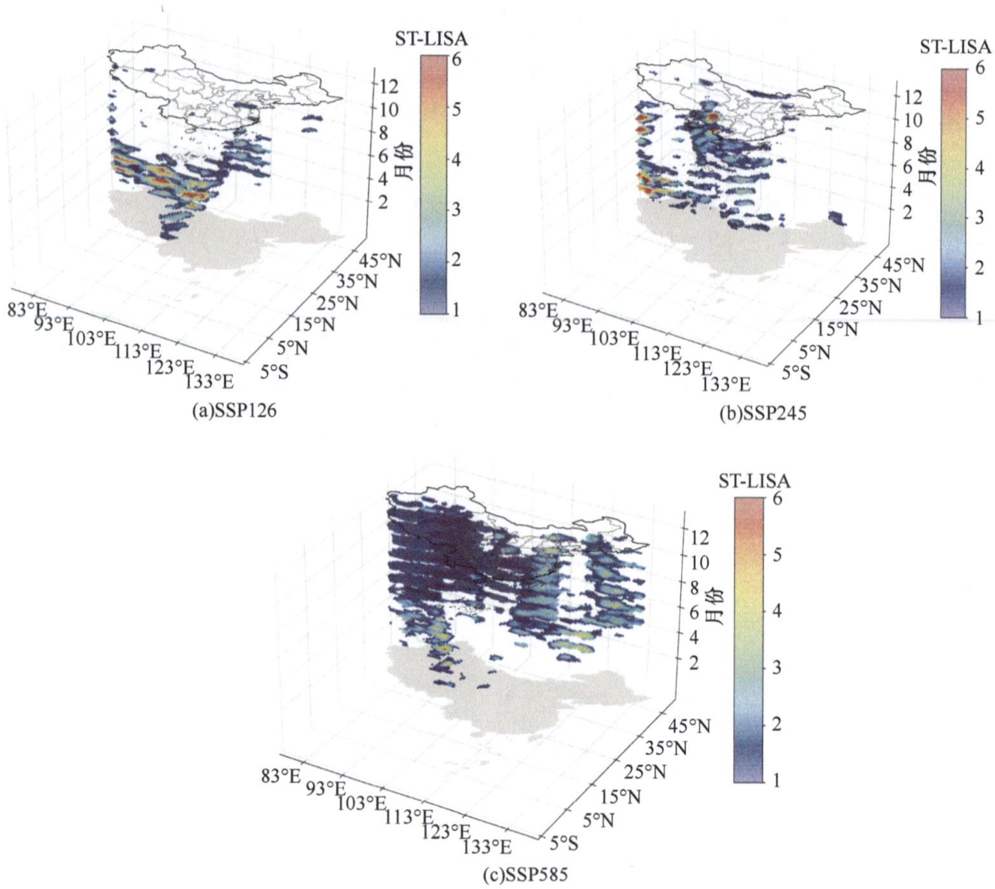

图 5-3　中国区域干旱时空聚集区识别结果（以 2069 年为例）

5.2　不同情景下干旱聚集区时空演化过程

在空间变化部分，基于农业区（图 5-4）和季节划分，本研究首先从网格尺度上探讨了不同时期干旱影响时间、干旱集聚程度的变化，然后从区域尺度（农业区）上探讨了干旱时空聚集区的数量和类别的变化。在时间趋势部分，基于农业区划分，本研究从区域尺度上探讨了干旱影响范围、干旱集聚程度、干旱聚集区数量和类别的变化趋势。其中，农业区根据全国农业区划委员会编制的《中国综合农业区划》划分确定。数据的矢量文件来源于资源环境科学数据平台。

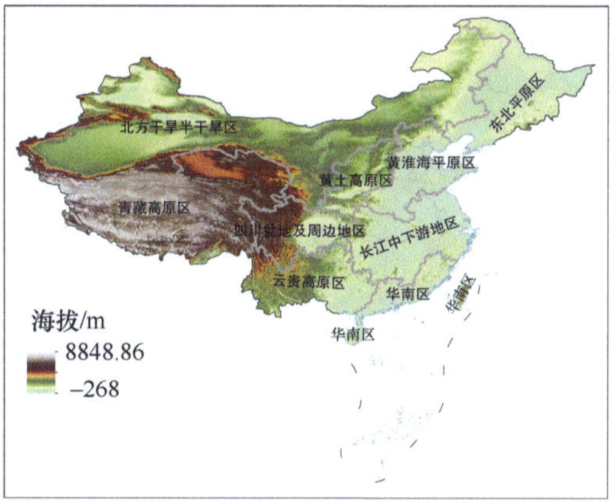

图 5-4　中国九大农业区划

5.2.1　干旱影响范围演化过程

本节主要在网格尺度上分析了干旱影响范围的格局和空间变化。其中，干旱影响范围变化分析所选取的指标是干旱时空聚集单元占比。不同时期不同情景下干旱时空聚集单元占比如表 5-1 所示。

表 5-1　不同时期不同情景下干旱时空聚集单元占比

时间	SSP126	SSP245	SSP585
前期（2020～2060 年）	0.0507	0.0520	0.0341
后期（2061～2100 年）	0.0371	0.0971	0.3320

1. 干旱影响范围总体演化过程

在 SSP126 情景下，前期干旱时空聚集单元占比高于后期，说明后期干旱影响范围小于前期，具有缩小趋势；在 SSP245 情景下，前期干旱时空聚集单元占比小于后期，说明后期干旱影响范围大于前期，具有扩大趋势；在 SSP585 情景下，前期干旱影响范围远小于后期，后期干旱时空聚集单元占比达到 0.3320，干旱影响范围严重扩大。

前期 3 个情景中，SSP126 与 SSP245 情景干旱时空聚集单元的占比相差不大，均大于 SSP585 情景，说明在前期，前两个情景的干旱影响范围大于 SSP585 情景。后期 3 个情景中，SSP126 情景干旱时空聚集单元的占比最小，为 0.0371，SSP585 情景占比最大，为 0.3320，差距明显。

为了进一步分析不同季节和不同农业区干旱影响范围情况，本研究绘制了不同区域干旱时空聚集单元占比的空间分布图，结果如图 5-5 所示，同时计算了不同情景下不同农业区不同季节的干旱时空聚集单元占比，结果如图 5-6 所示。

由图 5-5 可知，在前期，大部分地区干旱时空聚集单元占比在 0~0.1，少数地区干旱时空聚集单元的占比超过 0.1，如 SSP126 情景下青藏高原区北缘、SSP245 情景下青藏高原区中南部和东北平原区的东部。在后期，不同情景下干旱影响范围差异较大：SSP126 情景与前期差别不大；SSP245 情景下干旱时空聚集单元占比大于前期，尤其是青藏高原区西侧部分干旱时空聚集单元占比超过 0.2；SSP585 情景下几乎所有地区的干旱影响范围都大幅度扩大，尤其是北方干旱半干旱区的西半部、四川盆地及周边地区、华南区和云贵高原区交界的部分地区，其干旱时空聚集单元占比超过 0.4。

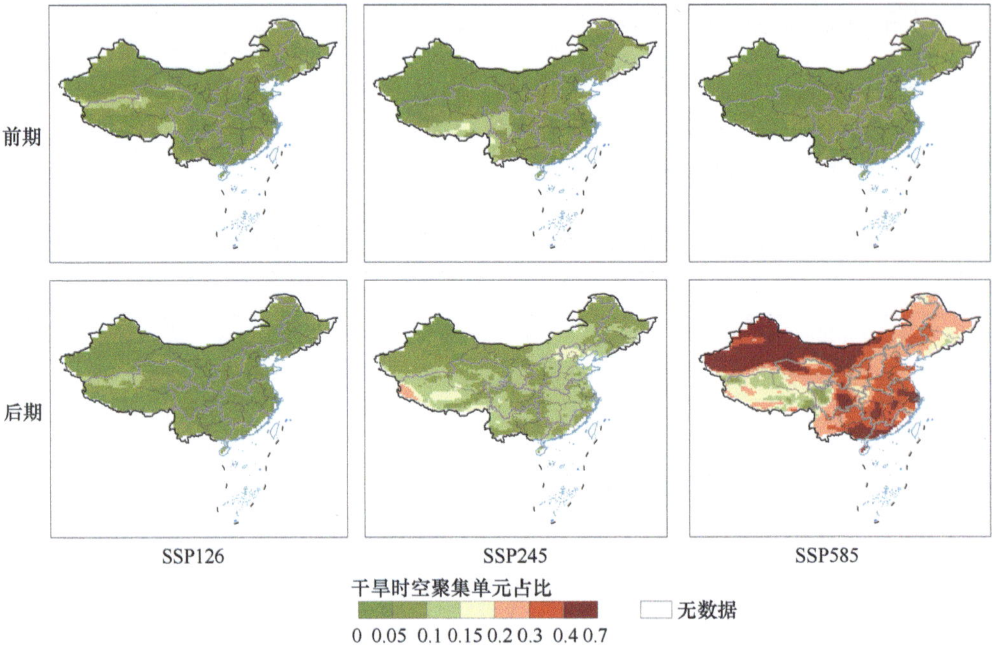

图 5-5 不同情景下中国区域干旱时空聚集单元占比空间分布

2. 不同季节干旱影响范围演化过程

为了更细致地呈现不同季节干旱影响范围的分布和变化，本研究统计了不同季节干旱时空聚集单元占比的空间分布，结果如图 5-6 所示。

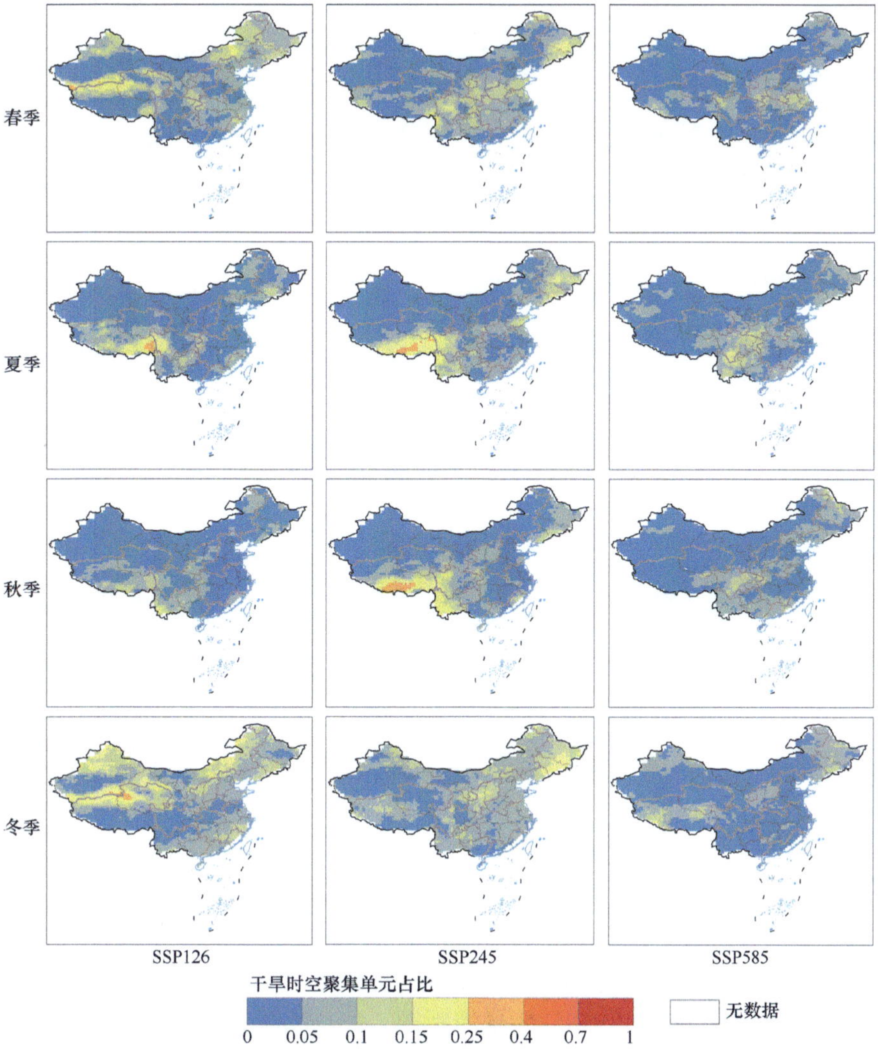
春季
夏季
秋季
冬季
SSP126
SSP245
SSP585
干旱时空聚集单元占比
0
0.05
0.1
0.15
0.25
0.4
0.7
1
无数据

(a)前期

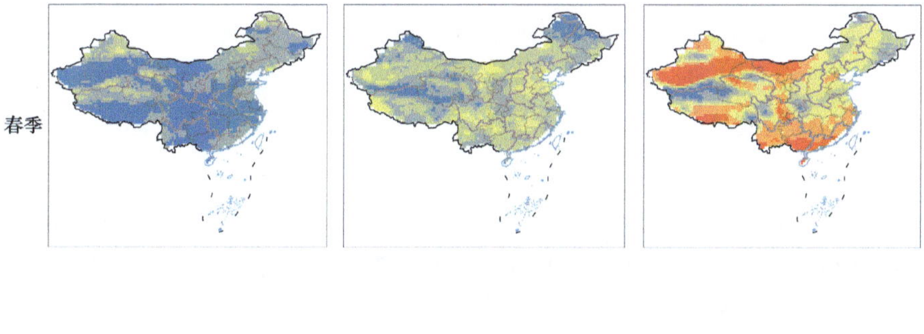
春季

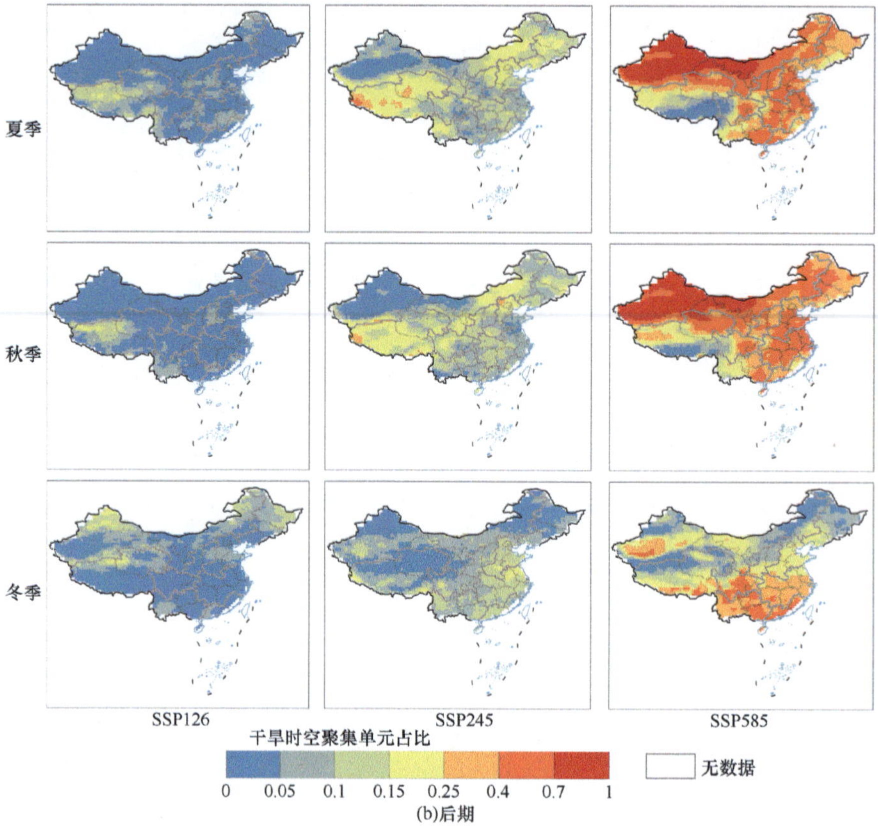

图 5-6　不同情景下中国区域各个季节干旱时空聚集单元占比空间分布

从空间来看，某区域干旱影响范围大小与时期、情景、季节均有关。例如，与其他区域相比，青藏高原区在 SSP126 情景和 SSP245 情景下干旱影响范围较大，尤其在夏、秋两季。在 SSP585 情景的后期，夏、秋两个季节中，青藏高原区南部的干旱影响范围反而明显小于其他区域。但是，总体而言，北方干旱半干旱区、东北平原区和青藏高原区的干旱影响范围相对大于其他区域。

从季节来看，所有时期所有情景的干旱影响范围都呈现出显著的春–冬空间格局类似、夏–秋空间格局类似的特征。前期，在 SSP126 情景下，总体上春、冬季干旱时空聚集单元占比更高，干旱影响范围更广。在春、冬季，干旱时空聚集单元占比高的区域均集中在东北平原区、北方干旱半干旱区的东部、昆仑山脉一带（即青藏高原区与北方干旱半干旱区的交界）、新疆北部和长江中下游地区。在夏、秋季，干旱时空聚集单元占比较高的区域位于青藏高原区的南部和云贵高原区。在 SSP245 情景下，夏、秋季干旱时空聚集单元占比更高，干旱影响范围更广。

其中，春、冬季干旱时空聚集单元占比高的区域集中在东北平原区、黄土高原区、黄淮海平原区和四川盆地及周边地区的部分区域，夏、秋季集中在青藏高原区的南部和云贵高原区的西部。在 SSP585 情景下，春、冬季干旱影响范围广的区域集中在东北平原区、青藏高原区中部、黄土高原区和长江中下游地区北部，夏、秋季集中在四川盆地及周边地区和云贵高原区。

后期，在 SSP126 情景下，大部分地区干旱时空聚集单元的占比不超过 0.15，每个季节仅有极少数地区干旱时空聚集单元的占比处于 0.15～0.25。并且春、冬季干旱影响范围有所缩小，但空间分布格局与前期十分类似。在夏、秋季，青藏高原区的中部和西部是干旱影响范围最广的区域。在 SSP245 情景下，冬季是总体上干旱影响范围最小的季节。春季许多地区都出现干旱时空聚集单元占比超过 0.15 的情况，如黄淮海平原区和长江中下游地区，但均未超过 0.25。夏、秋季干旱影响范围最广的区域主要分布在青藏高原区、北方干旱半干旱区和黄淮海平原区，部分区域干旱时空聚集单元占比超过 0.25，夏季青藏高原区西部的一些地区甚至超过 0.4。在 SSP585 情景下，中国区域四个季节的干旱影响范围均明显扩大，尤其是在夏、秋季，北方干旱半干旱区西部的干旱时空聚集单元占比超过 0.7，说明在后期的夏、秋季中，这些地区有超过 70%的时间处于受干旱影响的状态。但是，在夏、秋季，青藏高原区南部一些区域干旱时空聚集单元的占比不超过 0.05，甚至低于同期 SSP126 和 SSP245 情景，说明在 SSP585 情景下，这些地区的干旱影响范围反而缩小。

从趋势来看，SSP126 情景下多数区域干旱影响范围缩小，SSP245 情景下多数区域干旱影响范围扩大，SSP585 情景下绝大多数区域干旱影响范围扩大，但春、冬季的青藏高原区北部和夏、秋季的青藏高原区南部及冬季的东北平原区北部没有明显变化。

5.2.2　干旱集聚程度演化过程

本节主要在网格尺度上分析了干旱集聚程度的格局和空间变化。其中，干旱集聚程度分析选用的指标是 ST-LISA 累积值。对于每一个干旱时空聚集单元来说，ST-LISA 可以反映其干旱集聚程度。ST-LISA 值越高，干旱集聚程度越强。ST-LISA 累积值是指某个固定空间范围内所有干旱时空聚集单元 ST-LISA 的加和，ST-LISA 累积值越高，代表该空间范围内一段时间的干旱集聚程度越高。同时，ST-LISA 累积值也可以在一定程度上反映干旱的严重程度。

1. 干旱集聚程度总体演化过程

不同情景下中国区域干旱集聚程度空间分布情况如图 5-7 所示。由图 5-7 所知，SSP126、SSP245 和 SSP585 情景下前期大部分地区干旱集聚程度均较低，但也有一些地区的干旱集聚程度稍高。在 SSP126 情景下，北方干旱半干旱区和青藏高原区交界——昆仑山脉一带的干旱集聚程度较高，青藏高原区和四川盆地及周边地区交界——横断山区的干旱集聚程度较高；在 SSP245 情景下，青藏高原区南部和东北平原区东部的干旱集聚程度较高；在 SSP585 情景下，干旱集聚程度在大部分地区均较低，总体上低于 SSP126 和 SSP245 情景。在后期，不同情景下干旱集聚程度差异明显：SSP126 情景与前期差别不大，但总体上干旱集聚程度略有下降；SSP245 情景与前期相比干旱集聚程度有所升高，尤其是青藏高原区、黄淮海平原区和长江中下游地区，东北平原区东部的干旱集聚程度略有下降；SSP585 情景后期的干旱集聚程度在中国几乎所有区域均显著升高，干旱集聚程度升高最多的区域为北方干旱半干旱区的中西部，升高最少的区域位于青藏高原区中南部。

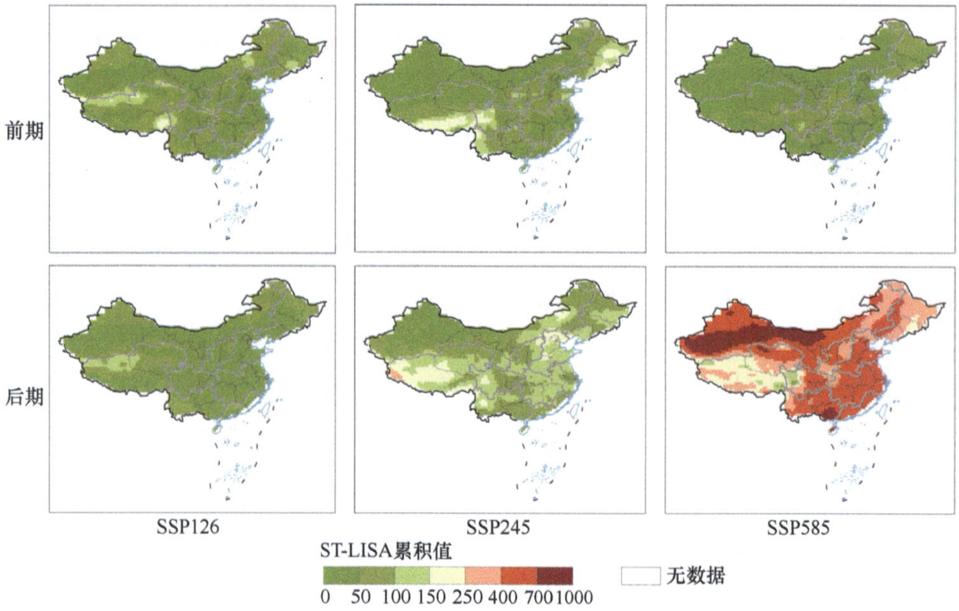

图 5-7　不同情景下中国区域干旱集聚程度空间分布

2. 不同季节干旱集聚程度演化过程

为了更细致地呈现不同季节干旱集聚程度的空间分布和变化，本研究统计了不同季节 ST-LISA 累积值的空间分布，结果如图 5-8 所示。

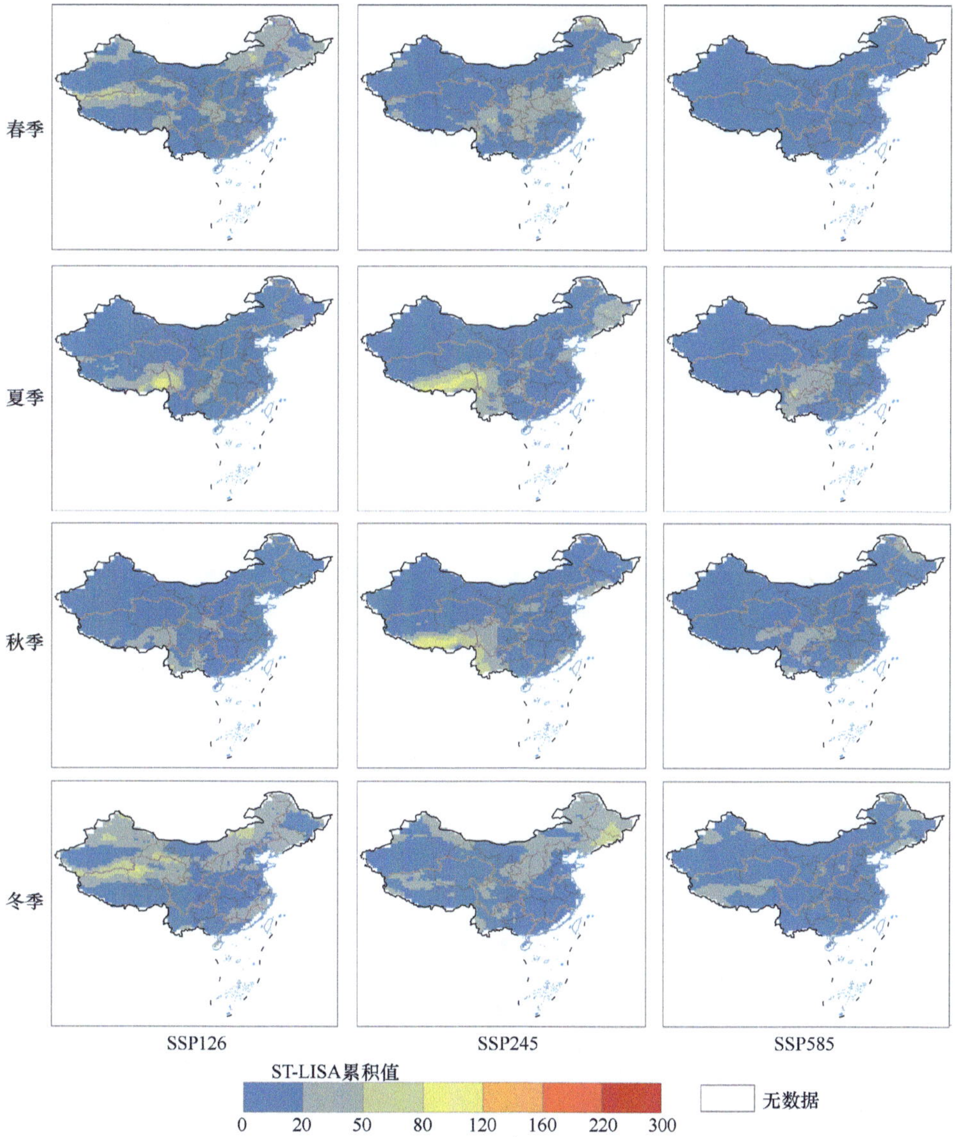
春季
夏季
秋季
冬季
SSP126
SSP245
SSP585
ST-LISA累积值
0
20
50
80
120
160
220
300
无数据

(a)前期

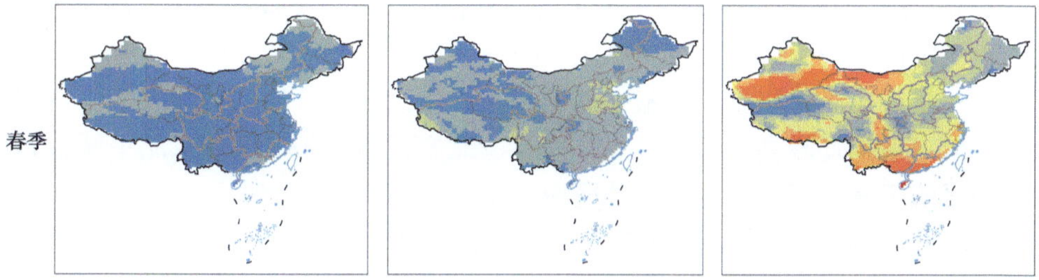
春季

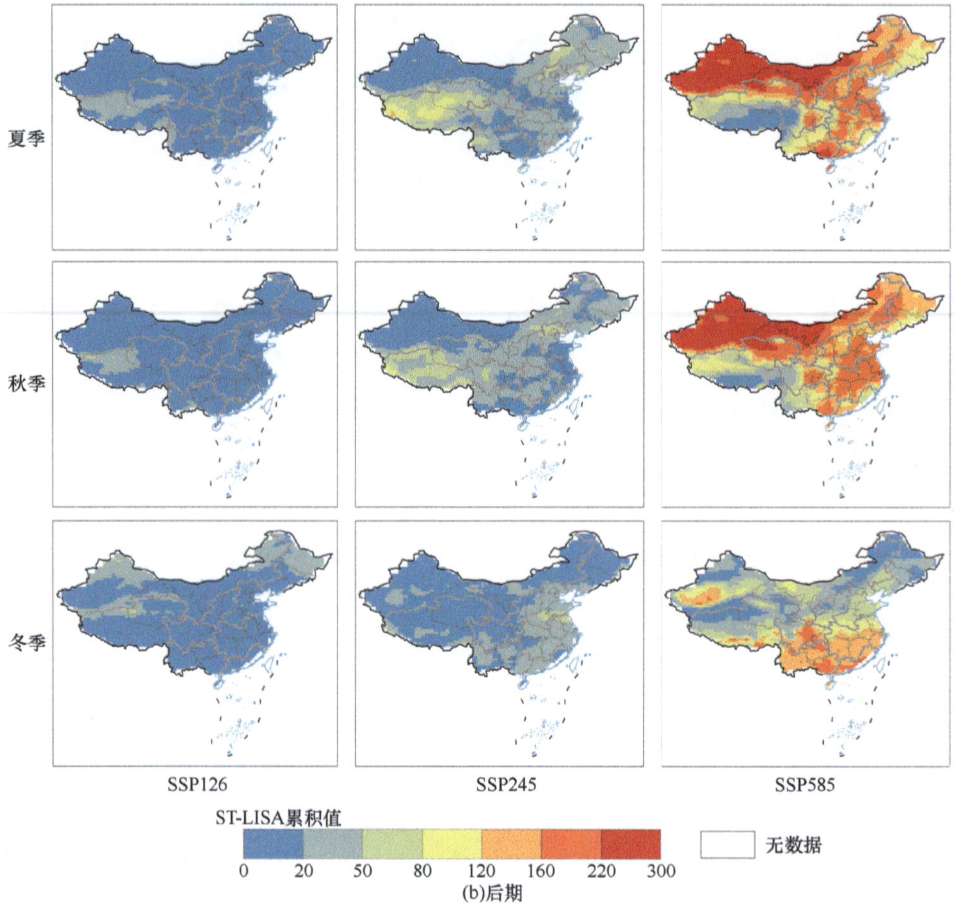

图 5-8　不同情景下中国区域各个季节干旱集聚程度空间分布

从空间来看，某区域干旱集聚程度的大小与时期、情景、季节均密切相关。例如，与其他区域相比，在 SSP126 情景和 SSP245 情景下，青藏高原区中南部和东北平原区的干旱集聚程度较高，尤其是在夏、秋季；而在春、冬季，SSP126 情景下的青藏高原区北部与北方干旱半干旱区的交界区域和东北平原区的干旱集聚程度较高，SSP245 情景下中国中南部各农业区（黄淮海平原区、黄土高原区、长江中下游地区、华南区和云贵高原区）的干旱集聚程度较高。在 SSP585 情景下，时期变化是影响干旱集聚程度最主要的因素：中国大部分地区前期的干旱集聚程度均较低，后期均较高。但是，总体而言，北方干旱半干旱区、东北平原区和青藏高原区的干旱集聚程度高于其他区域。

从季节来看，所有时期所有情景的干旱集聚程度均呈现出显著的春–冬空间格局类似，夏–秋空间格局类似的特征。前期，在 SSP126 情景下，总体上春、冬季的干旱集聚程度高于夏、秋季，春、冬季的干旱更加严重。在春、冬季，干旱集聚程度高的区域集中在东北平原区、北方干旱半干旱区与青藏高原区的交界（昆仑山脉一带）和北方干旱半干旱区西北及东北部。在夏、秋季，干旱集聚程度较高的地区集中在青藏高原区和云贵高原区的交界（横断山区一带）。在 SSP245 情景下，夏、秋季的干旱集聚程度高于春、冬季。其中，春、冬季干旱集聚程度高的集中在东北平原区、黄土高原区、黄淮海平原区和四川盆地及周边地区的部分区域，夏、秋季集中在青藏高原区的南部、四川盆地及周边地区东部和云贵高原区东部。在 SSP585 情景下，春、冬季干旱集聚程度高的区域集中在东北平原区、青藏高原区中部、黄土高原区，夏、秋季集中在四川盆地及周边地区和云贵高原区。

后期，在 SSP126 情景下，大部分区域的干旱集聚程度较低，较前期有所下降。各区域的集聚程度处于持平或下降的趋势，如春、冬季的北方干旱半干旱区和青藏高原区交界（昆仑山脉一带）在前期的干旱集聚程度高于其他地区，它们在后期也同样高于其他地区，只是集聚程度较先前有所减弱。夏、秋季的青藏高原区和云贵高原区交界也是相同的情况。但值得一提的是，夏、秋季的青藏高原区西部区域在后期的干旱集聚程度高于前期，表明该区域在 SSP126 情景下的夏、秋季干旱更加聚集，需要得到重视。在 SSP245 情景下，中国区域冬季的干旱集聚程度最低，夏季的干旱集聚程度最高。其中，春、冬季干旱集聚程度较高的地区有黄淮海平原区、黄土高原区、长江中下游地区和云贵高原区；夏、秋季干旱集聚程度较高的地区有青藏高原区、北方干旱半干旱区东部、东北平原区和黄淮海平原区。在 SSP585 情景下，中国区域各个季节干旱集聚程度均显著提高。夏、秋季，北方干旱半干旱区的干旱集聚程度提高最明显，青藏高原区南部的提高最不明显；春、冬季，各个区域干旱集聚程度的提高程度不及夏、秋季，但北方干旱半干旱区、云贵高原区和华南区的提高程度依然较为明显，青藏高原区北部和东北平原区的提高最不明显。

从趋势来看，SSP126 情景下多数区域干旱集聚程度降低，SSP245 情景下多数区域干旱集聚程度提高，SSP585 情景下几乎所有区域干旱集聚程度提高，但春、冬季的青藏高原区北部和东北平原区，夏、秋季的青藏高原区南部变化不大。

5.2.3　干旱影响范围与干旱集聚程度的关系

本节主要在网格尺度上分析了干旱影响范围与干旱集聚程度的关系，即干旱影响范围与干旱集聚程度的时空一致性。其中，干旱影响范围分析选用的指标为干旱时空聚集单元占比，干旱集聚程度分析选用的指标是 ST-LISA 累积值。对于每一个干旱时空聚集单元来说，ST-LISA 可以反映它的干旱集聚程度，而 ST-LISA

累积值是某固定空间范围内（如某个网格）所有干旱时空聚集单元 ST-LISA 的累加，因此可以反映某较长时间段内该固定空间范围的总体干旱集聚程度。而干旱时空聚集单元占比是计算某固定空间范围内干旱时空聚集单元占所有网格单元的比例，可以反映较长时间段内干旱影响范围的大小。从计算方式上来讲，干旱影响范围应与干旱集聚程度具有一定的相关性，从 5.2.1 节和 5.2.2 节亦可看出，干旱影响范围与干旱集聚程度具有较高的时空相关性。但是，干旱影响范围与干旱集聚程度的指示含义不同，其时空相关性并未被定量分析，因此本节将对干旱影响范围与干旱集聚程度的关系进行定量分析。

1. 干旱影响范围与干旱集聚程度的总体关系

本研究计算中国区域不同时期的 ST-LISA 累积值，并使用自然断点法将 ST-LISA 累积值和干旱时空聚集单元占比分别分为低、中、高三类，将两种属性叠加，使用颜色显示干旱影响范围和干旱集聚程度的关系（图 5-9）。由图 5-9 可知，大部分区域的颜色均落在九宫格图例的“低–低、中–中、高–高”对角线上，

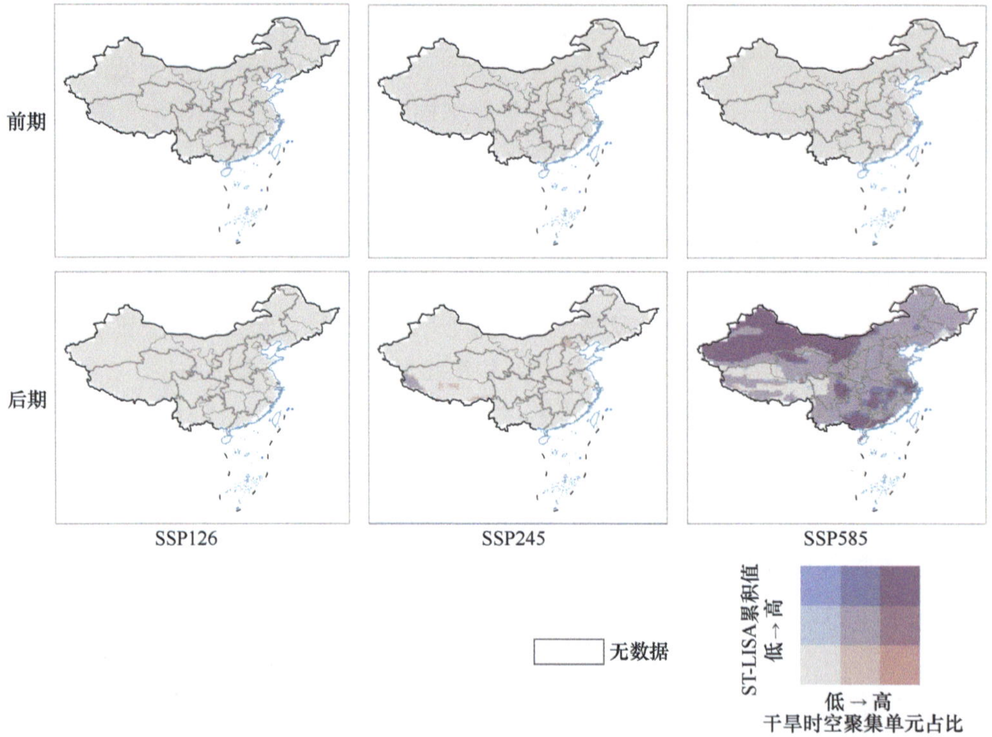

图 5-9　不同情景下中国区域 ST-LISA 累积值与干旱时空聚集单元占比的关系

说明干旱集聚程度的空间分布特征与干旱影响范围类似，即前期 3 个情景区别不大，后期区别较大。但是，在 SSP585 情景后期的中国东南部，尤其是长江中下游的部分地区出现了干旱集聚程度高但是干旱影响范围中等的情况，说明这些地区受干旱影响时，通常干旱集聚程度较高。

2. 不同季节干旱影响范围与干旱集聚程度的关系

本研究使用相同的方法分析各个季节 ST-LISA 累积值与干旱时空聚集单元占比的关系，结果如图 5-10 所示。结果表明，各个季节大部分区域的颜色均落在九宫格图例的对角线上，说明各个时期不同季节不同情景下干旱影响范围和干旱集聚程度的空间分布具有较好的一致性。也就是说，与干旱影响范围类似，干旱集聚程度的空间分布也具有春–冬空间格局类似、夏–秋空间格局类似的特征。与图 5-9 类似，在 SSP585 情景后期的夏、秋两季，黄淮海平原区和长江中下游部分地区的干旱集聚程度较高，但干旱影响范围处于中等水平，说明这些地区受干旱影响

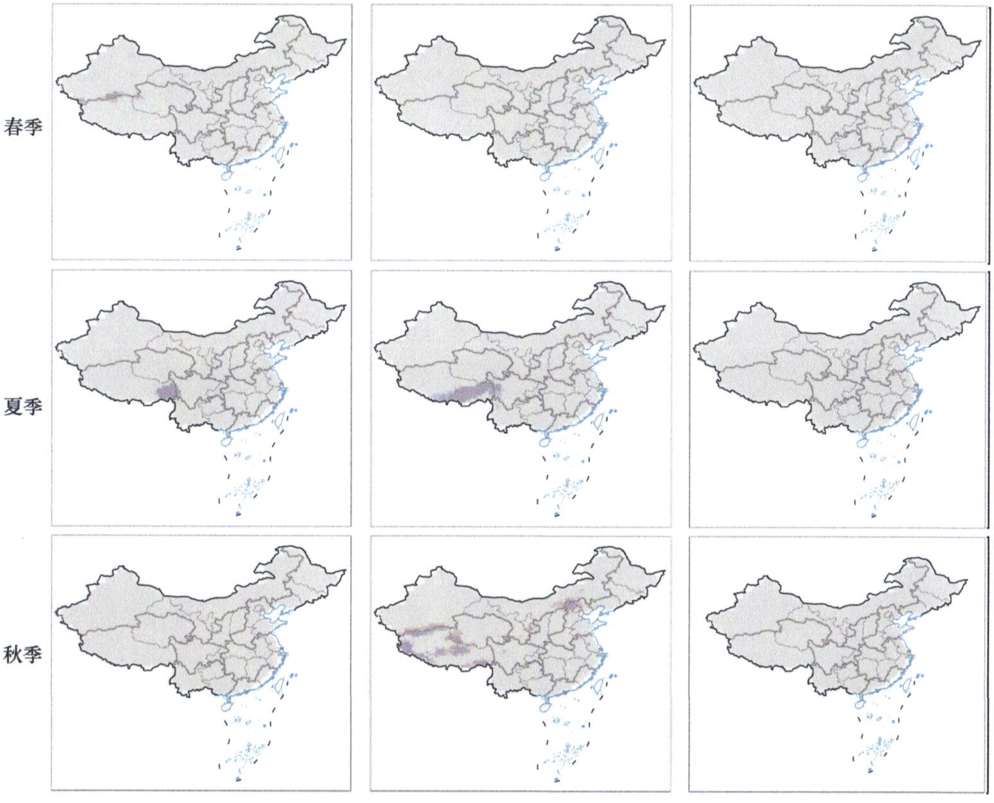

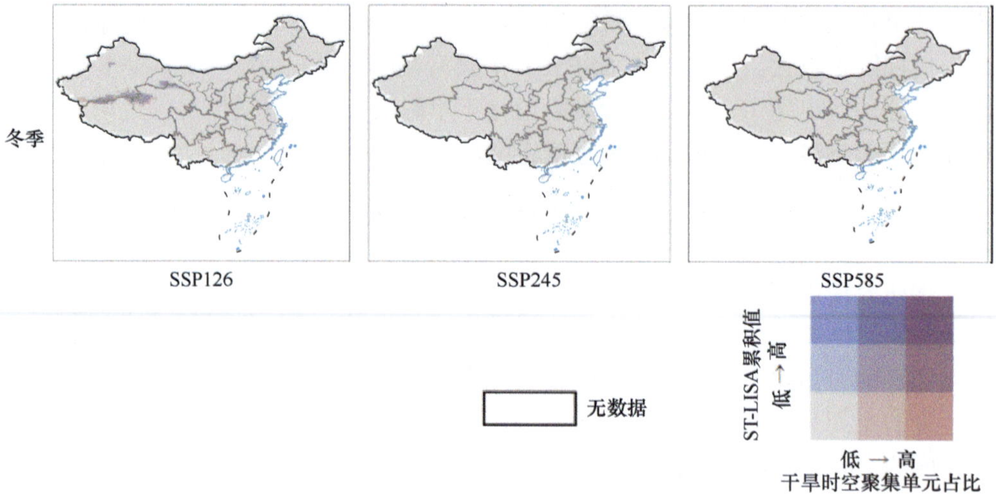
冬季
SSP126
SSP245
SSP585
无数据
ST-LISA累积值
低 → 高
低 → 高
干旱时空聚集单元占比

(a)前期

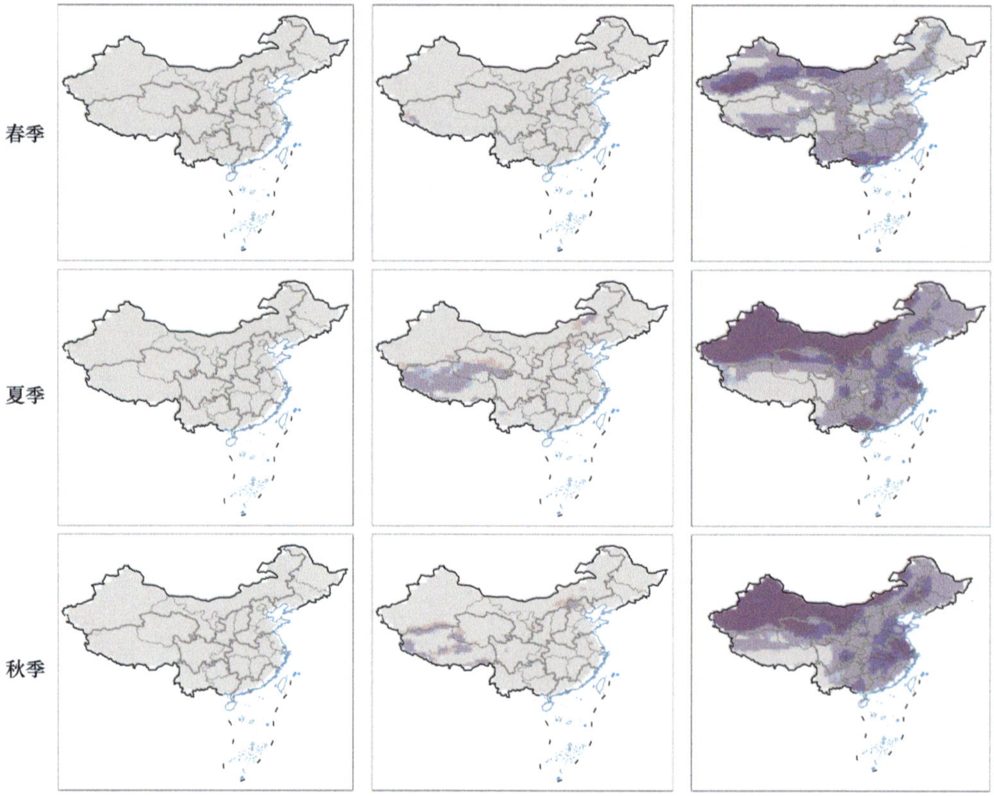
春季
夏季
秋季

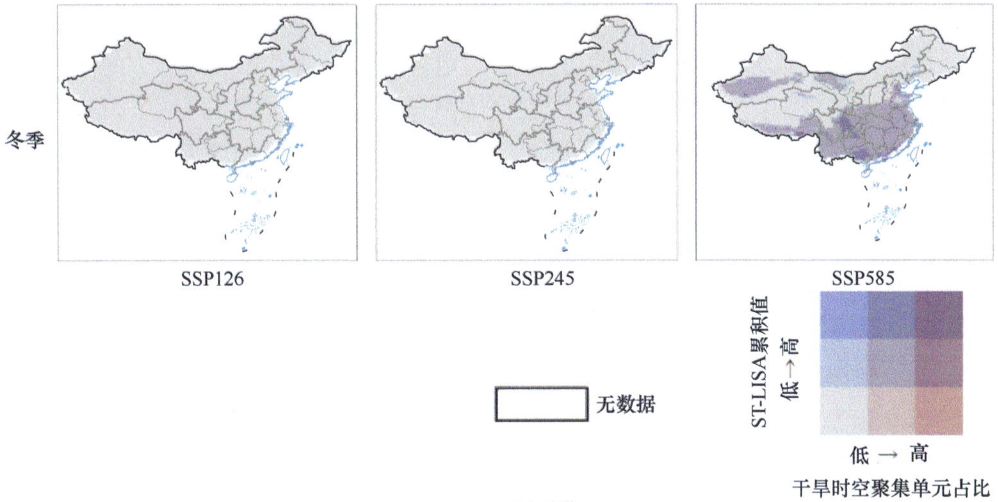

(b)后期

图 5-10　不同情景下中国区域各季节 ST-LISA 累积值与干旱时空聚集单元占比的关系

时，通常干旱集聚程度较高，干旱造成的损失可能比较严重。黄淮海平原区和长江中下游地区的夏、秋季正值玉米、水稻等主要农作物的生长季，需要得到重视。

5.2.4　宏观尺度的主要干旱聚集区时空演化过程

干旱时空聚集区的数量可以在一定程度上反映某一时空区域干旱聚集发生的频率。但是，由于不同干旱时空聚集区包含的干旱时空聚集单元数量、持续时间和干旱时空聚集单元的 ST-LISA 不同，不同的干旱时空聚集区往往产生不同的影响。因此，对干旱时空聚集区加以聚类统计，研究其发生规律和时空演变，具有重要意义。

1. *K*-means 结合人工的干旱时空聚集区聚类结果

统计干旱时空聚集区数量的前提是确定每个干旱时空聚集区包含哪些干旱时空聚集单元。本研究认为，如果 2 个干旱时空聚集单元具有公共面，那么它们属于同一个干旱时空聚集区。

干旱时空聚集区的类型主要由 *K*-means 聚类算法确定。本研究根据干旱时空聚集区中干旱时空聚集单元的数量、干旱时空聚集区持续时间和干旱时空聚集区内最大 ST-LISA 等属性，使用 *K*-means 聚类算法将 3 个情景下前后两个时期的聚集区进行聚类。统计发现，在 SSP585 情景下，有 4 个聚集区的干旱时空聚集单元数量、持续时间远超其他聚集区，因此，将它们单独分为一类（III类），再使用

K-means 聚类算法对剩余的干旱时空聚集区进行聚类。*K*-means 聚类算法的核心步骤是确定聚类数 *K*，本研究使用肘部法确定聚类数。随着聚类数 *K* 的增大，样本划分会更加精细，每个簇的聚合程度会逐渐提高，误差平方和（sum of squared error，SSE）自然会逐渐变小。当 *K* 小于最佳聚类数时，*K* 的增大会大幅度增加每个簇的聚合程度，故 SSE 的下降幅度会很大；当 *K* 达到最佳聚类数时，再增加 *K* 所得到的聚合程度，回报会迅速变小，因此 SSE 的下降幅度会骤减，然后随着 *K* 的继续增大而趋于平缓。也就是说，SSE 和 *K* 的关系图是一个手肘的形状，而这个“肘部”对应的 *K* 值就是数据的最佳聚类数，这也是该方法被称为肘部法的原因。

本研究根据肘部法，确定干旱时空聚集区的聚类数 *K* 为 2（图 5-11），然后使用 SPSS 24.0 软件进行聚类。依据属性的不同，所有的干旱时空聚集区被分为Ⅰ类、Ⅱ类 2 个聚簇。也就是说，所有的干旱时空聚集区被分为Ⅰ、Ⅱ、Ⅲ三种类型。

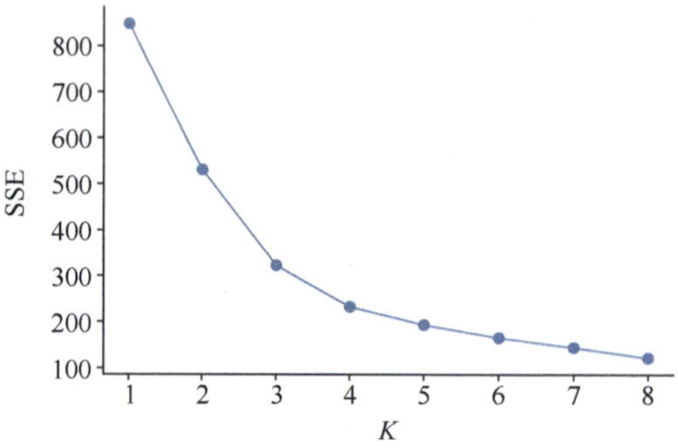

图 5-11　SSE 与聚类数 *K* 的关系

不同聚类类型的干旱时空聚集区相关属性如表 5-2 所示。其中，Ⅰ类聚集区的平均时空聚集单元数为 306.23 个，平均持续时间为 4.82 个月，平均最大 ST-LISA 为 3.77。这类干旱时空聚集区的影响最小，聚集性和旱情较轻，为小聚集区。Ⅱ类聚集区的平均时空聚集单元数为 1556.73 个，是Ⅰ类的 5 倍左右，平均持续时间为 9.29 个月，是Ⅰ类的近 2 倍，平均最大 ST-LISA 为 6.30，也高于Ⅰ类。这类干旱时空聚集区相较于Ⅰ类而言，影响扩大，聚集性和旱情更加严重，为大聚集区。Ⅲ类聚集区由人工分类得到，其平均时空聚集单元数为 132189 个，平均持续时间为 95.25 个月，平均最大 ST-LISA 为 7.92，情况均远严重于Ⅰ类和Ⅱ类聚集区，为巨型聚集区。其中，巨型聚集区全都分布在 SSP585 情景下的后期，说明在 SSP585 情景下，干旱已经出现了连片发生、持续数年的情况，严重程度远高于其他两个情景。

表 5-2　不同聚类类型的干旱时空聚集区相关属性

聚类类型	平均时空聚集单元数/个	平均持续时间/个月	平均最大 ST-LISA
Ⅰ	306.23	4.82	3.77
Ⅱ	1556.73	9.29	6.30
Ⅲ	132189.00	95.25	7.92

以 2069 年为例，将不同聚类的干旱时空聚集区对应到时空中，结果如图 5-12 所示。Ⅰ、Ⅱ、Ⅲ类聚集区用实线和不同的虚线圈出。由图 5-12 可知，2069 年

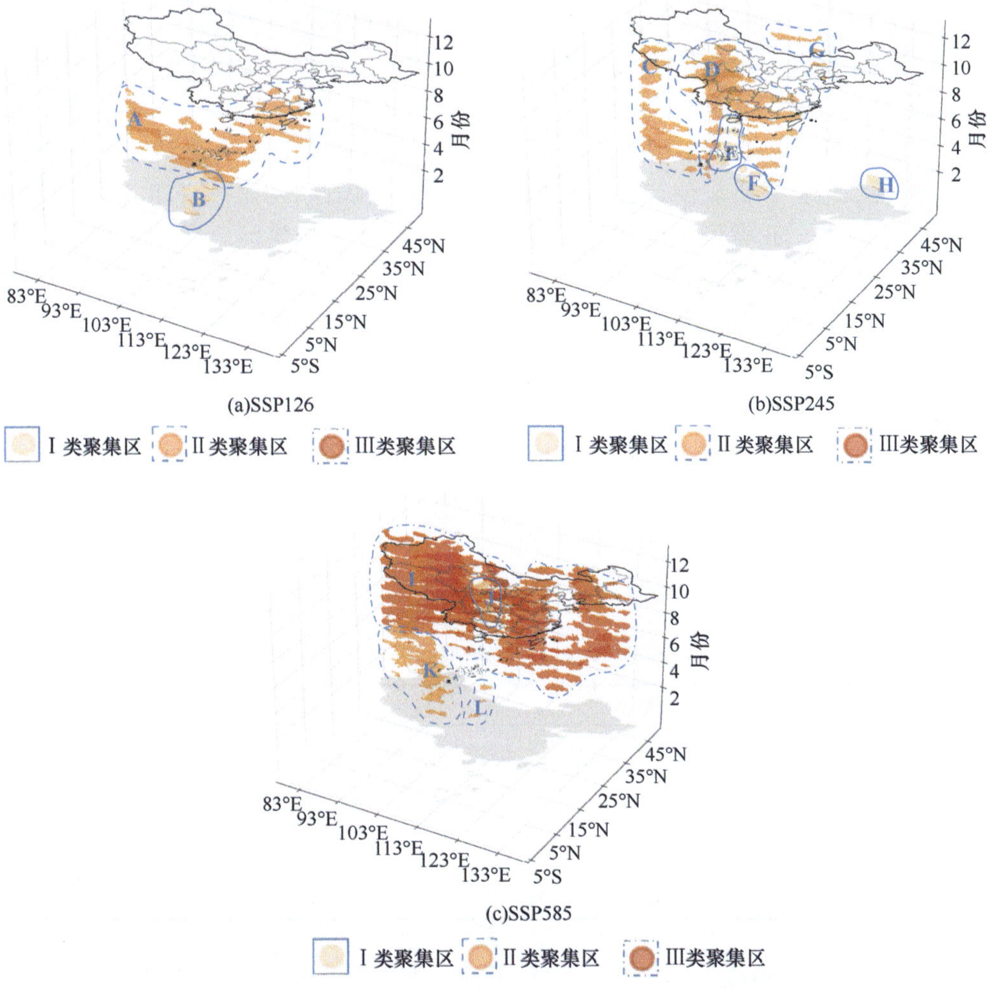

图 5-12　不同聚类的干旱时空聚集区分布（以 2069 年为例）

SSP126 情景下存在 1 个Ⅰ类聚集区（B）和 1 个Ⅱ类聚集区（A），SSP245 情景下存在 3 个Ⅰ类聚集区（E、F、H）和 3 个Ⅱ类聚集区（C、D、G），SSP585 情景下存在 1 个Ⅰ类聚集区（J）、2 个Ⅱ类聚集区（K、L）和 1 个Ⅲ类聚集区（I）。一个特定的聚集区在时空上是连续的，并且可能不仅仅发生在某一年。例如，聚集区 H 出现于 2068 年 11 月，持续 3 个月；聚集区 G 出现于 2069 年 9 月，持续 13 个月；聚集区 L 出现于 2068 年 7 月，持续 9 个月；聚集区 I 出现于 2069 年 3 月，持续 46 个月。

2. 主要干旱时空聚集区数量和类型的总体情况

不同时期不同情景不同类型的干旱时空聚集区的数量如表 5-3 所示。逐类型分析的结果表明，前期Ⅰ类聚集区共有 274 个，后期有 218 个，后期相较前期有所减少；前期Ⅱ类聚集区共有 118 个，后期共有 98 个，后期相较前期也有所减少；但是，后期出现了 4 个Ⅲ类聚集区，影响范围和严重程度远高于前两个类型。趋势分析表明，在 SSP126 情景下，与前期相比，后期Ⅰ类聚集区数量略微增加，Ⅱ类聚集区数量减少 1/3，具有Ⅱ类聚集区分散为Ⅰ类聚集区的趋势；在 SSP245 情景下，后期Ⅰ类聚集区少于前期，Ⅱ类聚集区多于前期，具有Ⅰ类聚集区汇聚为Ⅱ类聚集区的趋势；在 SSP585 情景下，后期Ⅰ类、Ⅱ类聚集区数量均少于前期，但是出现 4 个Ⅲ类聚集区，具有明显的Ⅰ类、Ⅱ类聚集区汇聚为Ⅲ类聚集区的趋势。情景对比表明，前后两个时期的Ⅰ类聚集区中，SSP245 情景的占比均最多；SSP126 情景下前期存在 48 个Ⅱ类聚集区，比 SSP245 情景仅多 5 个，但 SSP245 情景下后期的Ⅱ类聚集区有 50 个，比 SSP126 情景多 18 个，比 SSP585 情景多 34 个；Ⅲ类聚集区仅分布在 SSP585 情景的后期。

表 5-3　不同时期不同情景不同类型的干旱时空聚集区的数量

情景	前期			后期			总计
	Ⅰ	Ⅱ	Ⅲ	Ⅰ	Ⅱ	Ⅲ	
SSP126	87	48	0	91	32	0	258
SSP245	107	43	0	96	50	0	296
SSP585	80	27	0	31	16	4	158
总计	274	118	0	218	98	4	

不同时期不同情景下干旱时空聚集区的属性如表 5-4 所示。在 SSP126 情景的前期，干旱时空聚集区内平均时空聚集单元数为 584.35 个，平均持续时间为 6.06

个月，平均最大 ST-LISA 为 4.70，而后期的三个属性分别为 461.12 个、5.38 个月和 4.55，可见后期干旱时空聚集区的平均大小和集聚程度弱于前期。分别对比 SSP245、SSP585 情景下前期和后期的干旱时空聚集区属性，可以发现在 SSP245 情景下，前期干旱时空聚集区内平均时空聚集单元数和平均持续时间均明显低于后期，但是平均最大 ST-LISA 略高于后期；在 SSP585 情景下，前期干旱时空聚集区的 3 种属性均低于后期，后期干旱程度远强于前期。

表 5-4　不同时期不同情景下干旱时空聚集区的属性

情景	前期			后期		
	平均时空聚集单元数/个	平均持续时间/个月	平均最大 ST-LISA	平均时空聚集单元数/个	平均持续时间/个月	平均最大 ST-LISA
SSP126	584.35	6.06	4.70	461.12	5.38	4.55
SSP245	555.35	5.79	4.59	1113.68	7.38	4.44
SSP585	488.94	5.34	4.45	11408.88	14.94	4.72

3. 宏观尺度下不同季节主要干旱时空聚集区演化过程

中国幅员辽阔，不同区域的气候变化趋势不尽相同。由于干旱聚集的发生主要影响农业，而不同季节和不同区域的干旱聚集往往对农业产生不同影响，如黄淮海平原区和长江中下游地区是我国重点产粮区域，一旦有干旱发生，通常会造成更多损失。干旱发生在冬季时，往往不会对农业产生较大影响，但是作物生长季的干旱会造成较大损失。因此，本研究统计分析了不同农业区不同季节干旱时空聚集区的数量，结果如图 5-13 所示。

从区域来看，相比其他区域，3 种情景下东北平原区、北方干旱半干旱区和青藏高原区Ⅰ类、Ⅱ类聚集区的数量均较多，云贵高原区Ⅱ类聚集区较多，这些区域干旱发生较频繁。华南区、黄土高原区、黄淮海平原区Ⅰ类、Ⅱ类聚集区的数量均较少。

从季节来看，在 SSP126 情景下，北方干旱半干旱区前后期、华南区前后期、长江中下游地区前期和东北平原区后期的干旱时空聚集区主要存在于春、冬两季；云贵高原区前后期、青藏高原区后期的干旱时空聚集区主要存在于夏、秋季；黄淮海平原区前后期、青藏高原区前期、东北平原区前期、黄土高原区前期、四川盆地及周边地区前期的干旱时空聚集区表现出四季分布均匀的特征。在 SSP245 情景下，北方干旱半干旱区前期、长江中下游地区前期的干旱时空聚集区主要存在于春、冬两季；青藏高原区前后期、云贵高原区前后期、四川盆地及周边地区前期、东北平

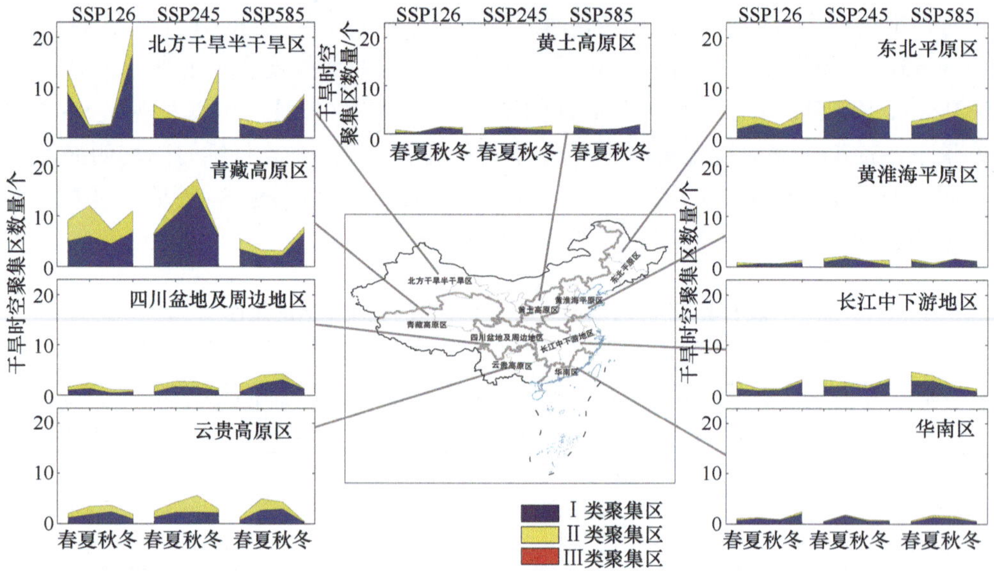

(a)前期

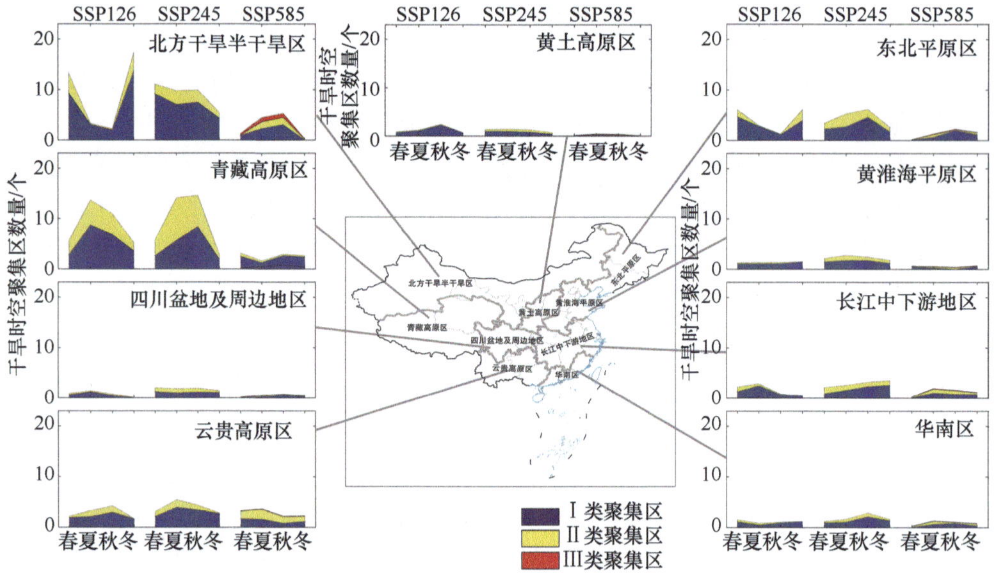

(b)后期

图 5-13　不同情景不同季节不同农业区干旱时空聚集区的类型和数量

原区后期的干旱时空聚集区主要存在于夏、秋季；黄土高原区前后期、黄淮海平原区前后期、长江中下游地区后期、四川盆地及周边地区后期的干旱时空聚集区表现出四季分布均匀的特征。在 SSP585 情景下，青藏高原区前后期、北方干旱半干旱区前期、黄土高原区前期的干旱时空聚集区主要存在于春、冬季；华南区前后期、四川盆地及周边地区前期、云贵高原区前期、长江中下游地区后期、北方干旱半干旱区后期的干旱时空聚集区主要存在于夏、秋季；东北平原区前期、黄淮海平原区前后期、云贵高原区后期、青藏高原区后期的干旱时空聚集区表现出四季分布均匀的特征。总体来看，在 SSP126 情景下，干旱时空聚集区存在于春、冬季和四季分布均匀的区域较多；在 SSP245 和 SSP585 情景下，干旱时空聚集区存在于夏、秋季和四季分布均匀的区域较多。

从趋势来看，在 SSP126 情景下，大部分区域的 I 类、II 类聚集区均呈减少趋势或数量基本不变，但黄淮海平原区、云贵高原区、青藏高原区和黄土高原区的 I 类聚集区具有增加趋势，说明这四个区域受 II 类聚集区的影响减弱、I 类聚集区的影响增强，II 类聚集区具有分散为 I 类聚集区的趋势；在 SSP245 情景下，大部分区域 I 类、II 类聚集区的数量增加，I 类、II 类聚集区数量明显减少的区域仅有东北平原区和黄土高原区；在 SSP585 情景下，所有区域 I 类、II 类聚集区的数量减少，后期开始出现 III 类聚集区，说明在此情景后期主要受 III 类聚集区的影响。

5.3　干旱的时间趋势

干旱影响范围、干旱集聚程度、干旱时空聚集区数量和类型的变化可以反映干旱空间格局的变化，其结果可以在一定程度上反映干旱时间变化趋势，但是不能准确得到时间变化趋势。Mann-Kendall 趋势检验法是世界气象组织推荐的一种方法，已广泛应用于水文气象资料和干旱频次的趋势变化检验中。因此，本节进一步利用 Mann-Kendall 趋势检验法，在区域（农业区）尺度上分析干旱影响范围、干旱集聚程度、干旱时空聚集区数量和类型的时间变化趋势，并对前面的研究结果加以印证。其中，干旱影响范围和干旱集聚程度所选取的指标分别是干旱时空聚集单元占比和最大 ST-LISA。

不同情景下各个农业区干旱时空聚集单元占比和最大 ST-LSIA 的时间变化趋势如图 5-14 所示。其中，灰色代表无显著趋势，蓝色代表呈现显著下降趋势，黄色、橙色、红色分别表示呈现不同程度的显著上升趋势。

不同情景下各个农业区干旱影响范围和干旱集聚程度的时间变化趋势均可以较好地印证时空格局变化。在 SSP126 情景下，干旱影响范围和干旱集聚程度呈下降或不变趋势；在 SSP245 情景下，大部分农业区干旱影响范围扩大，干旱集聚程

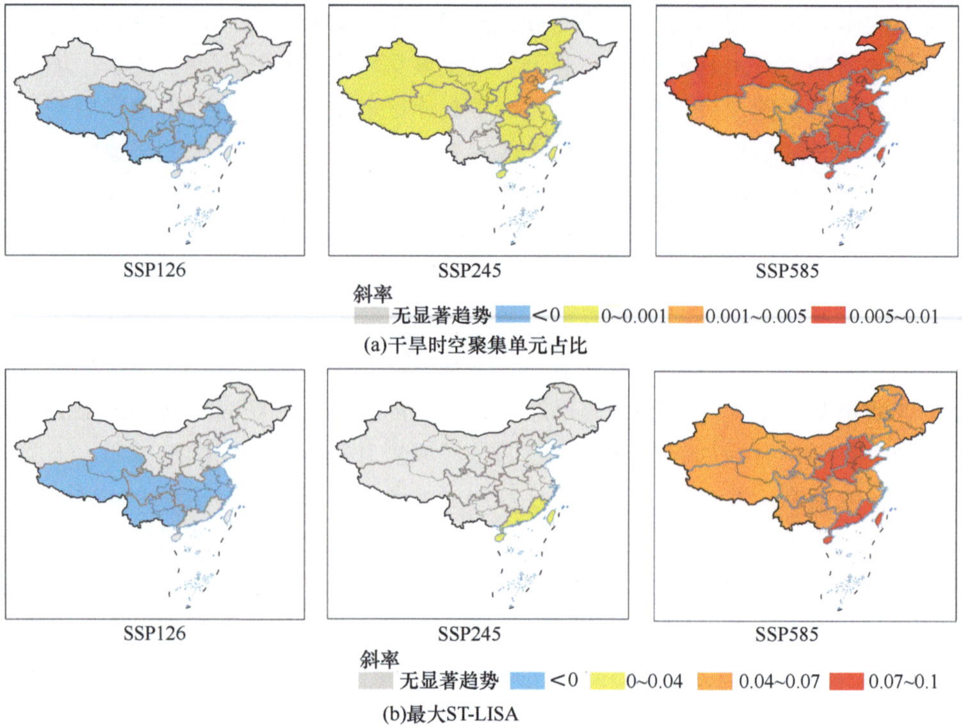

图 5-14　不同情景下中国各个农业区干旱时空聚集单元占比及最大 ST-LISA 的时间变化趋势

度增强；在 SSP585 情景下，所有区域干旱影响范围均扩大，干旱集聚程度均增强。对于干旱影响范围而言，在 SSP126 情景下，青藏高原区、云贵高原区、四川盆地及周边地区和长江中下游地区的干旱时空聚集单元占比呈显著下降趋势，说明这 4 个区域干旱聚集区的影响范围显著下降；在 SSP245 情景下，除了东北平原区、四川盆地及周边地区和云贵高原区外，其余 6 个农业区的干旱时空聚集单元占比均呈现显著上升趋势，其中黄淮海平原区上升趋势最明显，说明这些区域干旱影响范围逐渐扩大，干旱严重化；在 SSP585 情景下，所有区域的干旱影响范围均呈显著扩大趋势，扩大速率明显快于 SSP245 情景。对于干旱集聚程度而言，在 SSP126 情景下，青藏高原区、四川盆地及周边地区、云贵高原区和长江中下游地区的最大 ST-LISA 呈显著下降趋势，说明在 SSP126 情景下，这 4 个区域的干旱聚集区不仅影响范围下降，干旱集聚程度也显著下降；在 SSP245 情景下，仅有华南区的最大 ST-LISA 具有显著上升趋势，说明该区域不仅干旱聚集区的影响范围逐渐扩大，而且干旱集聚程度也显著上升，干旱化更加严重；在 SSP585 情景下，所有区域的最大 ST-LISA 均显著上升，说明所有地区干旱集聚程度均显著上升。

不同情景下不同类型干旱时空聚集区数量和类型的变化趋势如图 5-15 所示。其中，灰色代表未通过显著性检验，即该农业区的干旱时空聚集区数量没有显著趋势；蓝色和红色分别代表该农业区干旱时空聚集区数量具有减少和增加趋势。

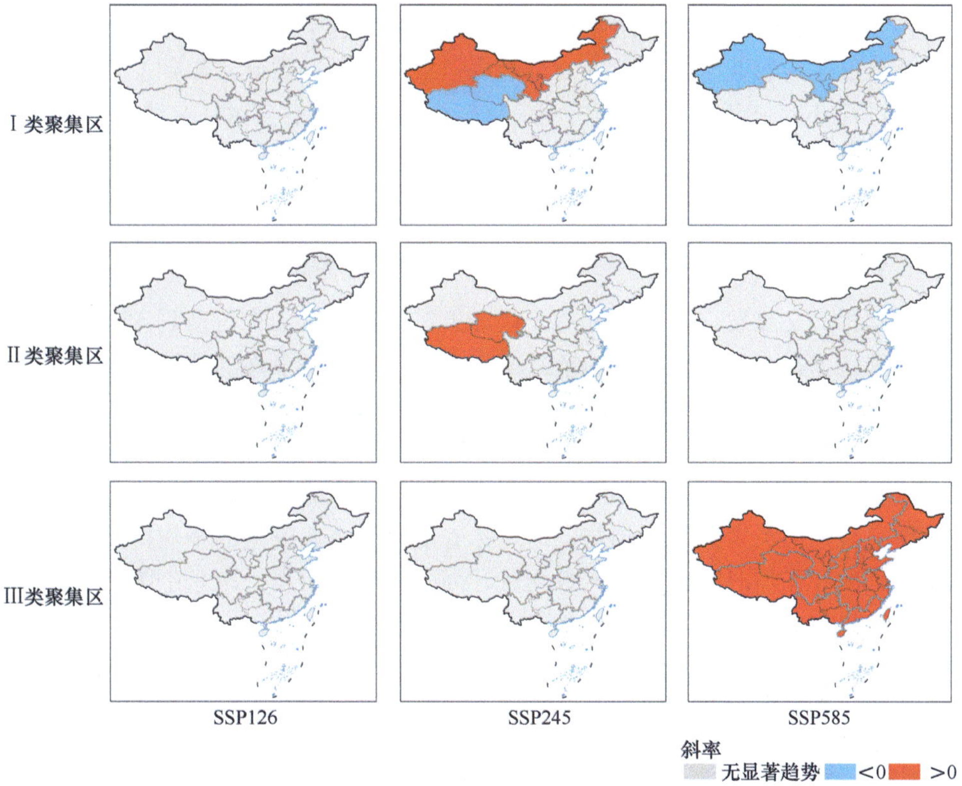

图 5-15　不同情景下不同类型干旱时空聚集区数量和类型的变化趋势

由图 5-15 可知，不同情景下不同类型干旱时空聚集区数量和类型的变化趋势可以较好地印证干旱格局的时空变化。在 SSP126 情景下，各个农业区的Ⅰ类、Ⅱ类聚集区数量变化均没有显著趋势。在 SSP245 情景下，青藏高原区的Ⅰ类聚集区数量具有显著的减少趋势，Ⅱ类聚集区具有显著增加趋势，该区域Ⅰ类聚集区的影响逐渐减弱、Ⅱ类聚集区的影响逐渐增强。此外，北方干旱半干旱区的Ⅰ类聚集区具有显著增加的趋势，但是Ⅱ类聚集区无显著趋势，该区域Ⅰ类聚集区的影响逐渐增强，整体而言干旱严重化。在 SSP585 情景下，未来北方干旱半干旱区的Ⅰ类聚集区具有显著减少趋势，说明该区域受Ⅰ类聚集区的影响逐渐减弱；

所有区域的III类聚集区均具有显著的增加趋势，说明在 SSP585 情景下，中国区域受III类聚集区影响逐渐严重，干旱开始连片、连年发生。

5.4 小　结

许多研究表明，全球变暖将导致未来中国区域的干旱频率升高、严重程度加剧，并且已经对农业生产和粮食安全造成了重大影响。因此，识别干旱和对其时空格局进行分析一直是研究热点。然而，轻微的干旱并不会对社会经济造成影响，处于干旱时空中心的区域更容易产生损失，因此识别干旱时空聚集区的范围，并研究其时空变化具有重要意义，研究结果可以为相关农业部门制定政策提供参考。

5.4.1 讨论

查阅相关文献发现，本研究的一些结果在其他文献中也可得到印证。例如，许多研究认为在中高排放浓度的情景下，中国极端干旱事件的持续时间、强度和频率将显著升高（温庆志等，2020；Ma et al.，2022；Han R et al.，2021），尤其是在 21 世纪中后期（莫兴国等，2018）。同样地，本书结果也显示，在 SSP245 和 SSP585 情景下，一些区域存在由 I 类聚集区汇聚为II类聚集区或 I 类、II类聚集区汇聚为III类聚集区的趋势，这意味着干旱时空聚集区的平均持续时间、干旱集聚程度和平均时空聚集单元数均有升高。有研究指出，未来中国地区的干旱严重程度将显著上升，尤其是西北和内蒙古地区（Zhang et al.，2021）。本研究结果表明，在 SSP585 情景下，北方干旱半干旱区的干旱影响范围、干旱集聚程度、III类聚集区数量均显著上升，上升幅度大于其他地区。因此，在 SSP585 情景下，需要格外注意北方干旱半干旱区的居民和农牧业用水保障。还有研究认为，全球干旱的空间集聚程度与空间影响范围相关性较强（Guan et al.，2022）。进一步地，本研究发现在中国区域，未来干旱集聚程度与干旱影响范围的时空格局变化具有较好的一致性。

此外，本研究还得到一些值得关注的结论。例如，研究可揭示干旱时空聚集区的演变特征：在 SSP126 情景下，干旱时空聚集区出现的频率呈现 I 类聚集区增多、II类聚集区减少的趋势，呈分散化特征；而 SSP585 情景的后期呈现干旱时空聚集区连片、连续出现的特征，在此情景下干旱的防御面临极大挑战。又如，不同季节的干旱会对农业造成不同的影响，因此应采取不同的措施来预防和对抗干旱。中国大多数农作物的生长季节集中在春、夏、初秋。春季干旱会造成不能及时播种、插秧等问题，影响春季作物的生长和产量。因此，春旱时应特别注意充足的灌溉、适当的施肥和优化灌溉策略。夏季干旱对农业造成的影响最大，因为大多数作物在这个时期对水的需求量很大。因此，夏季干旱发生时，要特别注意提前修建水利设施、提前蓄水、及时灌溉等。秋季干旱将影响晚稻和其他秋季作物的生长和产量。因此，秋旱发生时要特别注意及时灌溉。从季节上看，在 SSP126 情景下，干旱时空聚集区在春、冬季影响范围较大，出现频率较高，集聚程度较强，在此情景下需要格外注意春播和过冬作物的干旱防御；SSP245 和 SSP585 情景下则偏向于夏、秋季或四季分布均匀的特征，夏季正值中国主要粮食产区中玉米、水稻、红薯、花生等粮食作物和多种蔬菜的生长季，因此这种情况十分不利于农业生产，需要采取提前研制抗旱品种或提前储水的措施防旱减灾。但是，未来中国不同区域、不同季节的干旱风险将如何变化仍未可知，后续将基于已有的干旱时空聚集区识别结果评估未来干旱风险变化。

最后，本章的研究结果还表明，人类活动将显著影响未来干旱发生情况。在不同情景下，随着时间的推移，干旱时空聚集区的数量、干旱时空聚集单元占比和 ST-LISA 均有不同的变化。其中，在 SSP126 情景下，旱情总体呈减轻趋势；在 SSP245 情景下，旱情总体呈加重趋势；在 SSP585 情景下，旱情呈显著加重趋势，尤其在 2060 年后。这是由于气象干旱的发生受降水和蒸散发的双重控制，而温度又是影响蒸散发的主要因素，因此降水和温度是主导气象干旱发生的两大气象要素。人类选择何种社会经济发展路径在一定程度上决定了温室气体的排放情况，进而影响全球变暖速率。全球变暖将导致中国区域降水增加，尤其是中国北方地区（周天军等，2021）。也就是说，人类选择何种社会经济发展路径在一定程度上决定了中国区域降水和温度增加的速率，影响了干旱的发生。在 SSP126 情景下，由于人类选择了可持续发展路径，降水和温度均增加缓慢，使气候变化趋于温和，干旱没有表现出严重化的趋势；在 SSP245 情景下，降水的增加与 SSP126 情景相比没有明显变化，但是平均温度的上升使得蒸发增加，造成该情景下干旱的严重化；在 SSP585 情景下，降水和温度均呈明显的上升趋势，尤其在后期，温度上升丝毫没有减缓趋势，使得多出的一部分降水无法抵消蒸发的大量增加，导致中国大部分区域长期处于比基线期干旱的状态，干旱成片、连续地发生。

SSP126 情景是一个低挑战–低排放的情景，它很好地考虑了联合国可持续发展目标和千年发展目标的实现，将带来一个实现可持续发展、气候变化挑战较低的世界。在这种情景下，由于低排放和可持续发展，全球变暖速率将减缓，极端干旱发生的频率和干旱聚集的整体状况都将减轻。SSP245 情景是中挑战–中排放的情景，经济发展和排放都处于中等水平，是按照近几十年的典型趋势设计的。在这种情景下，全球变暖将以一定的速率继续进行，极端干旱发生的概率将增加，中国的干旱时空聚集区总体呈现Ⅱ类聚集区增多、Ⅰ类聚集区减少的趋势。SSP585情景是减缓挑战–高排放情景，它以传统的化石燃料为主，以传统的经济发展为导向，带来大量的温室气体排放。在该情景下，经济发展迅速，但全球变暖的速度将越来越快，尤其是后期，极端干旱发生的频率、强度和持续时间均有所上升，干旱时空聚集区呈连片、连年存在的特征。在前期，以上3个情景的区别尚不明显，但是在SSP585情景后期，干旱已经极度严重化，这不仅会对社会经济和农业生产带来巨大影响，甚至会给地球和人类生存带来巨大的灾难。我国于2020年9月明确提出“碳达峰”和“碳中和”行动目标，倡导绿色、低碳、环保的生活方式，这将有效减缓全球变暖的速率，避免后期气候的剧烈恶化。

5.4.2 结论

本章以SPEI-3为反映干旱的指标，利用时空Moran散点图的方法识别了2020～2100年SSP126、SSP245、SSP585情景下的干旱时空聚集区，并在此基础上分析了前期（2020～2060年）和后期（2061～2100年）不同农业区、不同季节的干旱时空聚集区属性：在网格尺度上分析了干旱影响范围和干旱集聚程度的空间变化，在区域尺度上分析了干旱时空聚集区数量和类型的空间变化。相关的结果和结论如下。

干旱影响范围格局和变化的研究发现：在时空上，前期3个情景的干旱影响范围相差不大，但后期3个情景差距明显。其中，SSP126情景干旱影响范围最小，为0.0371，SSP585影响范围最大，为0.3320。在空间上，3个情景表现出不同特征，其中SSP126和SSP245情景下东北平原区、青藏高原区和SSP585情景下北方干旱半干旱区的干旱影响范围大于其他区域。在时间上，3个情景在季节上均呈现显著的春–冬空间格局类似、夏–秋空间格局类似的特征。在年代际尺度上，不同情景表现出不同的特征。SSP126情景前后期影响范围区别不大，SSP245情景在后期有所上升，SSP585情景显著上升。

干旱集聚程度格局和变化的研究发现：干旱集聚程度的时空格局和变化与干旱影响范围具有一致性，但SSP585情景下黄淮海平原区和长江中下游地区的夏、秋季有所例外：部分地区的干旱影响范围处于中等水平，但干旱集聚程度较高，说明这些区域发生干旱时集聚程度普遍较高，损失可能较严重。

干旱时空聚集区数量和类型的格局与变化研究发现：在空间上，3个情景下的东北平原区、北方干旱半干旱区和青藏高原区的干旱时空聚集区数量均较多，华南区、黄淮海平原区、黄土高原区和四川盆地及周边地区的干旱时空聚集区数量较少。在时间上，不同情景表现出不同的季节特征：SSP126情景下干旱时空聚集区多出现在春、冬季，而 SSP245 和 SSP585 情景下干旱时空聚集区多出现在夏、秋季。在年代际尺度上，不同情景特征不尽相同：在 SSP126 情景下，干旱时空聚集区的数量具有Ⅱ类聚集区减少、Ⅰ类聚集区增多的趋势；SSP245 则是Ⅱ类聚集区增多；SSP585 情景后期Ⅲ类聚集区开始出现，并占主导。

本章的 5.3 节还使用 Mann-Kendall 趋势检验法分析了不同农业区干旱影响范围、干旱集聚程度、干旱时空聚集区的数量和类型的变化趋势。结果表明，在 SSP126 情景下，干旱影响范围、干旱集聚程度、干旱时空聚集区的数量和类型呈下降或不变趋势；在 SSP245 情景下，大部分农业区干旱影响范围扩大，华南区干旱集聚程度增强，青藏高原区Ⅱ类聚集区数量增加，北方干旱半干旱区Ⅰ类聚集区数量增加；在 SSP585 情景下，所有区域干旱影响范围均扩大，集聚程度均增强，Ⅲ类聚集区数量均显著增加。

第 6 章　不同情景下干旱的影响因素分析

由于不同区域的气候条件存在差异，不同区域的干旱可能受到不同气候因子的影响，本章研究了不同区域的干旱影响因素差异，主要是降水和气温两个气象因子对干旱的影响。标准化降水指数（SPI）和标准化气温指数（STI）分别作为影响因子指标，由于气象因子对干旱的影响可能会存在滞后，不同尺度的降水和气温对干旱的影响可能会存在差异，因此本研究分别分析了 3 个月、6 个月和 9 个月三个尺度的标准化降水（气温）指数与干旱之间的关系；分别基于互信息熵分析了影响因素和干旱之间的时间相关性，继而基于 Getis-Ord Gi*指数探测了时间相关性所形成的空间格局，并基于地理探测器分析了降水和气温以及二者的交互对干旱的解释力，技术路线如图 6-1 所示。

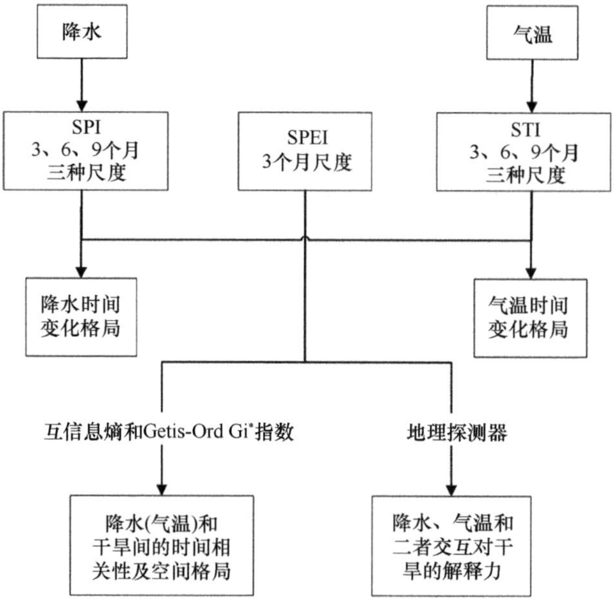

图 6-1　技术路线图

6.1　气象因子的时空变化

本节在分析气象影响因子和干旱之间的相关性前，首先分析了降水和气温二者的时空变化，包括 3 个月、6 个月和 9 个月三个尺度的 SPI 和 STI 时空变化，分别表示短期、中期和长期降水和气温的变化。研究显示，从 SSP126 到 SSP585 情景，整个中国区域在研究时段内的降水和气温均呈现正向的变化趋势，即降水在不断增加，气温在不断升高。

6.1.1　降水的时空变化

不同情景下 3 个月尺度的降水时空变化如图 6-2 所示，图中分别展示了 SSP126、SSP245 和 SSP585 三种情景下的降水趋势，颜色从红到蓝表示降水增加的趋势越来越明显。结果显示，整体来看，从 SSP126 到 SSP585 情景降水增多的趋势越来越明显，SSP585 情景的最大降水增加速率是 SSP126 情景的最小降水增加速率的 13 倍。SSP126 情景下，降水增加速率呈现南北分异，北方干旱半干旱区、青藏高原区西北部、黄淮海平原区、黄土高原区中北部和东北平原区北部降水增

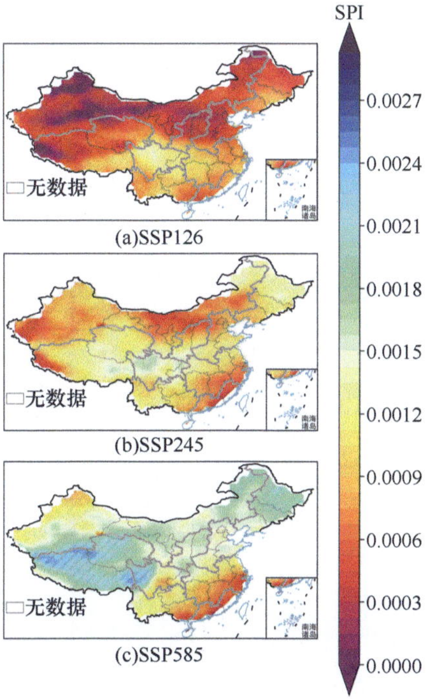

图 6-2　不同情景下 3 个月尺度的降水时空变化

加速率无论是相对 SSP126 情景下的其他区域，还是其他情景下的区域均偏小，在 0.000639 以内。如果把趋势划分为 10 个等级，这些区域均在 3 级以内，且这些区域几乎占整个中国区域的一半。东南和西南区域的降水增加速率较大，尤其是四川盆地及周边地区中部，速率达到 5 级。而到华南区和云贵高原区交界处，降水增加的速率较东南和西南区域又有所减小。

SSP245 情景下，北方干旱半干旱区以及华南区和长江中下游地区交界处的降水增加速率较小，但最小的增加速率也在 3 级。相较于 SSP126 情景，降水增加速率从四川盆地及周边地区的中部不断向周边扩散。青藏高原区东部、四川盆地及周边地区和东北平原区的降水增加速率较大，这些区域的降水速率均达到 7~8 级。SSP585 情景下，相较于 SSP126 情景，整个中国区域降水增加速率分布有所翻转，整个北部区域的降水增加速率较中国南部区域更大，北部区域的降水增加速率保持在 7~10 级，且从北到南降水增加速率有所减小，南部区域的降水增加速率在 3~6 级。降水增加速率最大的区域集中在青藏高原区，尤其是青藏高原的西北和东南区域，这些区域的降水增加速率也是三个情景下增加速率最大的区域。

与 3 个月尺度相比，6 个月尺度下的降水增加速率更加明显，几乎所有区域均有所增加，不同情景下 6 个月尺度的降水时空变化如图 6-3 所示。SSP126 情景下的降

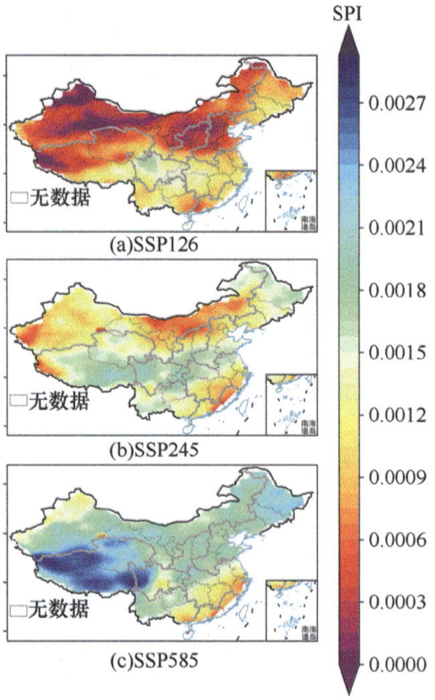

图 6-3　不同情景下 6 个月尺度的降水时空变化

水增加速率呈现南北分异，北低南高，东北平原区的降水增加速率向南方趋近，增加速率最大的区域是四川盆地及周边地区，从3个月尺度下的5级增加到7级。SSP245情景下的降水增加速率从南到北呈现从低到高再到低的格局，其中北方区域的最小降水增加速率从 SSP126 情景的 1～2 级增加到 3～5 级，四川盆地及周边地区、青藏高原区东部以及东北平原区的降水增加速率从 5 级增加到 7 级，华南区和长江中下游地区交界处的降水增加速率又有所减小，减小到 3 级。SSP585 情景下的降水增加速率也呈现南北分异的格局，但是与 SSP126 情景不同的是，北方的降水增加速率整体上大于南方，最小的降水增加速率位于华南区和长江中下游地区，为 3 级，北方的降水增加速率保持在 7 级以上，最大降水增加速率区域为青藏高原区西部和东南部，达到 10 级。

与其他两个尺度相比，9 个月尺度的降水增加速率更加明显，如图 6-4 所示。SSP126 情景下的降水增加速率依然呈现北低南高的分异格局，增加速率最大的区域依然是四川盆地及周边地区，达到 7 级，并且向青藏高原区东南部和长江中下游地区西部扩散。SSP245 情景下的降水增加速率的整体格局与 SSP126 情景类似，但是 SSP585 情景下降水增加速率最大的区域逐渐从青藏高原区东南部向青藏高原区

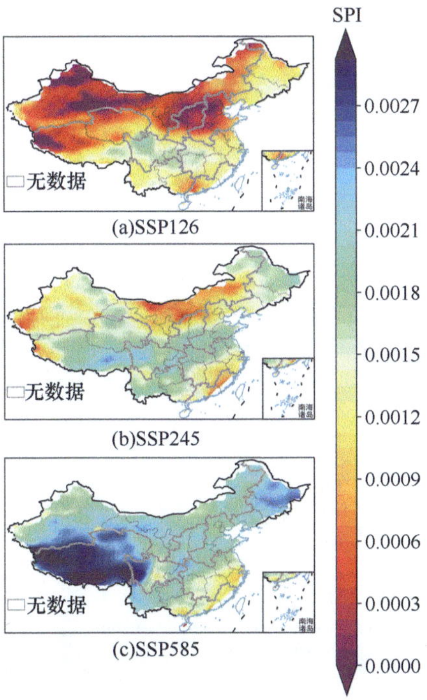

图 6-4　不同情景下 9 个月尺度的降水时空变化

西部扩散，从四川盆地及周边地区向云贵高原区、黄土高原区、黄淮海平原区南部，以及长江中下游地区北部扩散开来，这些区域的降水增加速率为8级。此外，在华南区和长江中下游地区交界处的降水增加速率较其相邻区域依然有所减小，为3级。SSP585情景下的降水增加速率同样呈现南低北高的分异格局，几乎整个青藏高原的增加速率均非常突出，为10级，北方干旱半干旱区、黄土高原区、黄淮海平原区、东北平原区、四川盆地及周边地区和云贵高原区北部的降水增加速率均达到8级以上，华南区和长江中下游地区南部的降水增加速率相对较小，为4级。

6.1.2 气温的时空变化

不同情景下3个月尺度的气温时空变化如图6-5所示，图中展示了整个中国区域气温的变化趋势，颜色从蓝到黄再到红表示气温升高的程度在逐渐增加。气温的变化趋势整体上来看呈现随着辐射强迫的增加，气温变化趋势阶梯跳跃，依次增强的状态，处于SSP585情景下的最大气温增加速率约是处于SSP126情景下的最小气温增加速率的3.5倍。SSP126情景下，气温增加速率普遍小于0.0024。

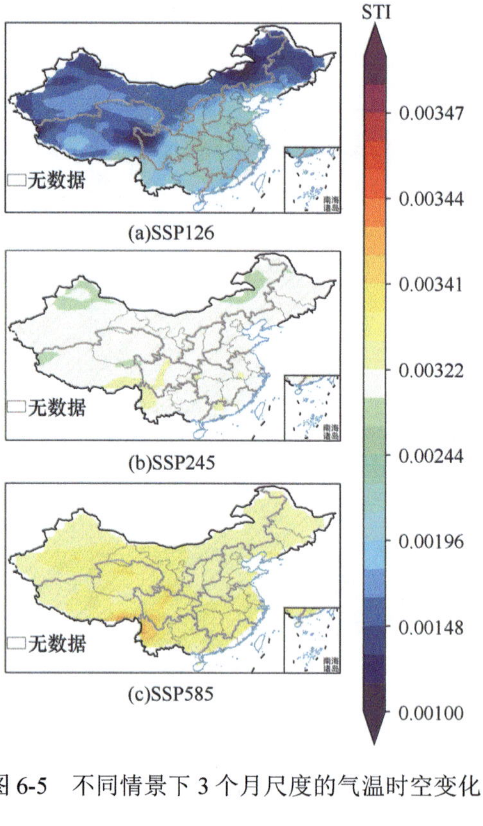

图6-5 不同情景下3个月尺度的气温时空变化

黄淮海平原区、长江中下游地区、云贵高原区和华南区的气温增加速率大于中国其他区域，东北平原区和青藏高原区东部的气温增加速率最小，接近 0.001。SSP245 情景下的气温增加速率集中在 0.003～0.0033，普遍高于 SSP126 情景下的气温增加速率，整个区域变化趋势的空间分异性不是特别明显。而 SSP585 情景下的气温增加速率整体在 0.0033～0.0034，整体高于 SSP126 和 SSP245 情景，青藏高原区、四川盆地及周边地区和云贵高原区交界处的气温增加速率较其他地区有轻微增加。

相比 3 个月尺度，三种情景在 6 个月尺度下的气温增加速率更加明显，如图 6-6 所示。气温的变化趋势整体上来看也呈现随着辐射强迫的增加，气温变化趋势阶梯跳跃，依次增强的状态，处于 SSP585 情景下的最大气温增加速率约是处于 SSP126 情景下的最小气温增加速率的 3.3 倍。单从每个尺度来看，6 个月尺度下 SSP126 情景的气温增加速率普遍小于 0.0026，气温增加趋势也呈现南高北低的分异，局部空间格局与 3 个月尺度类似。6 个月尺度下 SSP245 情景的气温增加速率在 0.003～0.00337，气温增加趋势也没有特别明显的空间分异格局。6 个月尺度下 SSP585 情景

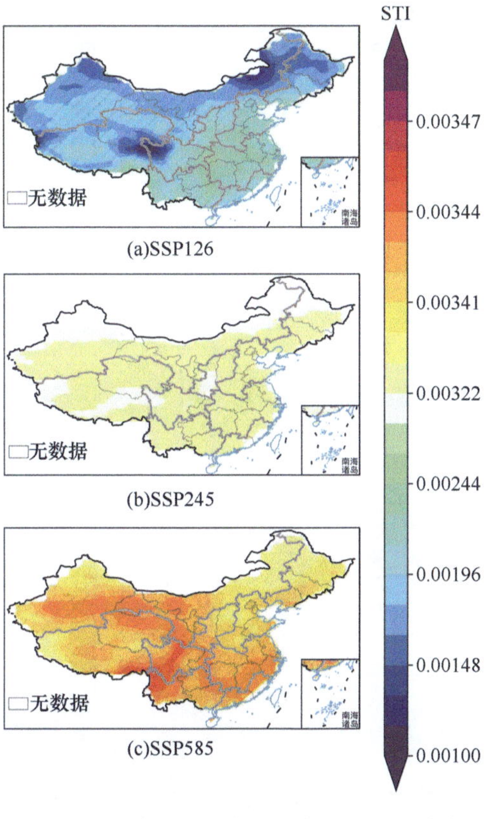

图 6-6　不同情景下 6 个月尺度的气温时空变化

的气温增加速率在 0.00337～0.0035。气温增加趋势的空间分异较 3 个月尺度有了更加明显的空间分布格局，北方干旱半干旱区的西部、四川盆地及周边地区、云贵高原区、长江中下游地区和华南区的气温增加速率与其他区域相比较为明显。

相比 6 个月尺度，三种情景在 9 个月尺度下的气温增加趋势又进一步增强，如图 6-7 所示。气温的变化趋势整体上来看依然呈现随着辐射强迫的增加，气温变化趋势阶梯跳跃，依次增强的状态，处于 SSP585 情景下的最大气温增加速率约是处于 SSP126 情景下的最小气温变化速率的 3.0 倍。单从每个尺度来看，9 个月尺度下 SSP126 情景的气温增加速率普遍小于 0.0026，气温增加趋势呈现南高北低的分异，局部空间格局也与其他两个时间尺度类似。9 个月尺度下 SSP245 情景的气温增加速率在 0.0031~0.0034，气温增加趋势依然没有特别明显的空间分异格局。9 个月尺度下 SSP585 情景的气温增加速率在 0.00341～0.0035。9 个月尺度下气温增加趋势的空间分布格局的明显性介于 3 个月和 6 个月尺度之间，分布格局和 6 个月尺度类似。

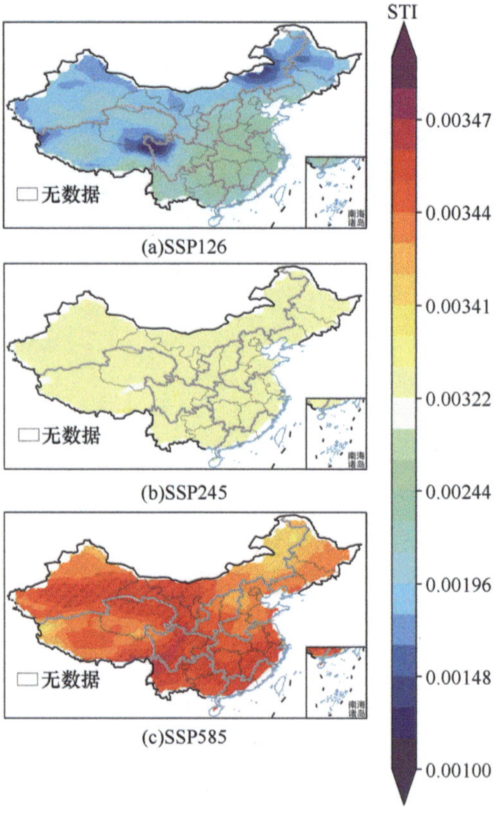

图 6-7　不同情景下 9 个月尺度的气温时空变化

6.2　气象因子和干旱间的时空相关性及其分异格局

6.2.1　不同情景下降水和干旱间的时空相关性分异格局

SSP126 情景下不同尺度的降水和干旱间的时空相关性分异格局如图 6-8 所示，图中将相关性分成 7 个等级，从蓝到红依次表示降水和干旱间的关系从负相关到正相关。图 6-8 中显示，几乎三个尺度均呈现西北负相关、南部正相关，即西北区域降水增加、干旱程度减小，四川盆地及周边地区、云贵高原区、长江中下游地区和华南区呈现降水增加但干旱程度也增强的分布格局。此外，随着尺度的增加，降水增加但干旱也随之增加的格局有往西移的趋势。从单个尺度来看，3 个月尺度下，降水和干旱呈负相关的区域位于北方干旱半干旱区的西部、青藏高原的西南和东北区域；呈正相关的区域覆盖黄土高原区、四川盆地及周边地区、云贵高原区、长江中下游地区、华南区、黄淮海平原区除中部以外的区域和东北平原区东南部。6 个月尺度下，降水和干旱呈现负相关的区域较 3 个月尺度而言，

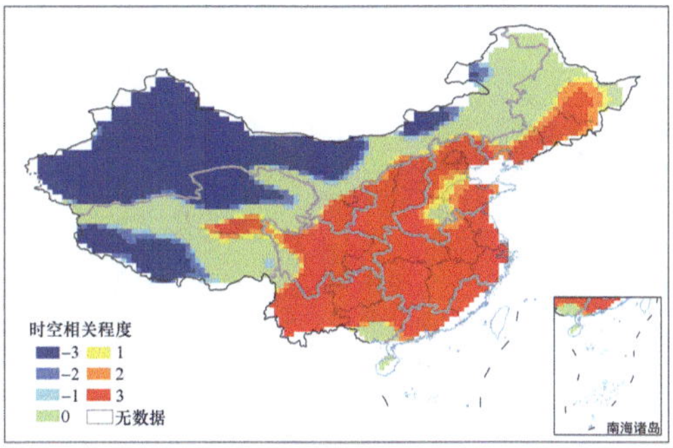

(a)3个月尺度

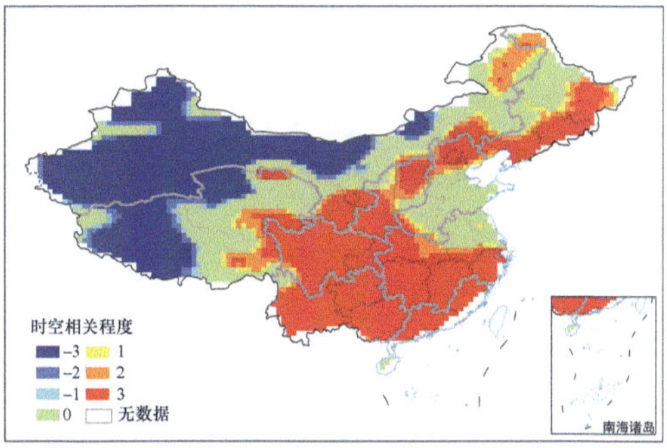

(b)6个月尺度

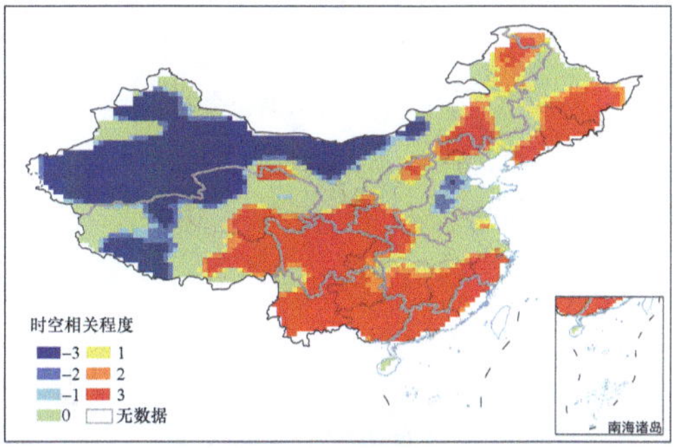

(c)9个月尺度

图 6-8　SSP126 情景下不同尺度的降水和干旱间的时空相关性分异格局

青藏高原区从西南扩散到整个西部；呈正相关的区域较3个月尺度而言有所西移，从四川盆地及周边地区向青藏高原区扩散，黄淮海平原区除北部外的其他地区、黄土高原区中部以及长江中下游地区的东北部均有所减小，甚至消失。9个月尺度下，降水和干旱呈负相关的西北区域的覆盖面积较其6个月尺度有所减小，甚至小于3个月尺度；呈正相关的区域在6个月的基础上又继续西移，较6个月尺度而言，黄土高原区和长江中下游地区的覆盖面积有所减小，仅南部有所覆盖，青藏高原区在6个月尺度覆盖范围的基础上又继续向中部扩散。

SSP245情景下不同尺度的降水和干旱间的时空相关性分异格局如图6-9所示，同样地，将相关性分成7个等级，从蓝到红依次表示降水和干旱间的关系从负相关到正相关，绝对值越大表示相关性越强。图6-9中显示，从全国尺度来看，三个尺度的分布格局也均呈现明显的分异格局，即西北呈负相关，东北、中部和南部呈正相关。从单个尺度来看，3个月尺度下，降水和干旱呈负相关的区域位于北方干旱半干旱区的西部；呈正相关的区域覆盖东北平原区、黄淮海平原区、黄土高原区、长江中下游地区、华南区、四川盆地及周边地区除中部以外的区域、

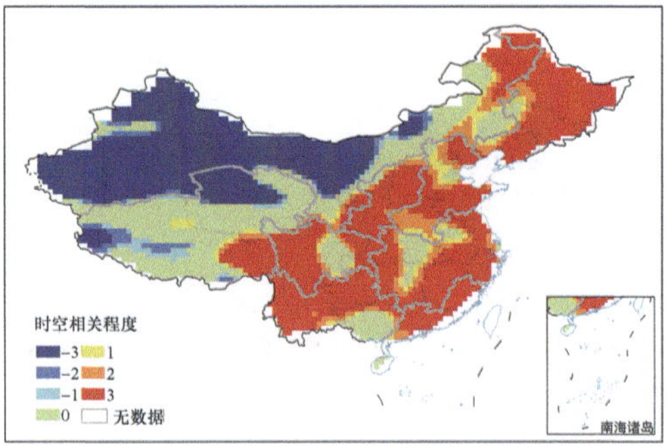

(a)3个月尺度

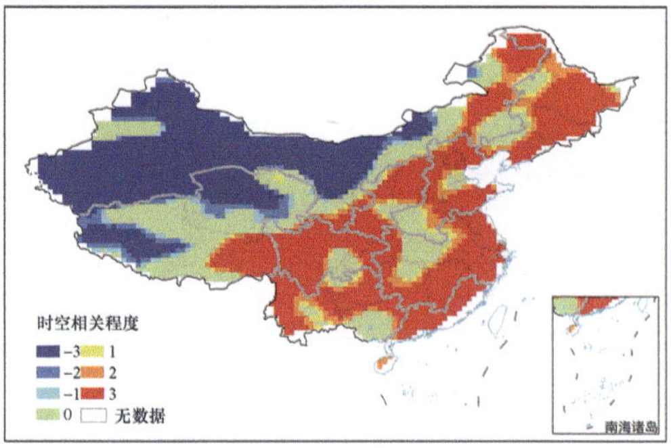

(b)6个月尺度

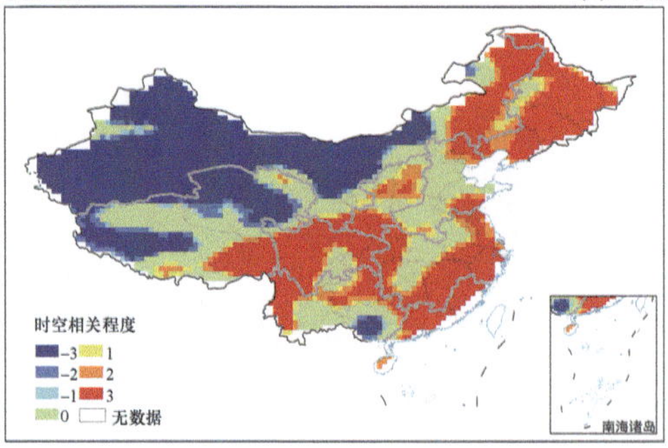

(c)9个月尺度

图6-9　SSP245情景下不同尺度的降水和干旱间的时空相关性分异格局

云贵高原区北部，以及青藏高原区东南部。6 个月尺度下，降水和干旱呈负相关的区域较 3 个月尺度而言有所增加，增加区域位于青藏高原区西部；呈正相关的区域较 3 个月尺度而言有所减少，减少区域位于黄土高原区和黄淮海平原区交界处。9 个月尺度下，降水和干旱呈负相关的西北区域覆盖面积较 6 个月尺度而言，变化不是很明显；呈正相关的区域在 6 个月的基础上除东北平原区有所扩散外，其他区域有所缩减，黄淮海平原区的正相关区域几乎消失，其他缩减区域包括黄土高原区北部、长江中下游地区中部。

SSP585 情景下不同尺度的降水和干旱间的时空相关性分异格局如图 6-10 所示。图 6-10 中显示，从全国尺度来看，三个尺度的分异格局较其他两个情景而言较为不同。将三个尺度看成一个整体，降水和干旱呈负相关的区域在逐渐向东移动，而呈正相关的区域在逐渐向西集中。从单个尺度来看，3 个月尺度下，降水和干旱呈负相关的区域依然位于北方干旱半干旱区的西部；呈正相关的区域则覆盖东北平原区，青藏高原区北部，四川盆地及周边地区和青藏高原区交界处，四川盆地及周边地区、黄土高原区和长江中下游地区交界处，以及华南区。6 个月

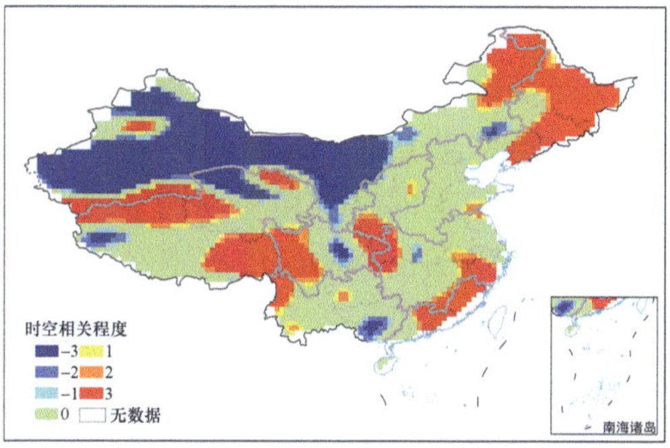

(a)3个月尺度

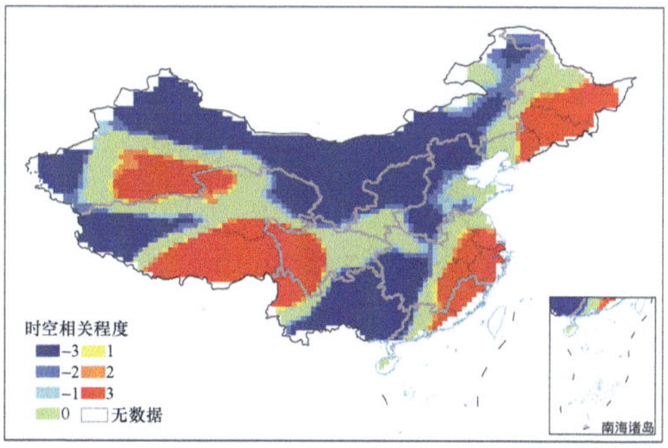

(b)6个月尺度

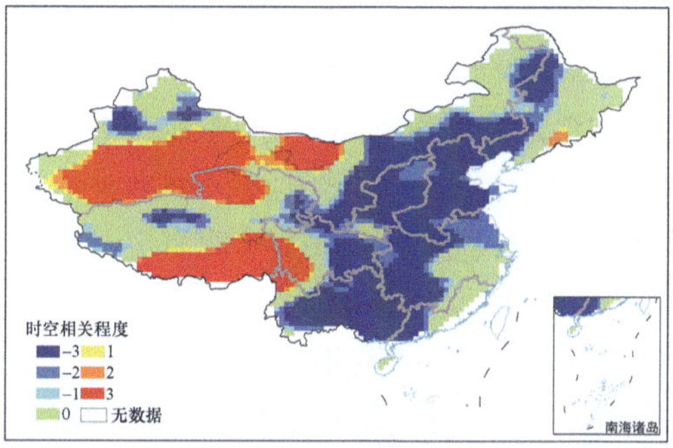

(c)9个月尺度

图 6-10　SSP585 情景下不同尺度的降水和干旱间的时空相关性分异格局

尺度下，降水和干旱呈负相关的区域面积较 3 个月尺度而言有所增加，呈负相关的区域有所东移，几乎覆盖除北方干旱半干旱区西南部的整个北方干旱半干旱区，黄淮海平原区和黄土高原区，云贵高原区、华南区和长江中下游地区交界处，其中落在云贵高原区的负相关区域覆盖云贵高原区的整个北部地区。另外，青藏高原区西部的负相关区域在 3 个月尺度的基础上也有所扩散；呈正相关的区域较 3 个月尺度而言东北平原区有所缩减，东北平原区的东南部，青藏高原区、四川盆地及周边地区和云贵高原区交界处，华南区和长江中下游地区交界处的面积在 3 个月尺度的基础上有所扩散，此外正相关区域还覆盖北方干旱半干旱区的西南部。9 个月尺度下，降水和干旱呈负相关的覆盖面积较其 6 个月尺度而言，集中分布在中国东部，包括北方干旱半干旱区的东部、黄淮海平原区、黄土高原区、四川盆地及周边地区东部、长江中下游地区西部，以及云贵高原区；呈正相关的区域较 6 个月而言，集中分布在中国西部，这些区域覆盖北方干旱半干旱区的西部，青藏高原区、四川盆地及周边地区和云贵高原区交界处。

6.2.2 不同情景下气温和干旱间的时空相关性分异格局

SSP126 情景下不同尺度的气温和干旱间的时空相关性分异格局如图 6-11 所示，图中将相关性分成 7 个等级，从蓝到红依次表示气温和干旱间的关系从负相关到正相关。正相关表示气温越高，干旱程度越强；负相关表示气温越高，干旱程度越弱。将 3 个尺度作为一个整体来看，各个尺度下的时空相关性均呈现正相关区域的覆盖范围小于负相关区域的覆盖范围；且呈现正相关区域集中在西北地区，负相关区域分散在西北地区以外地区的空间分异格局。此外，不同尺度下气温和干旱间呈负相关的区域范围随着研究尺度的增大不断缩减，正相关的区域范围也随着尺度增大而有所缩减，但相对于负相关区域，各个尺度下负相关区域间的差异较小。从单个尺度来看，3 个月尺度下，气温和干旱呈正相关的区域位于北方干旱半干旱区的西部，呈负相关的区域在东北平原区、长江中下游地区、四川盆地及周边地区西部、青藏高原区东北和东南部，这些区域的相关性尤为显著，四川盆地及周边地区和青藏高原区东部除上述区域之外的其他区域也较为显著。6 个月尺度下，呈正相关的区域与 3 个月尺度相比有轻微缩减，但相差不大，呈负相关的区域与 3 个月尺度相比，有从东北平原区向黄淮海平原区和黄土高原区中北部延伸的趋势，长江中下游地区呈负相关的覆盖面积有所缩减，缩减区域位于长江中下游地区的东南部，此区域气温和干旱间的相关程度也有所减弱，四川盆地及周边地区东部和黄土高原区南部的相关性消失。9 个月尺度下，呈正相关的区域与 6 个月尺度相比又有所缩减，缩减区域位于北方干旱半干旱区西北部。呈负相关的区域与 6 个月尺度相比依然有所缩减，缩减程度较正相关区域而言，缩减范围较大，缩减区域主要位于黄土高原区中北部、长江中下游地区南部、四川盆地及周边地区西部，以及云贵高原区北部。

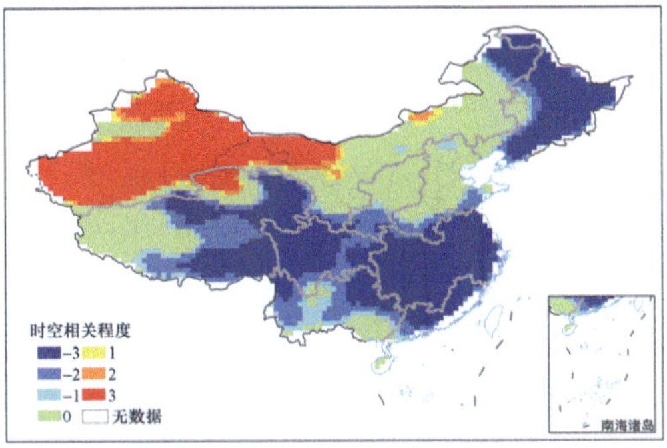

(a)3个月尺度

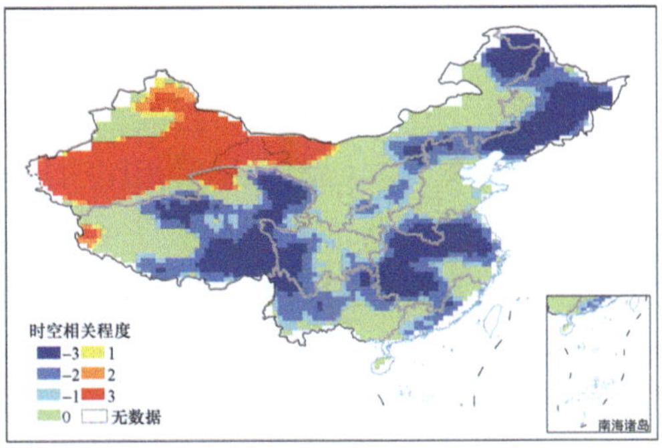

(b)6个月尺度

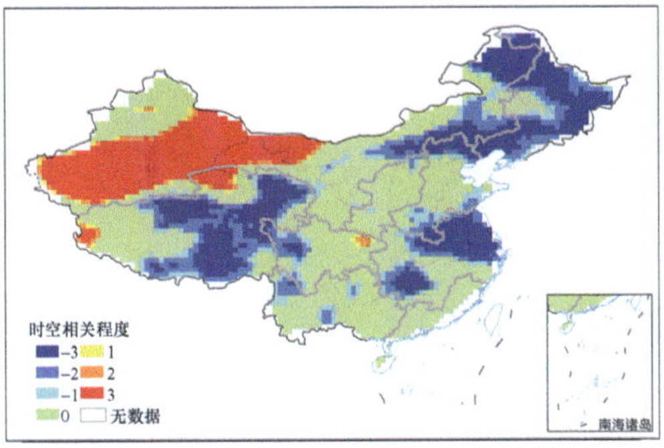

(c)9个月尺度

图 6-11　SSP126 情景下不同尺度的气温和干旱间的时空相关性分异格局

SSP245 情景下不同尺度的气温和干旱间的时空相关性分异格局如图 6-12 所示。将 3 个尺度作为一个整体来看，各个尺度下的时空相关性均呈现正相关区域的覆盖范围小于负相关区域的覆盖范围；且呈正相关的区域集中在西北地区，呈负相关的区域几乎遍布北方干旱半干旱区以外的区域。此外，不同尺度下气温和干旱间呈正相关的区域范围随着研究尺度的增大有轻微缩减，且呈负相关的区域范围随着尺度增大变化不是特别明显，但强负相关的区域范围随着尺度的增大变化较为明显。从单个尺度来看，3 个月尺度下，气温和干旱呈正相关的区域位于北方干旱半干旱区西部；呈负相关的区域位于除北方干旱半干旱区、黄淮海平原区北部、青藏高原区西部和云贵高原区南部之外的其他区域，而强负相关的区域位于东北平原区、黄淮海平原区东南部、长江中下游地区东部、四川盆地及周边地区、云贵高原区西部和青藏高原区东部。6 个月尺度下，气温和干旱呈正相关的区域与 3 个月尺度相比，北方干旱半干旱区西北部有轻微缩减；呈负相关区域也与 3 个月尺度相差不大，但强相关区域有明显变化，强相关的区域位于东北平原区、黄淮海平原区南部、长江中下游地区东南部、黄土高原区南部、四川盆地及周边地区、云贵高原区中部，以及青藏高原区东部。9 个月尺度下，气温和干旱呈正相关的区域与 6 个月尺度相比，北方干旱半干旱区西北部又有轻微缩减；呈负相关区域与其他两个尺度相比相差不大，其中强相关区域与 6 个月尺度较接近，但也有轻微变化。与 6 个月尺度相比，四川盆地及周边地区西部的相关性由强相关减弱到显著相关，四川盆地及周边地区东南部由显著相关提升到强相关。

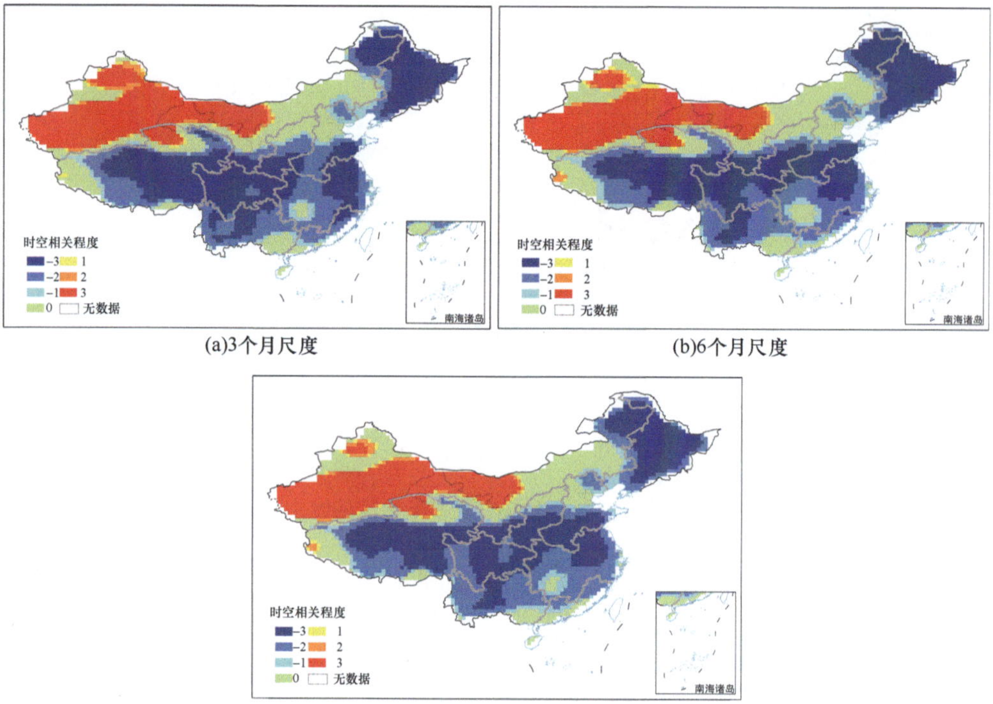

(a)3个月尺度　(b)6个月尺度

(c)9个月尺度

图 6-12　SSP245 情景下不同尺度的气温和干旱间的时空相关性分异格局

SSP585 情景下不同尺度的气温和干旱间的时空相关性分异格局如图 6-13 所示。将 3 个尺度作为一个整体来看，与 SSP126 和 SSP245 情景相似，SSP595 情景在各个尺度下的时空相关性也均呈现正相关区域的覆盖范围小于负相关区域的覆盖范围；且呈正相关的区域集中在西北地区，呈负相关的区域分散在东北平原区、黄淮海平原区、青藏高原区除东北部以外的区域和四川盆地及周边地区东西部；此外，不同尺度下气温和干旱间呈正负相关的区域范围随着研究尺度的增大变化不是特别明显。

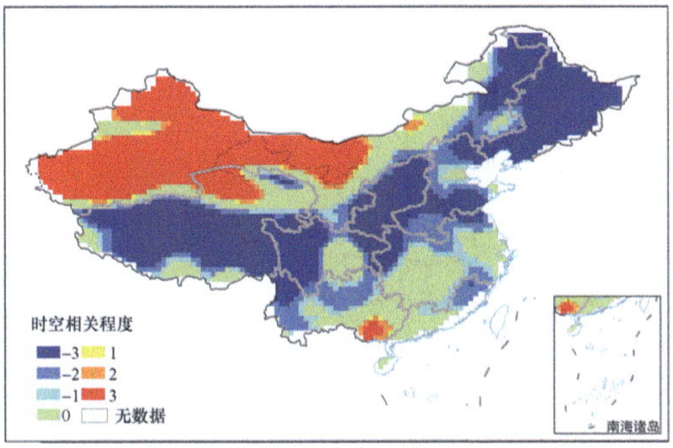

(a)3个月尺度

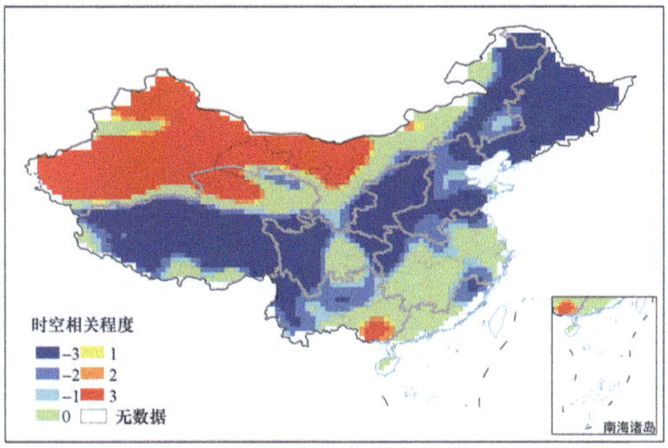

(b)6个月尺度

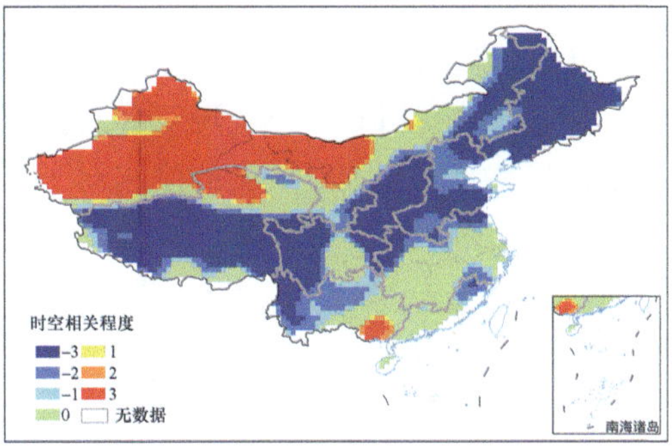

(c)9个月尺度

图 6-13　SSP585 情景下不同尺度的气温和干旱间的时空相关性分异格局

6.3　气象因子对不同农业区干旱的解释力

6.3.1　不同情景下降水对不同农业区干旱的解释力

不同情景下 3 个月尺度的降水对不同农业区干旱的解释力如图 6-14 所示，结果表明：3 个月尺度的降水对不同区域干旱的解释力在整体上按照 SSP126、SSP245 和 SSP585 的顺序减小，各个情景内部降水对不同区域干旱的解释力也不同。三种情景下，均是北方干旱半干旱区以及青藏高原区的解释力较低。除北方干旱半干旱区、青藏高原区之外，SSP126 情景下各个区域内降水对干旱的解释力均在 0.8 以上，SSP245 情景下各个区域内降水对干旱的解释力均在 0.7 以上，SSP585 情景下各个区域内降水对干旱的解释力均在 0.3 以上。

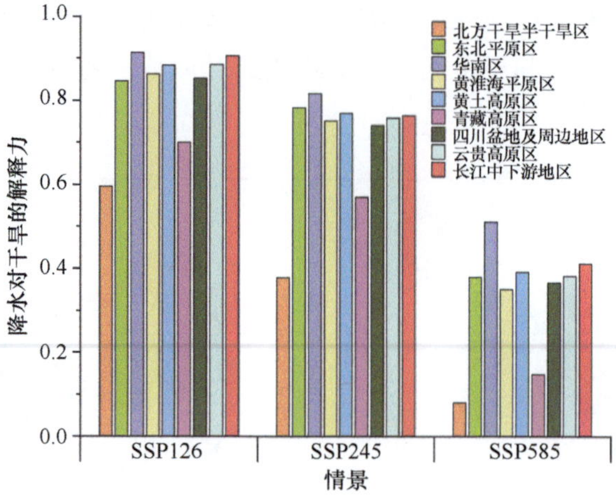

图 6-14 不同情景下 3 个月尺度的降水对不同农业区干旱的解释力

不同情景下 6 个月尺度的降水对不同农业区干旱的解释力如图 6-15 所示，6 个月尺度的分布格局和 3 个月尺度相似，也呈现解释力按照 SSP126、SSP245 和 SSP585 的顺序依次减小的格局，但 6 个月尺度的降水对干旱的解释力相较 3 个月尺度整体上有所降低。SSP126 和 SSP245 情景下，依然是北方干旱半干旱区以及青藏高原区的解释力较低。除北方干旱半干旱区、青藏高原区之外，SSP126 情景下各个区域内降水对干旱的解释力均在 0.35 以上，SSP245 情景下各个区域内降水对干旱的解释力均在 0.3 以上，SSP585 情景下各个区域内降水对干旱的解释力均低于 0.1。

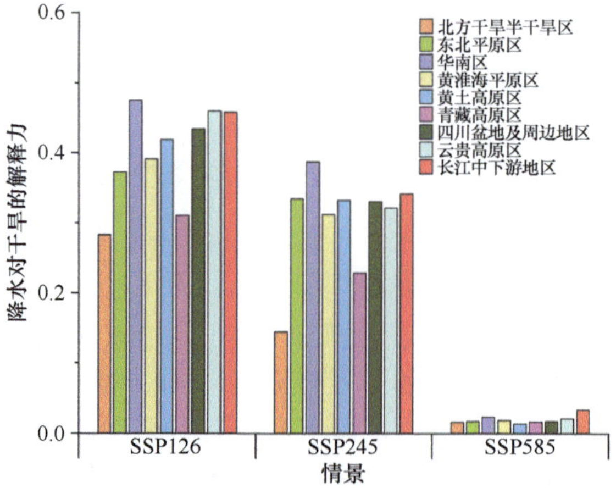

图 6-15 不同情景下 6 个月尺度的降水对不同农业区干旱的解释力

不同情景下 9 个月尺度的降水对不同农业区干旱的解释力如图 6-16 所示，9 个月尺度的分布格局和 3 个月尺度相似，9 个月尺度的降水对干旱的解释力相较于 3 个月和 6 个月尺度整体上有所降低。不同情景下，依然是北方干旱半干旱区以及青藏高原区的解释力较低。除北方干旱半干旱区、青藏高原区之外，SSP126 情景下各个区域内降水对干旱的解释力均在 0.2 以上，SSP245 情景下各个区域内降水对干旱的解释力均在 0.15 以上，SSP585 情景下各个区域内降水对干旱的解释力均在 0.025 以上。

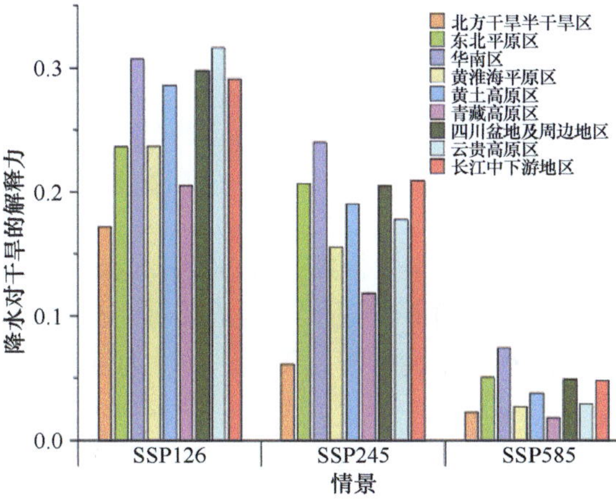

图 6-16　不同情景下 9 个月尺度的降水对不同农业区干旱的解释力

6.3.2　不同情景下气温对不同农业区干旱的解释力

不同情景下 3 个月尺度的气温对不同农业区干旱的解释力如图 6-17 所示，结果表明：3 个月尺度的气温对不同区域干旱的解释力在整体上按照 SSP126、SSP245 和 SSP585 的顺序依次增大，各个情景内部气温对不同区域干旱的解释力也不同。三种情景下，均是北方干旱半干旱区的气温对干旱的解释力最大，依次为 0.14、0.25 和 0.34。SSP126 和 SSP245 情景下除北方干旱半干旱区之外的其余区域的解释力均低于 0.1；SSP585 情景下除北方干旱半干旱区之外，气温对干旱的解释力大于 0.2 的区域有华南区、黄淮海平原区、云贵高原区和长江中下游地区。此外，SSP126 和 SSP245 情景下气温对干旱的解释力明显弱于降水，相比之下，SSP585 情景下气温和降水对干旱的解释力相差不多。

不同情景下 6 个月尺度的气温对不同农业区干旱的解释力如图 6-18 所示，结果表明：6 个月尺度的气温对不同区域干旱的解释力与 3 个月尺度相比有轻微减弱，但相对于降水对干旱的解释力而言，这种减弱程度不甚明显。三种情景下的

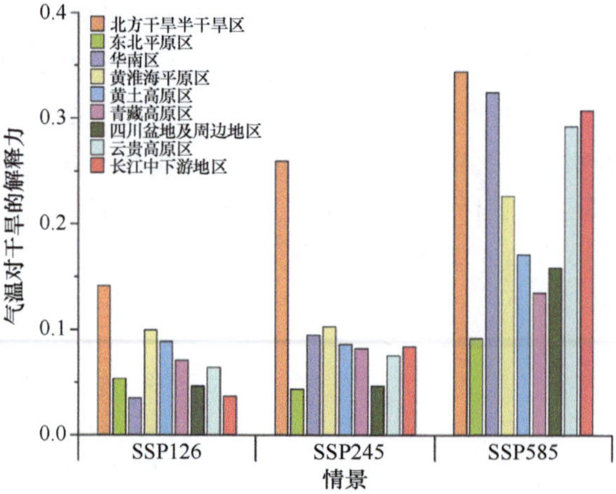

图 6-17　不同情景下 3 个月尺度的气温对不同农业区干旱的解释力

解释力整体格局与 3 个月尺度相似，依然按照 SSP126、SSP245 和 SSP585 的顺序依次增大，各个情景内部气温对不同区域干旱的解释力也不同。三种情景下，均是北方干旱半干旱区气温对干旱的解释力最大，依次为 0.07、0.2 和 0.31。SSP126 和 SSP245 情景下除北方干旱半干旱区之外的其余区域干旱的解释力大部分低于 0.05，SSP585 情景下除北方干旱半干旱区之外气温对干旱的解释力大于 0.2 的区域有华南区、云贵高原区和长江中下游地区。此外，相较于对应尺度下降水对干旱的解释力，SSP126 和 SSP245 情景下气温对干旱的解释力要低于降水，而 SSP585 情景下的气温对干旱的解释力明显高于降水。

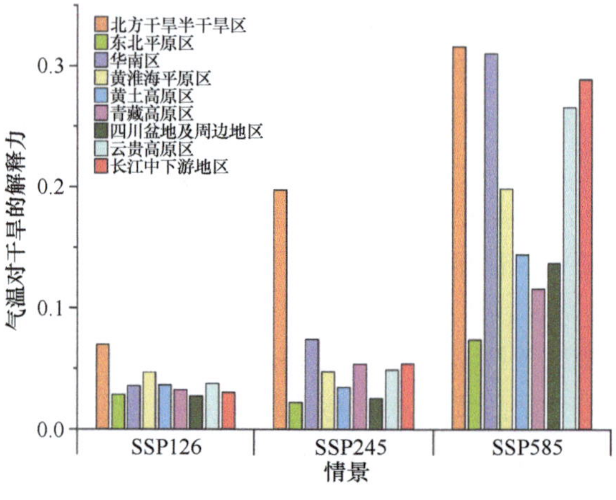

图 6-18　不同情景下 6 个月尺度的气温对不同农业区干旱的解释力

不同情景下 9 个月尺度的气温对不同农业区干旱的解释力如图 6-19 所示，结果表明：9 个月尺度的气温对不同区域干旱的解释力与 6 个月尺度相比继续呈现轻微减弱，但相对于对应尺度下降水对干旱的解释力的减弱而言，这种减弱程度不甚明显。三种情景下干旱的解释力整体格局与其他两个尺度相似，依然按照 SSP126、SSP245 和 SSP585 的顺序依次增大，尤其 SSP585 情景下气温对干旱的解释力明显高于其他两种情景。SSP126 和 SSP245 情景下，均是北方干旱半干旱区气温对干旱的解释力最大，依次为 0.04 和 0.17。SSP585 情景下华南区气温对干旱的解释力最大，为 0.3。SSP585 情景下除华南区之外，气温对干旱的解释力相对较大的区域还有北方干旱半干旱区、云贵高原区和长江中下游地区，这些区域的解释力均在 0.25 以上。此外，相较于对应尺度下降水对干旱的解释力，SSP126 和 SSP245 情景下气温对干旱的解释力明显低于降水，而 SSP585 情景下的气温对干旱的解释力明显高于降水。

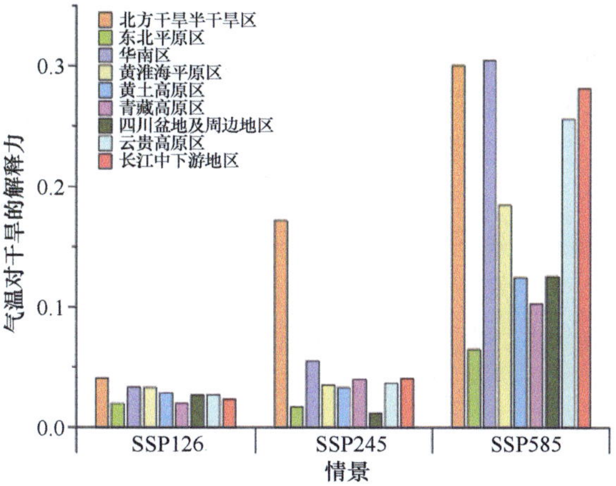

图 6-19　不同情景下 9 个月尺度的气温对不同农业区干旱的解释力

6.3.3　不同情景下降水和气温对不同农业区干旱的交互解释力

不同情景下 3 个月尺度的降水和气温对不同农业区干旱的交互解释力如图 6-20 所示，图中显示 SSP126 和 SSP245 情景下降水和气温对干旱的交互解释力整体上较为接近，SSP585 情景下的交互解释力相对较低。三种情景下均为北方干旱半干旱区和青藏高原区的降水和气温对干旱的交互解释力较低，其余区域在 SSP126 和 SSP245 情景下的交互解释力均高于 0.8，SSP585 情景下的交互解释力高于 0.6。

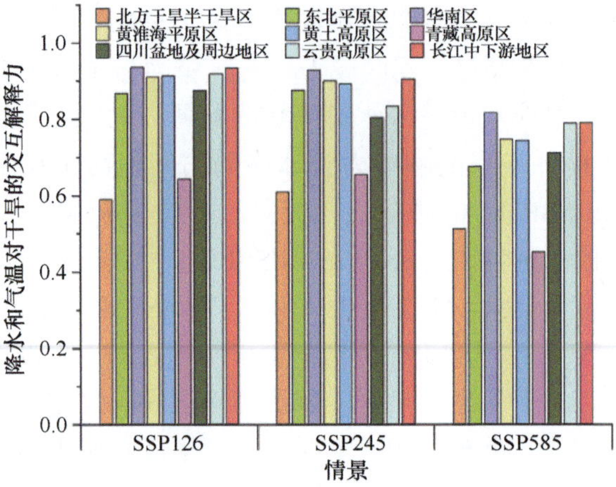

图 6-20　不同情景下 3 个月尺度的降水和气温对不同农业区干旱的交互解释力

不同情景下 6 个月尺度的降水和气温对不同农业区干旱的交互解释力如图 6-21 所示，图中显示相较于 3 个月尺度，各个区域内的交互解释力均有不同程度的减小，SSP126 和 SSP245 情景下降水和气温对干旱的交互解释力整体上较为接近，SSP585 情景下的交互解释力相对较低。SSP126 情景下为北方干旱半干旱区和青藏高原区的降水和气温对干旱的交互解释力较低，其余区域的交互解释力均在 0.35 以上；SSP245 情景下除青藏高原区外，其余区域的交互解释力均在 0.35 以上；SSP585 情景下的交互解释力较为突出的区域有北方干旱半干旱区、华南区、云贵高原区和长江中下游地区，其余区域的交互解释力均小于 0.2。

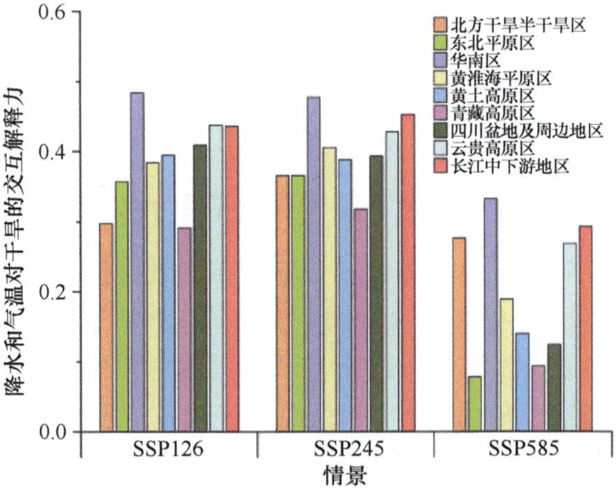

图 6-21　不同情景下 6 个月尺度的降水和气温对不同农业区干旱的交互解释力

不同情景下 9 个月尺度的降水和气温对不同农业区干旱的交互解释力如图 6-22 所示，图中显示 SSP126 和 SSP245 情景下降水和气温对干旱的交互解释力整体上较为接近，且相较于 6 个月尺度，各个区域内的交互解释力又有不同程度的减小，但与其他两个尺度有所不同的是，SSP585 情景下的交互解释力有所增大，且整体上高于 SSP126 和 SSP245 情景下的交互解释力。SSP126 情景下为北方干旱半干旱区和青藏高原区的降水和气温对干旱的交互解释力较低，其余区域的交互解释力均在 0.2 以上；SSP245 情景下降水和气温对干旱的交互解释力均在 0.2 以上，且青藏高原区的交互解释力最弱；SSP585 情景下的交互解释力较为突出的区域有华南区、云贵高原区和长江中下游地区，其次是北方干旱半干旱区、黄淮海平原区、四川盆地及周边地区、黄土高原区，交互解释力最弱的区域有东北平原区和青藏高原区。

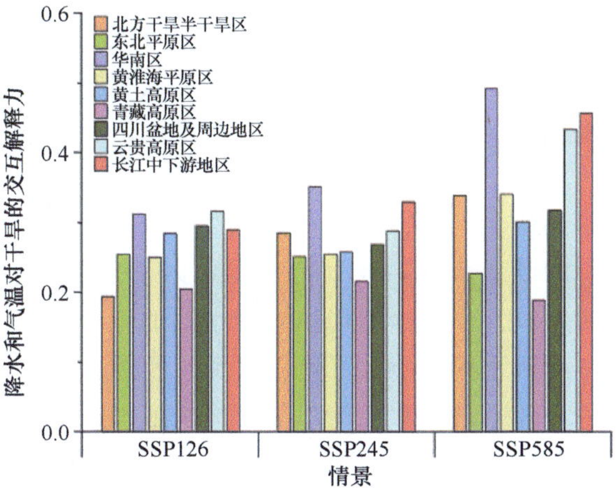

图 6-22　不同情景下 9 个月尺度的降水和气温对不同农业区干旱的交互解释力

6.4　小　　结

6.4.1　讨论

考虑到降水和气温对干旱影响的滞后性，本章内容分别研究了不同情景下 3 个月、6 个月和 9 个月三个尺度的降水和气温以及二者交互对干旱的影响。研究表明：随时间的演变，不同情景下 3 个尺度的降水和气温均呈现不断增大的趋势，且随着温室气体排放浓度的增加，降水和气温增加的趋势越来越明显，这与已有研究结果保持一致（Zhu H et al.，2021）。SSP585 情景的最大降水增加速率是 SSP126

情景的最小降水增加速率的 13 倍；处于 SSP585 情景下的最大气温增加速率约是处于 SSP126 情景下的最小气温增加速率的 3.5 倍。

本章进一步研究了降水和气温增加速率的空间分异性，各个情景下二者的增加趋势均呈现南北分异，但不同的是 SSP126 情景下的降水增加速率呈现北小南大的格局，SSP245 情景下的降水增加速率格局与 SSP126 情景类似，但增加速率整体均有提升。SSP585 情景下，较 SSP126 情景下整个中国区域降水增加速率分布有所翻转，整个北部区域的降水增加速率较中国南部更大，北部区域的降水增加速率保持在 7～10 级，南部区域的降水增加速率在 3～6 级，降水增加速率最大的区域集中在青藏高原区。这可能是由于一定程度温室气体排放浓度的增加对北方降水的增强作用大于南方。此外，随时间尺度的增加，降水增加速率更加明显，几乎所有区域均有所增加，不同时间尺度的降水增加速率格局类似。SSP126 情景下，黄淮海平原区、长江中下游地区、云贵高原区和华南区的气温增加速率大于中国其他区域；SSP245 情景下，整个区域变化趋势的空间分异性不是特别明显；SSP585 情景下青藏高原区、四川盆地及周边地区和云贵高原区交界处的增加速率较其他地区有轻微增加。此外，随着时间尺度的增加，三种情景下的气温增加趋势越来越明显。

对于降水和干旱的相关性而言，SSP126 情景下，几乎三个尺度均呈现西北负相关、南部正相关，即西北区域降水增加干旱减少，四川盆地及周边地区、云贵高原区、长江中下游地区和华南区呈现虽然降水增加但干旱也增加的分布格局。这表明西北区域干旱受降水的影响大于南部区域，相对而言，南部区域干旱的影响因素更复杂。此外，随着时间尺度的增加，降水增加但干旱也随之增加的格局有往西移的趋势。这表明随着时间尺度的增加，降水的影响程度有向西减弱的趋势。SSP245 情景下，也呈现西北负相关，其余区域正相关的格局，且随时间尺度的增加，负相关区域向青藏高原区扩张，黄淮海平原区的正相关性减弱。SSP585 情景下，从全国尺度来看，三个尺度的分异格局较其他两个情景而言分异格局较为不同。将三个尺度看成一个整体，降水和干旱呈负相关的区域在逐渐向东移动，而呈正相关的区域在逐渐向西集中。

对于气温和干旱的相关性而言，SSP126 情景下，将三个尺度作为一个整体来看，各个尺度下的时空相关性均呈现正相关区域的覆盖范围小于负相关区域的覆盖范围；且呈正相关的区域集中在西北地区。此外，不同尺度下气温和干旱间负相关的区域范围随着研究尺度的增大不断缩减。SSP245 情景下，呈正相关的区域集中在西北地区，呈负相关的区域几乎遍布北方干旱半干旱区以外的区域；此外，不同尺度下气温和干旱间呈正相关的区域范围随着研究尺度的增大有轻微缩减，且呈负相关的区域范围随尺度增大的变化不是特别明显，但强负相关的区域范围随尺度增大的变化较为明显。与 SSP126 和 SSP245 情景相似，SSP585 情景下各个尺度的相关性也均呈现正相关区域的覆盖范围小于负相关区域的覆盖范围；且呈正相关的区域集中在西北地区，呈负相关的区域分散在东北平原区、黄淮海平原区、青藏高原区除东北部以外的区域和四川盆地及周边地区东西部。

温室气体排放浓度的增加削弱了降水对干旱的解释力，但增强了气温对干旱的解释力；时间尺度的增加同时削弱了降水和气温对干旱的解释力；对于二者交互，中低排放浓度下的交互解释力随着尺度的增加呈削弱趋势，但高排放情景下的交互解释力随着尺度的增加先减弱后增强，在 9 个月尺度时除东北平原区和青藏高原区外，其他区域均高于中低排放情景。不同情景下，北方干旱半干旱区和青藏高原区降水对干旱的解释力均相对较弱。3 个月尺度下，随着温室气体排放浓度增加，其他区域降水对干旱的解释力依次大于 0.8、0.7 和 0.3。此外，降水对干旱的影响随研究尺度的增加呈现成倍减弱的趋势。随着时间尺度的增大，气温对干旱的解释力也有减弱，但相对于降水而言，减弱程度较小。SSP126 和 SSP245 情景下，北方干旱半干旱区的气温对干旱的影响较大，而 SSP585 情景下北方干旱半干旱区、华南区、云贵高原区和长江中下游地区的气温对干旱的影响均较大。3 个月尺度下，除北方干旱半干旱区和青藏高原区外，其余区域降水和气温对干旱的交互影响在 SSP126 和 SSP245 情景下均大于 0.8，SSP585 情景下的交互解释力也大于 0.6。这表明该尺度下北方干旱半干旱区和青藏高原区干旱的形成因素较为复杂，除降水和气温外，其他因素也起着重要的作用。随着时间尺度的增加，不同区域的交互解释力有不同程度减弱，但 6 个月尺度下，降水和气温对干旱的交互解释力依然呈现 SSP585 情景下的解释力低于中低排放情景的格局，而 9 个月尺度时，这种格局发生反转，SSP585 情景下的交互解释力大于中低排放情景。

6.4.2　结论

不同情景下 3 个月、6 个月和 9 个月尺度的降水和气温增加速率均呈现不同程度增大的趋势，且随着时间尺度的增加，不同情景下的降水和气温增加趋势更加明显。此外，温室气体排放浓度对降水和气温增加速率均表现为正向影响，但不同区域降水和气温增加速率程度不尽相同，尤其是降水表现出较强的南北分异。但中低温室气体排放情景下降水增加速率呈现南高北低，而高排放情景下的降水增加速率呈现南低北高。气温变化速率的空间分异表现为低排放情景下，黄淮海平原区、长江中下游地区、云贵高原区和华南区的气温增加速率大于其他区域；中等排放情景下，整个区域气温变化趋势的空间分异性逐渐减小；

高排放情景下，青藏高原区、四川盆地及周边地区和云贵高原区交界处的气温增加速率较其他地区较为显著。

本章通过对干旱的影响因素进行分析得到如下结论：低排放情景下，相对南部区域，西北区域干旱更容易受降水的调控，相对而言，南部区域干旱的影响因素更复杂，且气温对西北区域的干旱也呈现正向影响。降水是土壤储水量、地表水和地下水等的重要水源，不同时间尺度的降水将影响着不同对象的水量，如中短期尺度的降水将会对土壤湿度产生影响，而长时间尺度的降水又会对地下径流产生影响。研究不同时间尺度的降水有助于评估不同干旱类型的水源。随着时间尺度的增加，降水增加但干旱也随之增加的格局有往西移的趋势。中等排放情景下，西北区域降水对干旱的调控力度也较大，且气温对西北区域的干旱也呈现正向影响。高排放情景下，降水和干旱呈负相关的区域在逐渐向东移动，而呈正相关的区域在逐渐向西集中，且气温与干旱呈正相关的区域依然集中在西北区域。

温室气体排放浓度的变化，以及研究尺度的选择均会影响降水或气温对干旱的解释力。随着排放浓度的增加，降水对干旱的解释力逐渐减弱，而气温对干旱的解释力逐渐增强。尺度的增加将会增加干旱影响因素的复杂性，进而使得降水和气温对干旱的影响力均减弱。此外，北方干旱半干旱区、青藏高原区的干旱影响因素相对于其他地区更为复杂。降水对这两个区域干旱的解释力相对其他区域偏弱，降水和气温的交互对区域干旱的解释力依然偏弱，但气温对这两个区域干旱的解释力相对其他区域偏强。

第 7 章　不同情景下干旱风险的时空分异

本章内容分别分析了不同情景下干旱风险的时空分异，包括干旱对人口和经济的影响两个方面。本研究将整个研究时段对应干旱研究时段也分成前期、中前期、中后期和后期四个时间段，分别对应 2020~2040 年、2041~2060 年、2061~2080 年和 2081~2100 年。分析承灾体暴露性和脆弱性的时空特征是灾害风险评估与管理的重要内容。人类社会暴露性和脆弱性是干旱风险的重要组成部分，在干旱风险研究之前，首先分析了承灾体暴露性和脆弱性的时空分异。暴露性研究包括人口和 GDP 的时空分异、它们在每个时间段内的空间自相关性，以及暴露性的整体空间格局随时间的变化过程；脆弱性研究包括脆弱性的时空聚集性分析。最后本章分别研究了不同情景下各个等级的干旱对人口和经济的影响风险，技术路线如图 7-1 所示。

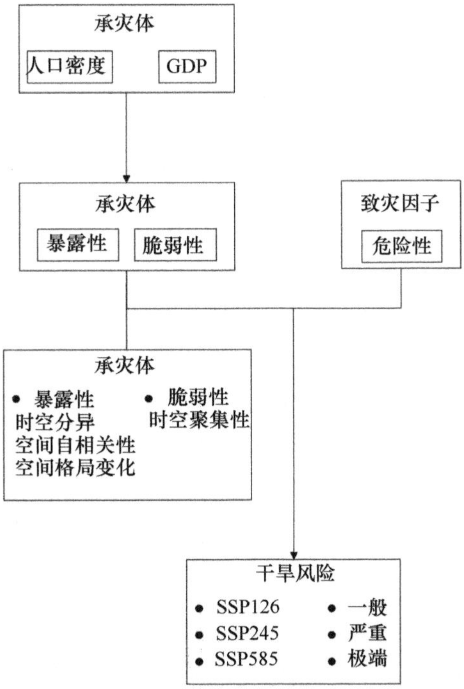

图 7-1　技术路线图

7.1 不同情景下承灾体暴露性的时空分异

7.1.1 人口的时空分异

1. 人口的时空分异及其空间自相关

SSP126情景下人口的时空分异如图7-2所示。本研究按照该情景下人口数量的最大值和最小值差异将人口等间距地分成9个等级。图7-2（a）～图7-2（d）依次呈现了四个时间段下人口的空间分异，图7-2（e）为整个研究时段下人口的空间

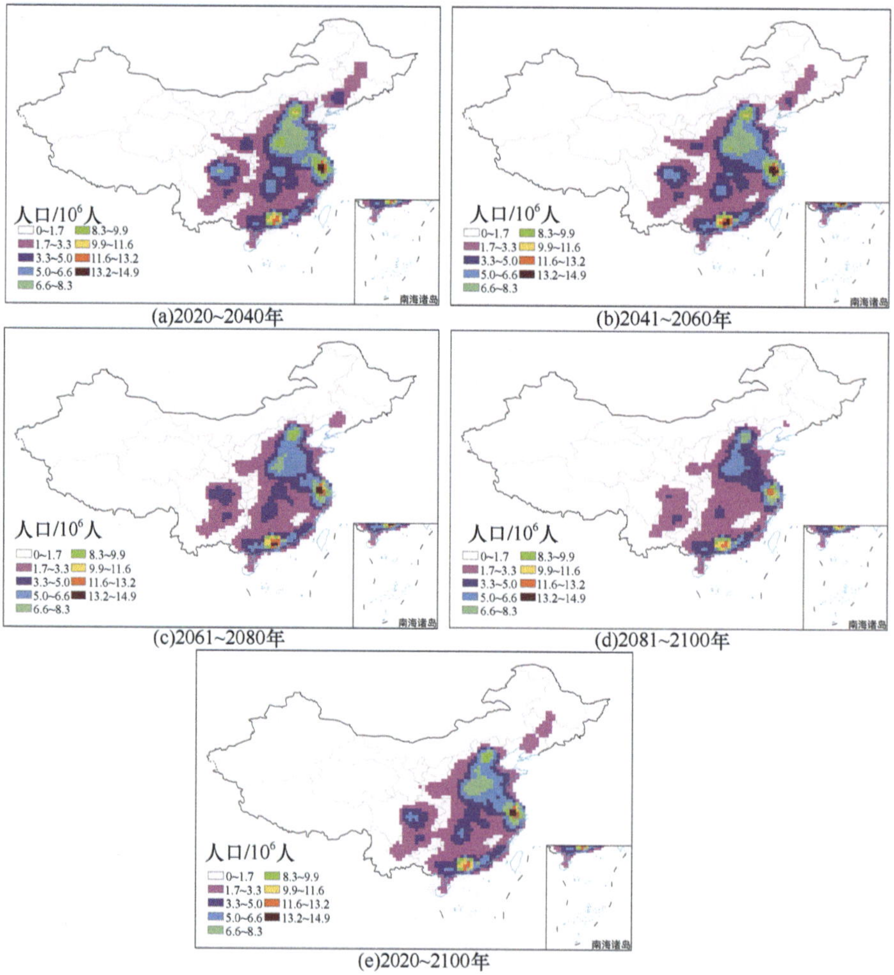

图7-2 SSP126情景下人口的时空分异

分异。结果表明：全国范围内人口在整个时间段的空间分布呈现东高西低的不平衡格局，人口数量为 0～1490 万人。随着时间的演变，整个中国区域的人口均呈现逐渐减少的趋势，前期和中前期的人口数量要大于整个研究时段的均值，而中后期和后期的人口数量均小于整个研究时段的均值。人口分布集中在四大区域，即黄淮海地区、上海、广东和成都。在这些区域中，上海和广东的人口数量在整个时间段均高于其他地区。随时间的演变，黄淮海地区和成都的人口呈现逐渐减少的趋势，上海和广东的人口均呈现中前期增加，之后减少的趋势。

SSP126 情景下人口分布的空间自相关性如图 7-3 所示，图中包括不显著、90%

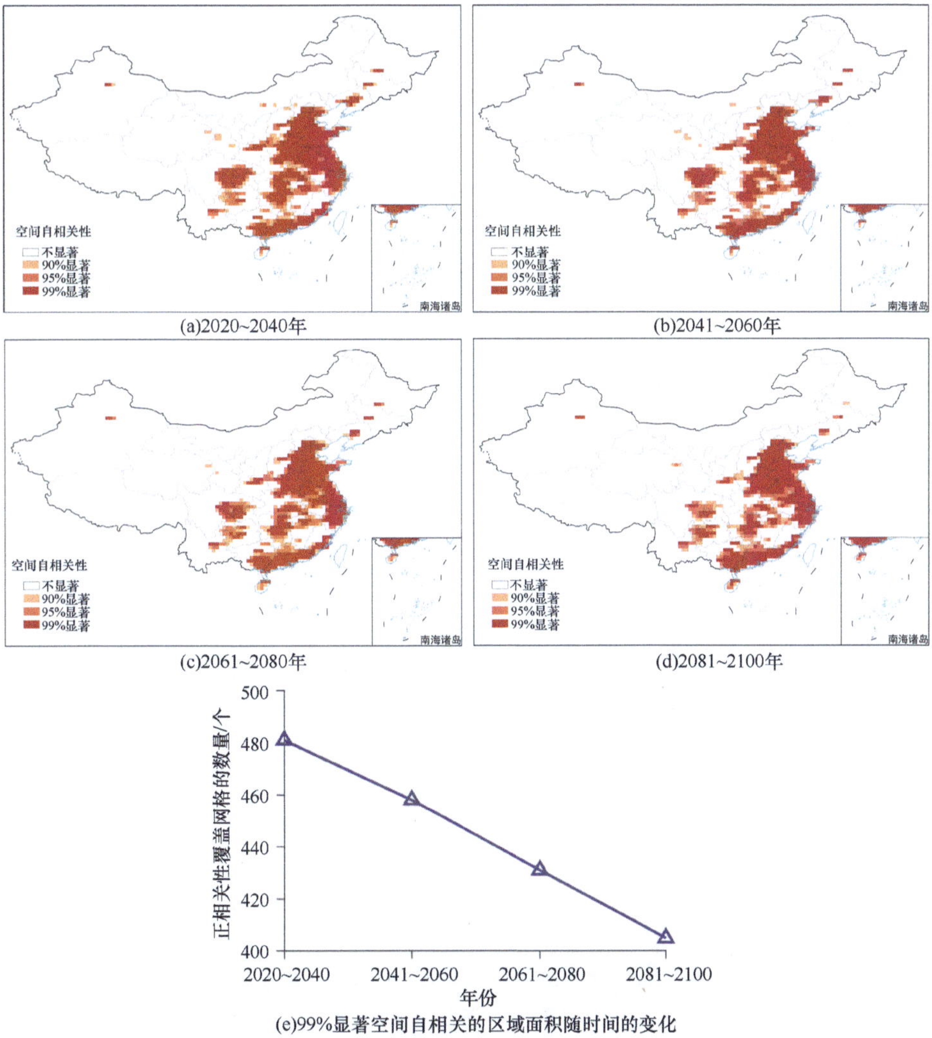

图 7-3　SSP126 情景下人口的空间自相关性

显著、95%显著和 99%显著 4 种相关性模式。四个时期人口大于 160 万人的区域均呈现显著的空间正相关，其他区域一直呈现随机分布的模式，如图 7-3 所示。与人口聚集区相对应地，99%显著空间正相关的区域范围也随着时间的推移有所缩减，从覆盖 481 个网格缩减到 405 个网格，减少了约 15.8%。缩减区域主要位于重庆市和四川省交界处、湖南省和湖北省，说明这些区域中一个城市的人口受相邻城市人口的影响程度逐渐减小。

SSP245 情景下人口的时空分异如图 7-4 所示，同样地，将人口划分成 9 个等级，划分间隔与 SSP126 情景相同。图 7-4（a）～图 7-4（d）依次呈现了前期、中前期、

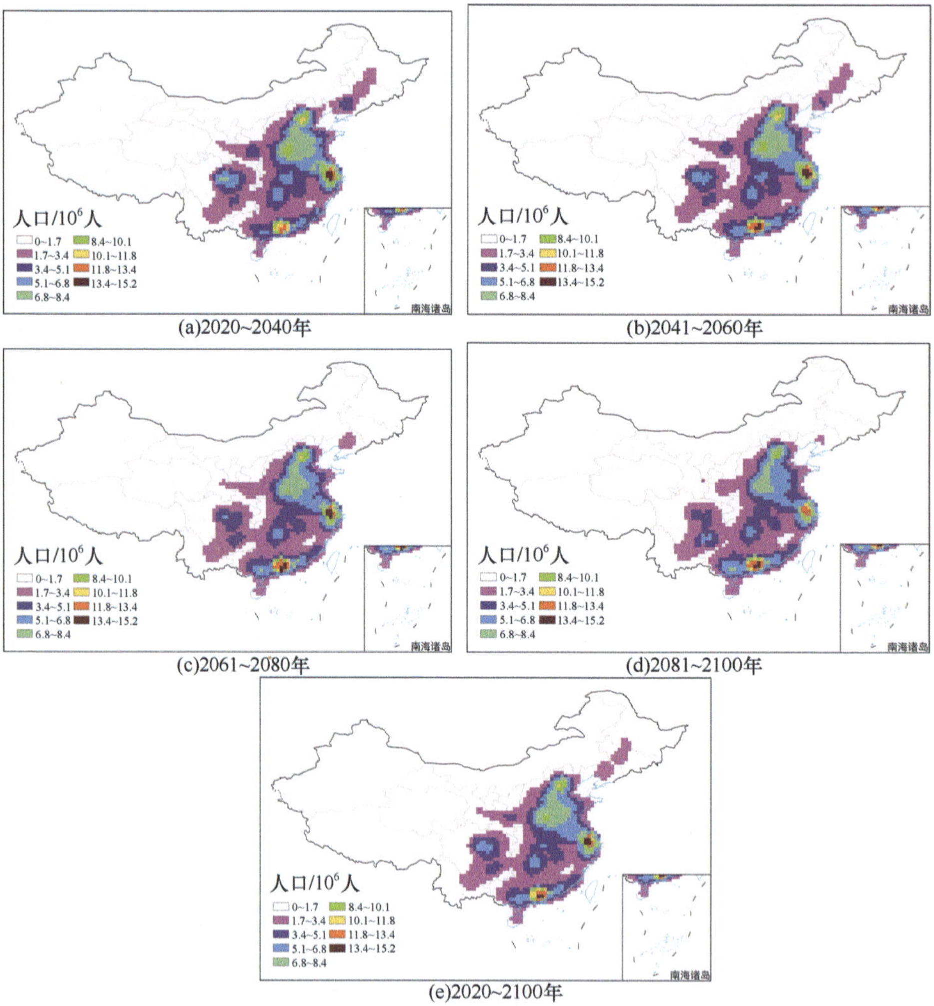

图 7-4　SSP245 情景下人口的时空分异

中后期和后期四个时间段下人口的空间分异，图 7-4（e）为 2020~ 2100 年整个研究时段下人口的空间分异。结果表明：全国范围内人口在整个时间段的空间分布呈现东高西低的不平衡格局，人口数量为 0～1520 万人。相较 SSP126 情景，SSP245 情景下人口的最大值大约增加了 30 万人。随着时间的演变，整个中国区域的人口均呈现逐渐减少的趋势，前期和中前期的人口要大于整个研究时段的均值，而中后期和后期的人口均小于整个研究时段的均值。人口分布集中在四大区域，即黄淮海地区、上海、广东和成都。这些区域中上海和广东的人口在整个时间段均高于其他地区。随时间的演变，黄淮海地区和成都的人口呈现逐渐减少的趋势，上海和广东的人口均呈现中前期增加，之后减少的趋势。

SSP245 情景下人口分布的空间自相关性如图 7-5 所示，四个时期具有显著空间正相关性的区域集中在中部和东部，西北和东北具有显著空间正相关性的区域主要集中在乌鲁木齐、沈阳、长春和哈尔滨这四个城市，除此之外的西北和东北其他区域的人口均一直呈现随机分布的模式。与 SSP126 情景相比，显著正相关区域覆盖网格个数的最大值是 484个，与 SSP126 情景相差不多。与人口聚集区相对应地，空间正相关的区域范围也随着时间的推移有所缩减，从覆盖 484个网格缩减到 456个，减少了约 6%，缩减程度较 SSP126 情景低。后期哈尔滨的空间正相关性消失。

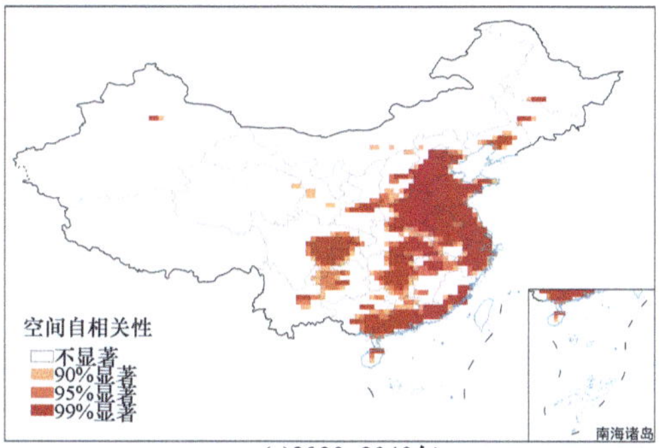

(a)2020~2040年

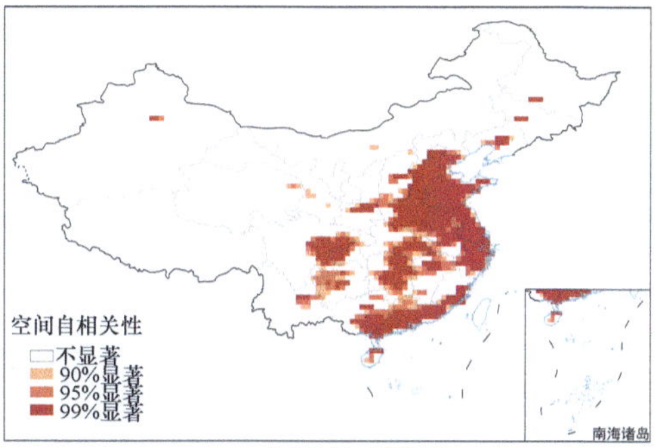

(b)2041~2060年

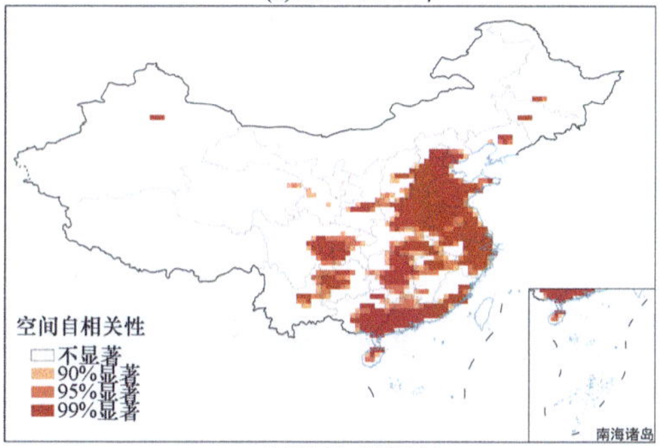

(c)2061~2080年

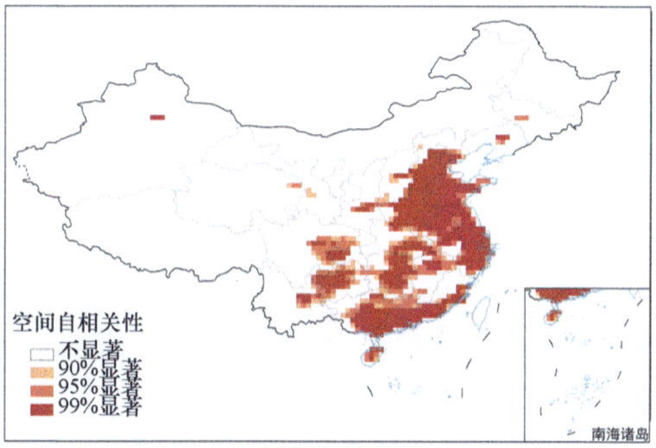

(d)2081~2100年

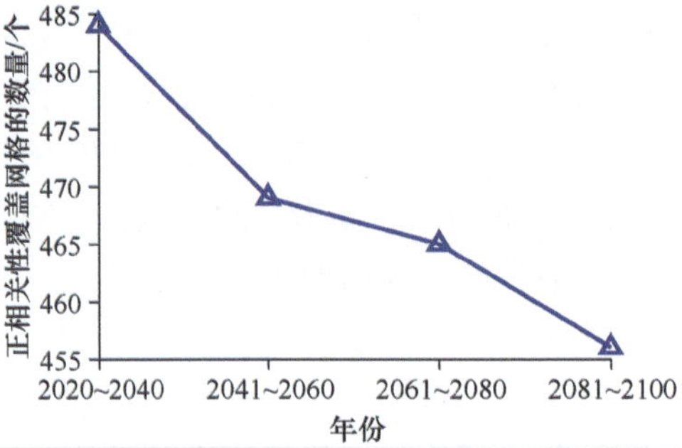

(e)99%显著空间自相关的区域面积随时间的变化

图 7-5　SSP245 情景下人口的空间自相关性

SSP585 情景下人口的时空分异如图 7-6 所示，同样地，将人口划分成 9 个等级，划分间隔与 SSP126 情景相同。图 7-6（a）～图 7-6（d）依次呈现了前期、中前期、中后期和后期四个时间段下人口的空间分异，图 7-6（e）为 2020～2100 年整个研究时段下人口的空间分异。结果表明：全国范围内人口在整个时间段的空间分布呈现东高西低的不平衡格局，人口数量范围为 0～1720 万人。SSP585 情景下最大的人口数量在三个情景下最大，比 SSP245 情景下增加了 200 万人。随着时间的演变，整个中国区域的人口均呈现逐渐减少的趋势，前期和中前期的

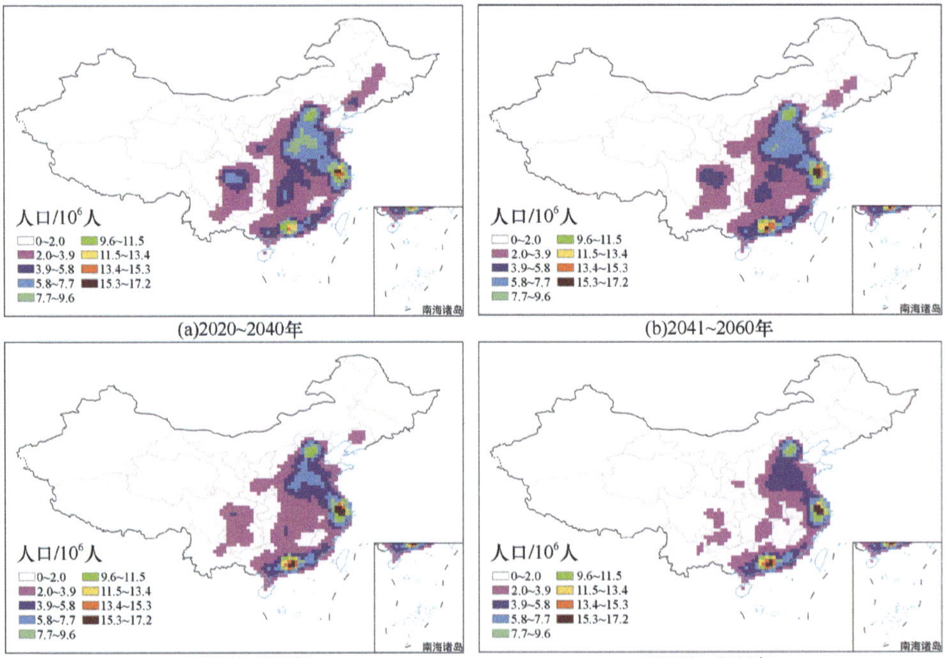

(a)2020~2040年

(b)2041~2060年

(c)2061~2080年

(d)2081~2100年

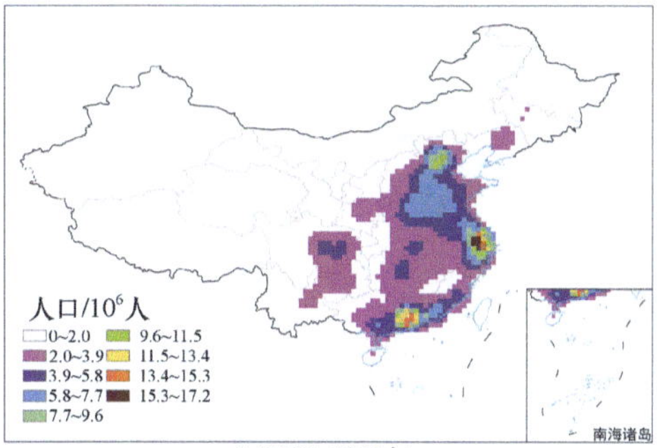

(e)2020~2100年

图 7-6　SSP585 情景下人口的时空分异

人口数量要大于整个研究时段的均值，而中后期和后期的人口数量均小于整个研究时段的均值。人口分布依然集中在黄淮海地区、上海、广东和成都四大区域。这些区域中上海和广东的人口数量在整个时间段均高于其他地区。随时间的演变，黄淮海地区和成都的人口呈现逐渐减少的趋势，上海和广东的人口从前期到中后期有所增加，之后变化不是特别明显。

SSP585 情景下人口分布的空间自相关性如图 7-7 所示，四个时期具有显著空

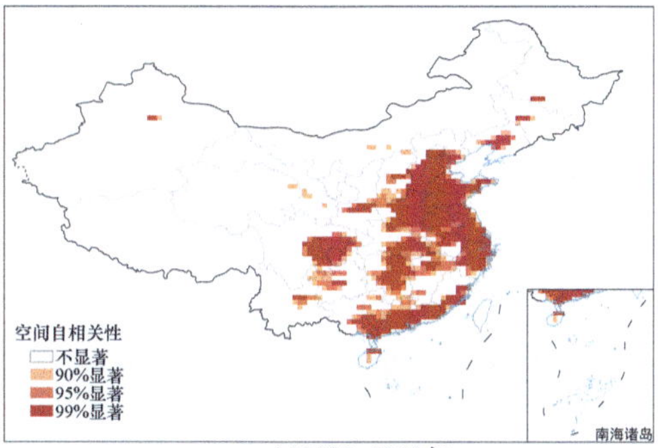

(a)2020~2040年

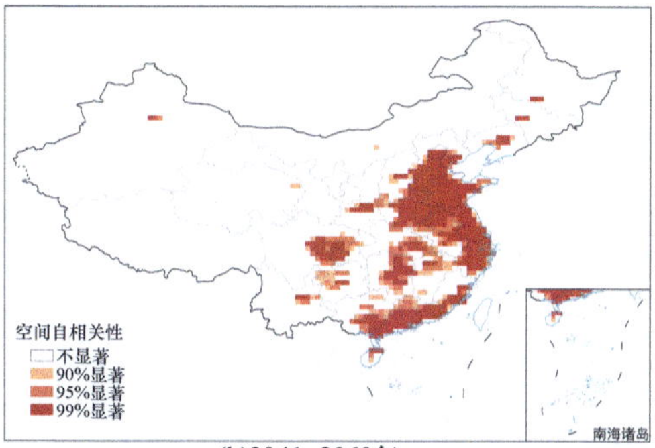

(b)2041~2060年

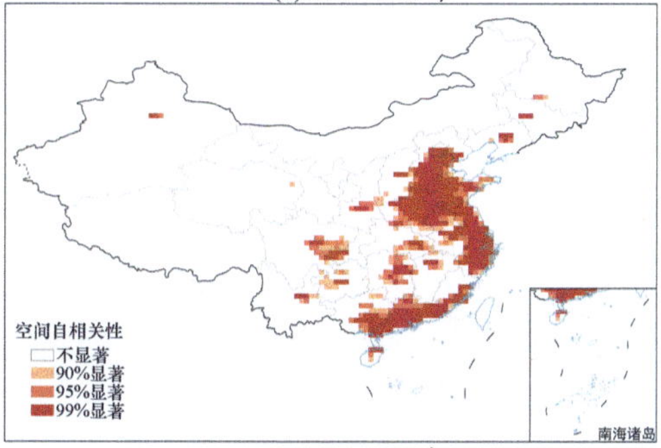

(c)2061~2080年

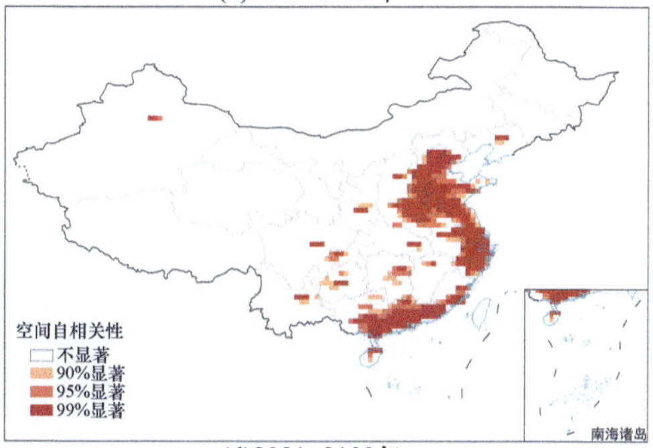

(d)2081~2100年

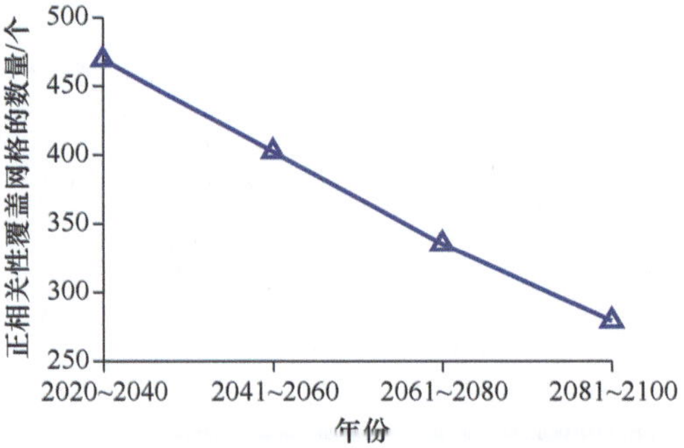

(e)99%显著空间自相关的区域面积随时间的变化

图 7-7　SSP585 情景下人口的空间自相关性

间正相关性的区域均集中在成都、京津冀、河南、山东、江浙沪、广州和深圳等地区，西北和东北具有显著空间正相关性的区域主要集中在乌鲁木齐、沈阳、长春和哈尔滨这四个城市，除此之外的西北和东北其他区域的人口均一直呈现随机分布的模式。前期，SSP585 情景下的空间正相关区域与 SSP245 情景相当，但随之空间正相关区域下降较快，到后期覆盖网格数降到了 279个，减少了约 40%，SSP585 情景下的空间正相关区域在三个情景下最小，后期哈尔滨和长春的空间正相关性消失。

2. 人口的空间迁移

为研究人口的流向，本研究进一步分析了各个情景下人口分布中心的迁移过程，如图 7-8 所示。SSP126 和 SSP245 情景下的人口均向西南方向偏移，而 SSP585 情景下的人口向东南方向偏移。这可能是 SSP126 和 SSP245 情景下人口向湖南、贵州和广东方向集中，而 SSP585 情景下随时间的演变湖南、湖北等区域的人口集中度在逐渐减小。

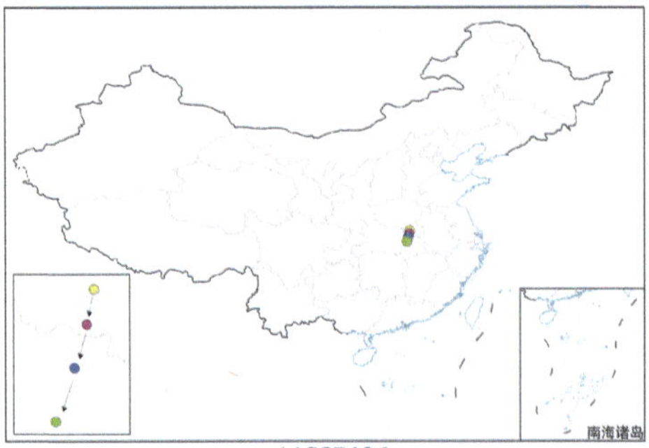

(a)SSP126

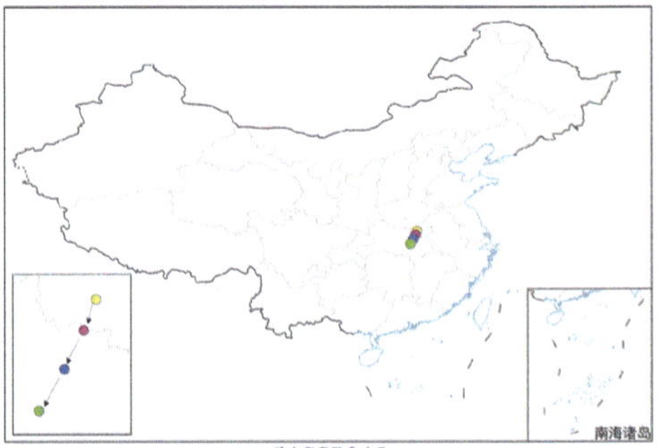

(b)SSP245

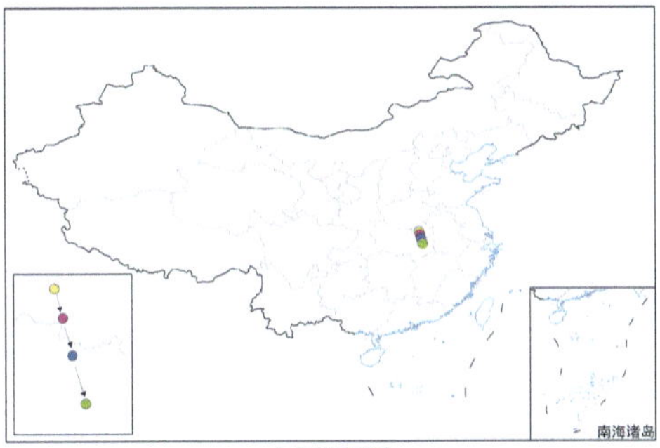

(c)SSP585

图 7-8　不同情景下人口分布中心的迁移

7.1.2　GDP 的时空分异

1. GDP 的时空分异及其空间自相关

SSP126 情景下 GDP 的时空分异如图 7-9 所示，本研究按照该情景下 GDP 的最大值和最小值差异将 GDP 等间距地分成 9 个等级。图 7-9（a）～图 7-9（d）依次呈现了四个时间段下 GDP 的空间分异，图 7-9（e）为整个研究时段下 GDP 的空间分异。结果表明：全国范围内 GDP 在整个时间段的空间分布呈现东高西低的不平衡格局，每平方公里的 GDP 为 0亿～6.73 亿元。随着时间的演变，整个中国区域的 GDP 均呈现逐渐增大的趋势，前期和中前期的 GDP 要小于整个研究时段的 GDP 均值，而中后期和后期的 GDP 均大于整个研究时段的 GDP 均值。研究初期除北京、山东、上海、浙江、江苏、广州和深圳等沿海地区，以及郑州及周边地区之外，其余区域每平方公里的 GDP 均小于 0.76 亿元。这些经济发达的区域中上海的经济最为发达。随着时间的演变，除了北京、山东、江浙沪、广州、深圳为中心的经济区之外，四川、重庆、贵州和广西等区域的 GDP 也逐渐凸显，之后这些区域周边的 GDP 也逐渐增加。

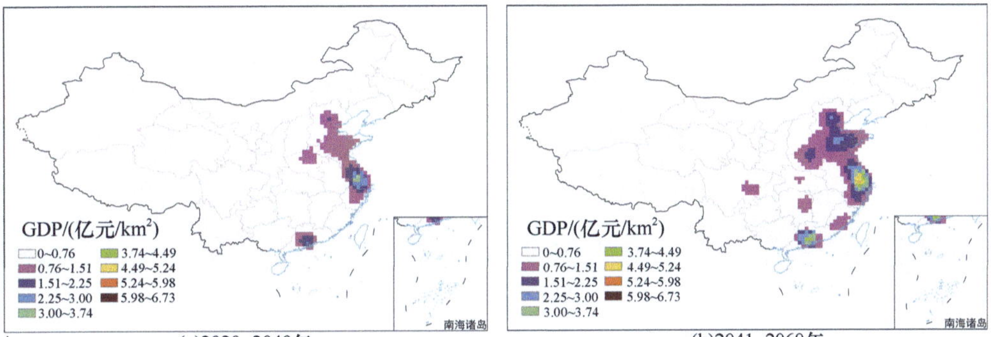

(a)2020~2040年　　(b)2041~2060年

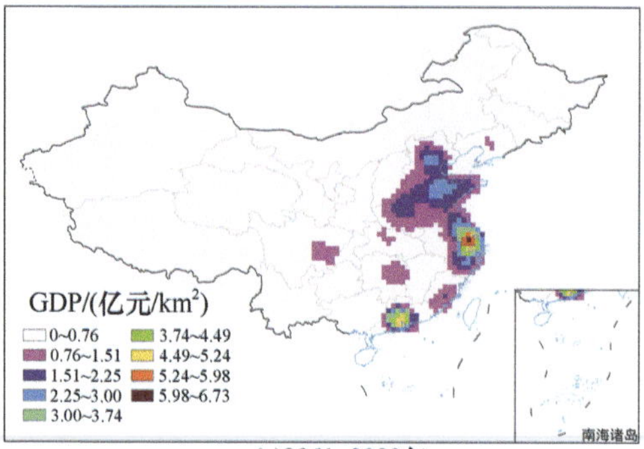

(c)2061~2080年

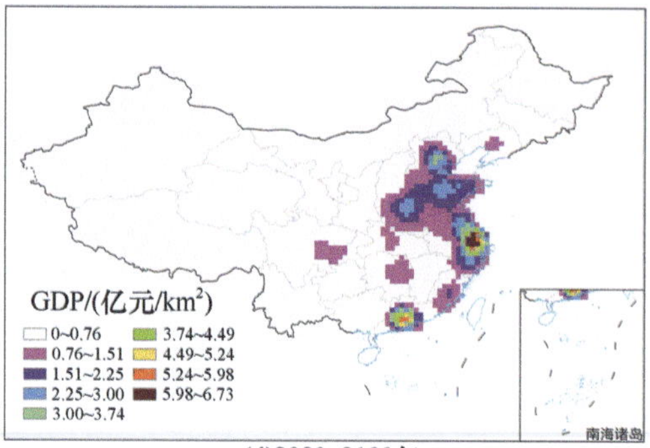

(d)2080~2100年

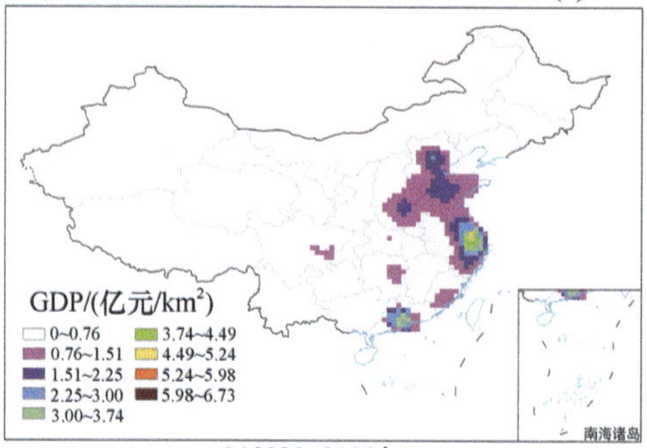

(e)2020~2100年

图 7-9　SSP126 情景下 GDP 的时空分异

SSP126 情景下 GDP 的空间自相关性如图 7-10 所示，研究结果只包含不相关和正相关两种模式，正相关又细分为 90%显著、95%显著和 99%显著 3 种程度。图 7-10（a）～图 7-10（d）依次呈现了四个时间段下 GDP 的空间自相关性，图 7-10（e）为 99%显著空间自相关的区域面积随时间的变化。结果表明：四个时期，显著空间正相关的区域均主要集中在京津冀、河南、东部沿海地区、广州和深圳等地区。从时间演变来看，从前期到中前期，99%显著的空间正相关性覆盖范围

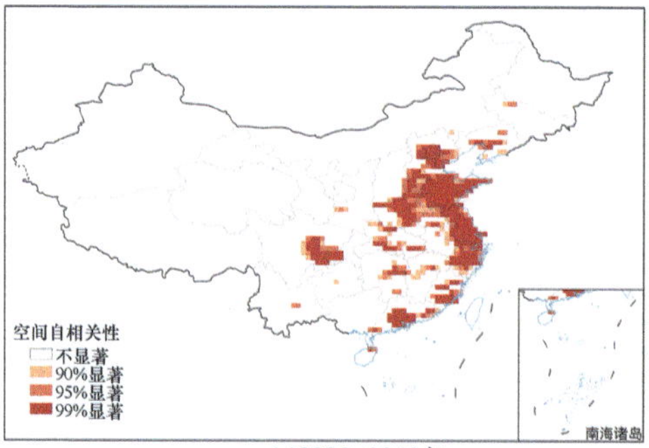

(a)2020~2040年

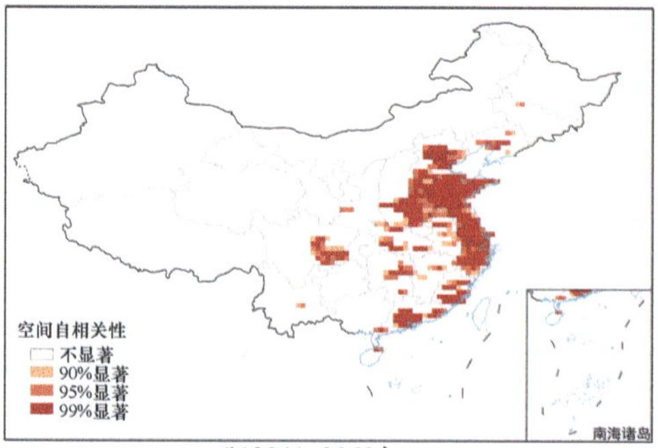

(b)2041~2060年

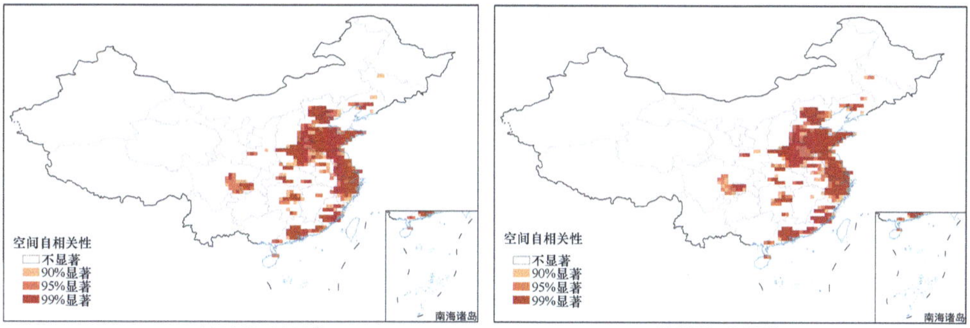

(c)2061~2080年　　(d)2081~2100年

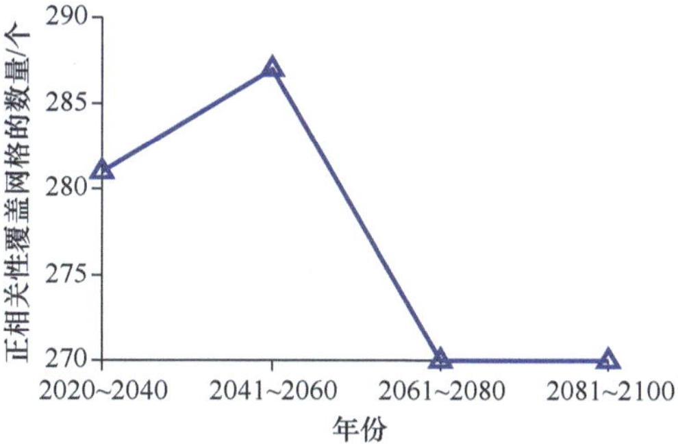

(e)99%显著空间自相关的区域面积随时间的变化

图 7-10　SSP126 情景下 GDP 的空间自相关性

有轻微增加，从初期的覆盖 281个网格增加到 287个，说明中前期的经济增速较快；从中后期开始，空间正相关性所覆盖网格下降到 270个。

SSP245 情景下 GDP 的时空分异如图 7-11 所示，同样地，按照最大值和最小值差异将 GDP 等间距地分成 9 个等级。图 7-11（a）～图 7-11（d）依次呈现了前期、中前期、中后期和后期四个时间段下 GDP 的空间分异，图 7-11(e)为 2020~2100 年整个研究时段下 GDP 的空间分异。结果表明：全国范围内 GDP 在整个时间段的空间分布呈现东高西低的不平衡格局，每平方公里的 GDP 为 0 亿～7.44 亿元。相较于 SSP126 情景，SSP245 情景下每平方公里的最大 GDP 增加了 0.71 亿元。SSP245 情景下 GDP 格局和 SSP126 情景下相似，均是以京津冀、江浙沪、郑州、广州和深圳为核心逐渐向周边扩散。此外，随着时间的演变，整个中国区域的 GDP 均呈现逐渐增大的趋势，前期和中前期的 GDP 要小于整个研究时段的 GDP 均值，而中后期和后期的 GDP 均大于整个研究时段的 GDP 均值。研究初期除京津冀、河南、东部沿海城市、广州和深圳外，其余区域每平方公里的 GDP 均小于 0.84 亿元。这些经济发达的区域中上海的经济最为发达。随着时间的演变，四川、湖北、湖南和广西等区域的 GDP 也逐渐凸显，之后这些区域周边的 GDP 也逐渐增加。

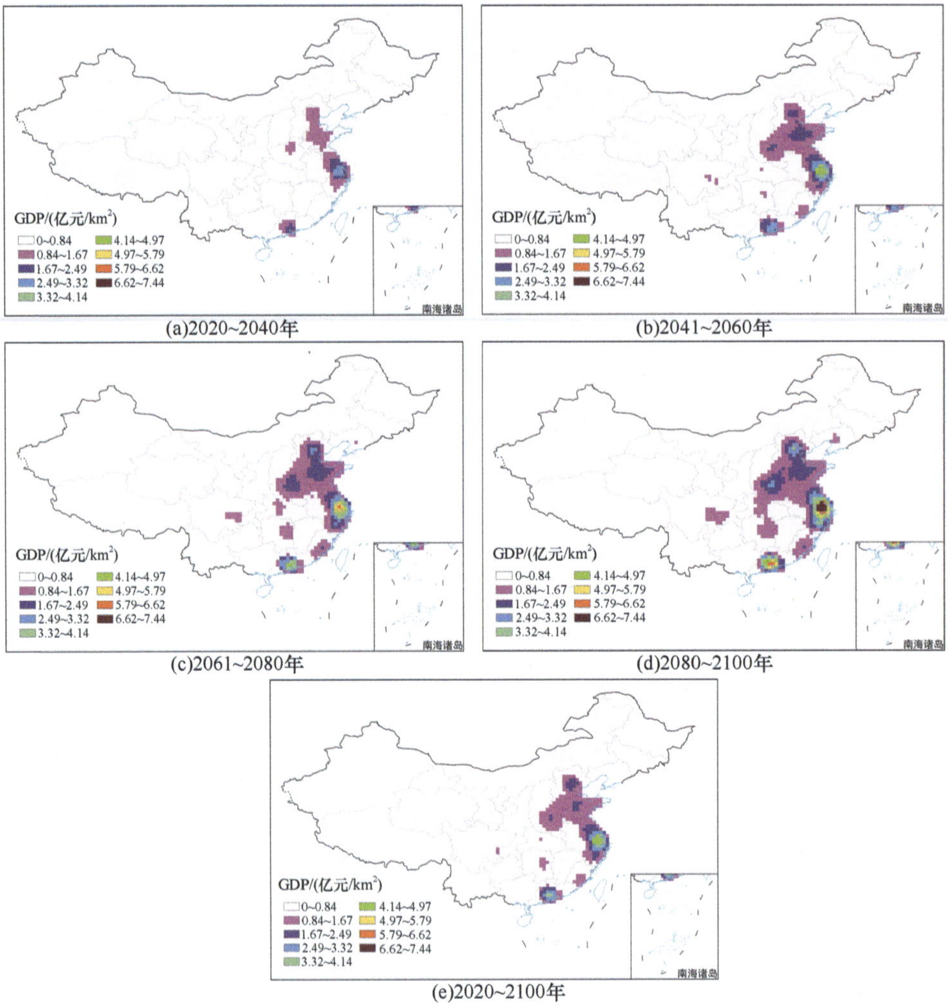

图 7-11　SSP245 情景下 GDP 的时空分异

SSP245 情景下 GDP 的空间自相关性如图 7-12 所示，研究结果同样只包含不相关和正相关两种模式，正相关又细分为 90%显著、95%显著和 99%显著 3 种程度。图 7-12（a）～图 7-12（d）依次呈现了四个时间段下 GDP 的空间自相关性，图 7-12（e）为 99%显著空间自相关的区域面积随时间的变化。结果表明：四个时期，显著空间正相关的区域均主要集中在京津冀、河南、东部沿海城市、成都和重庆等地。从时间演变来看，前期到中前期的 99%显著的空间正相关性有轻微增加，从前期覆盖 281个网格增加到 295个，说明中前期的经济空间扩张较快；从中后期开始，99%显著的空间正相关性覆盖网格下降到 258个。

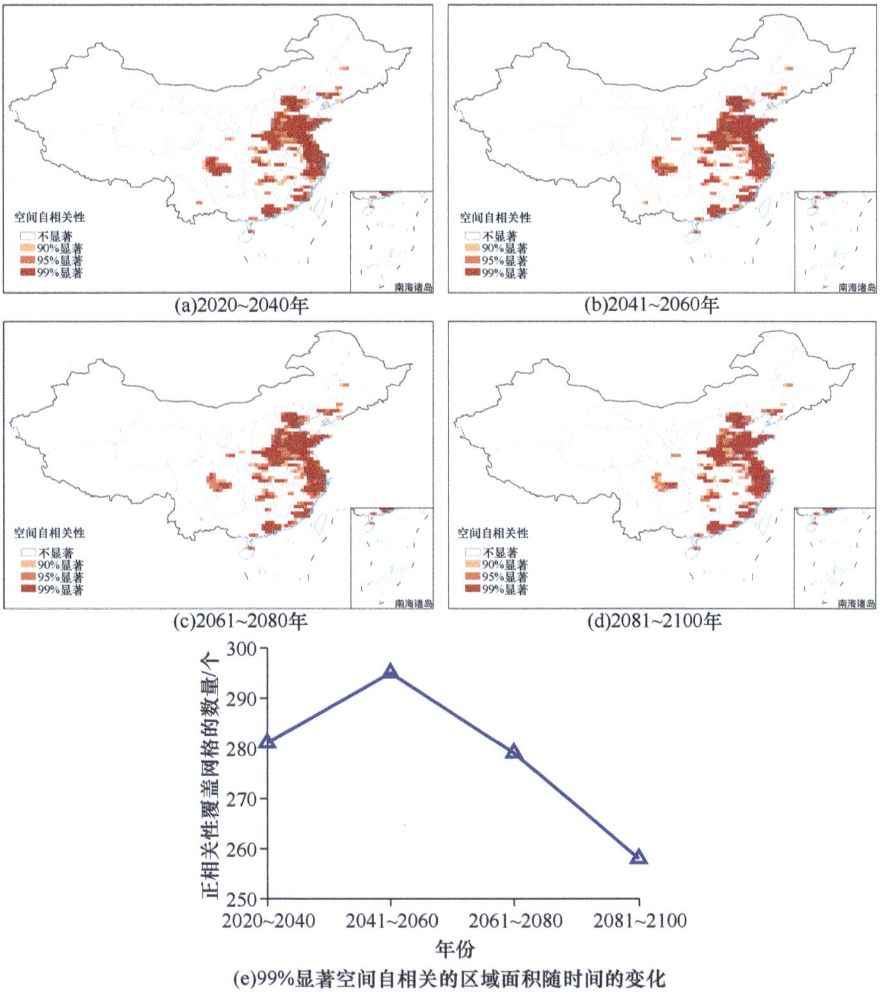

图 7-12　SSP245 情景下 GDP 的空间自相关性

SSP585 情景下 GDP 的时空分异如图 7-13 所示，同样基于等间距划分法将 GDP 划分成 9 个等级。图 7-13（a）～图 7-13（d）依次呈现了前期、中前期、中后期和后期四个时间段下 GDP 的空间分异，图 7-13（e）为 2020～2100 年整个研究时段下 GDP 的空间分异。结果表明：全国范围内 GDP 在整个时间段的空间分布呈现东高西低的不平衡格局，每平方公里的 GDP 为 0.1 亿～11.75 亿元，SSP585 情景下的最大 GDP 较 SSP126 情景增加了将近 1 倍。从整个研究时段的平均值来看，SSP585 情景下的经济效益会整体大于 SSP126 情景，这种差距在中后期尤为明显，其分布格局类似。

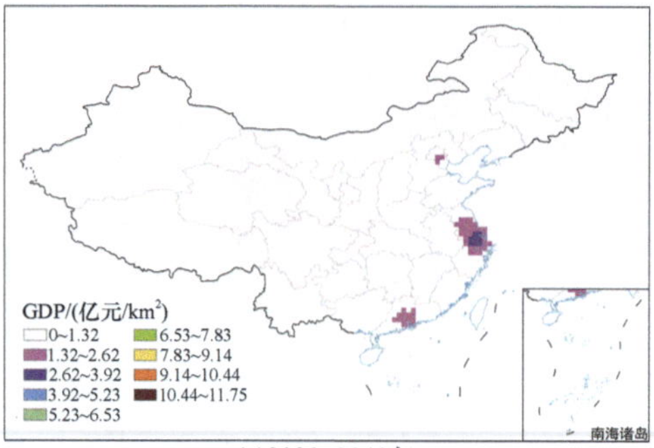

(a)2020~2040年

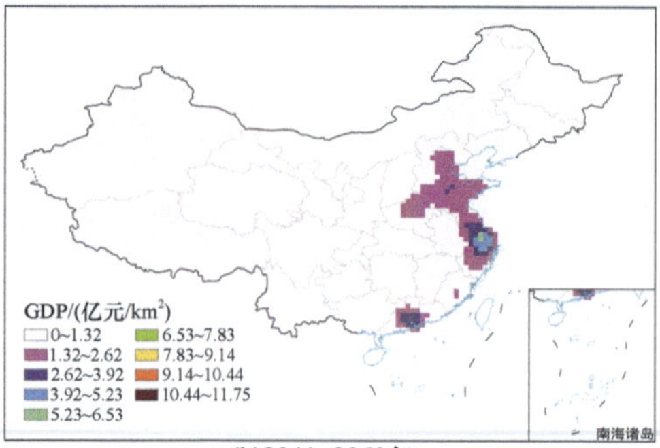

(b)2041~2060年

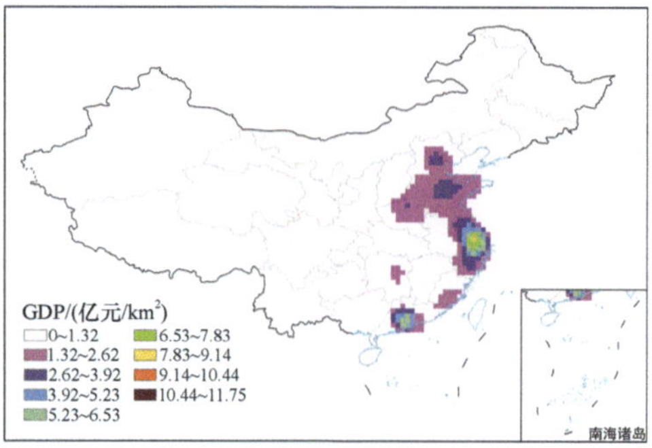

(c)2061~2080年

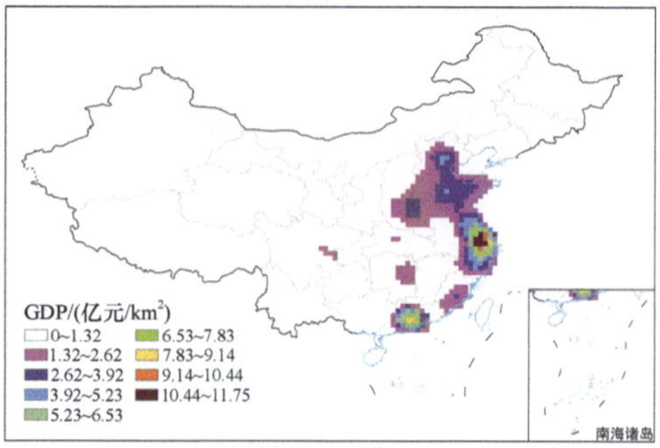

(d)2081~2100年

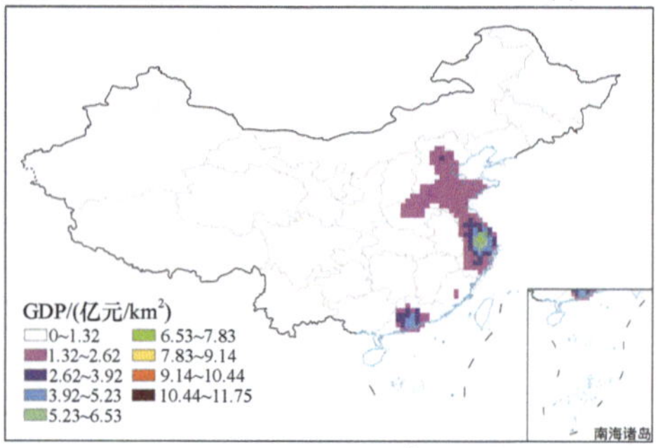

(e)2020~2100年

图 7-13 SSP585 情景下 GDP 的时空分异

SSP585 情景下 GDP 的空间自相关性如图 7-14 所示，研究结果同样只包含不相关和正相关两种模式，正相关又细分为 90%显著、95%显著和 99%显著 3 种程度。图 7-14（a）～图 7-14（d）依次呈现了四个时间段下 GDP 的空间自相关性，图 7-14（e）为 99%显著空间自相关的区域面积随时间的变化。结果表明：四个时期，显著空间正相关的区域均主要集中在京津冀、河南和上海、广州、深圳等沿海城市或地区。从时间演变来看，前期到中前期 99%显著的空间正相关区域有轻微增加，从覆盖 279个网格增加到 288个，说明中前期一个区域的经济带动另一个区域的经济发展较快，迅速形成了较为凝聚的聚集区；从中后期开始，99%显著的空间正相关性覆盖网格个数下降到 238个，说明此时各个区域的经济水平均发展到一定程度，区域间的带动作用逐渐缓慢，地区间发展差距又将开始增加。

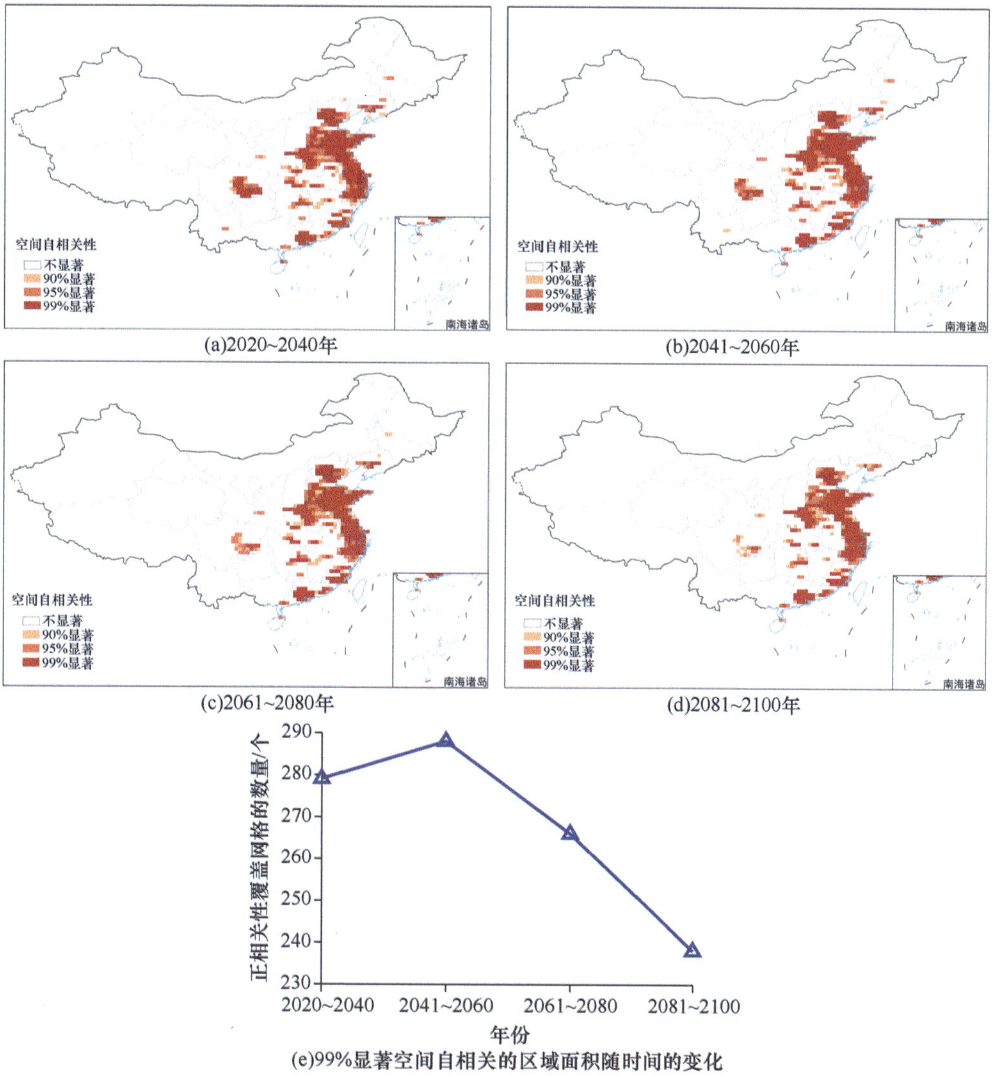

图 7-14　SSP585 情景下 GDP 的空间自相关性

2. GDP 的空间迁移

为研究不同情景下 GDP 在空间上的变化，本研究进一步分析了各个情景下 GDP

分布中心的迁移过程，如图 7-15 所示。SSP126 情景下的 GDP 重心向西转移，SSP245 情景下的 GDP 重心向南转移，而 SSP585 情景下的 GDP 重心向东南方向转移。这可能是 SSP126 情景下郑州、成都等地区的 GDP 增速较快，SSP245 情景下广州、深圳的 GDP 增速较快，而 SSP585 情景下上海、广州、深圳的 GDP 增速均较快。

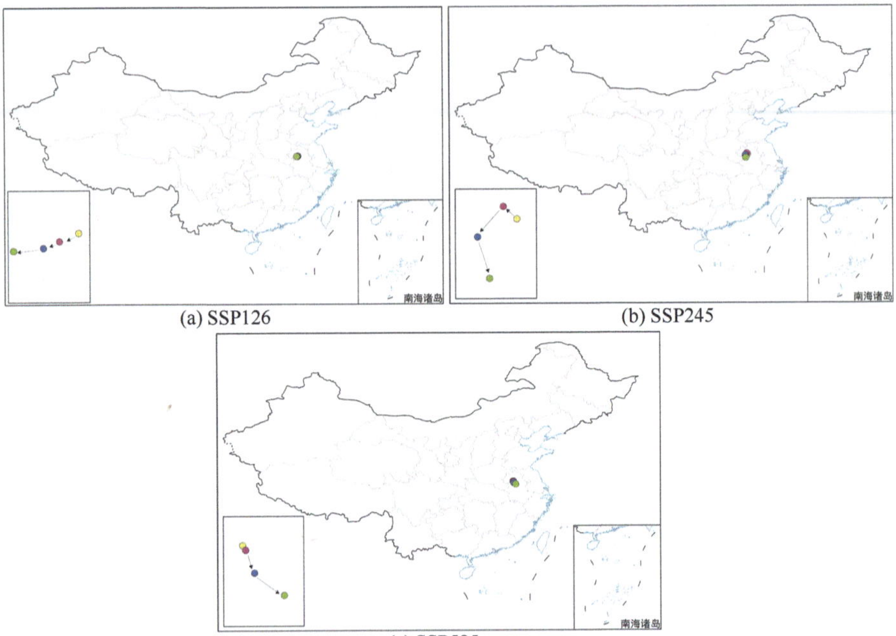

(a) SSP126　(b) SSP245

(c) SSP585

图 7-15　不同情景下 GDP 分布中心的迁移

7.1.3　本节小结

本节主要研究了承灾体暴露性的时空分异。研究结果表明：人口和 GDP 的分异格局有一定的相似性，一般经济发达区域人口也相对密集，如上海、广州和深圳等地。从整个空间范围来看，三种情景下人口数量均有减少的趋势，且 SSP585 情景下的人口缩减区域最大；但从局部来看，SSP585 情景下最大人口数量为 1720 万人，高于 SSP245 情景下的 1520 万人和 SSP126 情景下的 1490 万人。人口的空间相关性涵盖空间不相关和三种不同程度的正相关，在 SSP245 情景下 99%显著空间正相关的区域覆盖度最大，而在 SSP585 情景下的最小。SSP126 和 SSP245 情景下人口向西南方向迁移，而 SSP585 情景下人口向东南方向迁移。

对于 GDP 而言，无论是整体还是局部，三种情景下的 GDP 均呈现增加的趋势，且整个研究时段内，SSP585 情景下的 GDP 最大为 11.75 亿元/km^2，其次是

SSP245 情景为 7.44 亿元/km^2，SSP126 情景下的 GDP 最小，为 6.73 亿元/km^2。三种情景下 GDP 99%显著空间正相关性覆盖区域范围均呈现中前期增加，而中后期减小或不变的趋势。这可能是中前期一个区域 GDP 的增加会带动其周围区域 GDP 的增加，而中后期区域 GDP 均增加到一定程度，这种依靠周边区域带动增长的模式便有所减弱，靠自身的发展更多一些。SSP126 和 SSP245 情景下 GDP 分布中心分别不断向西和南移动，而 SSP585 情景下 GDP 分布中心向东南方向移动。

7.2　不同情景下承灾体脆弱性的时空分异

7.2.1　承灾体脆弱性的空间聚集性随时间演变

本节分别研究 SSP126、SSP245 和 SSP585 三种情景下承灾体脆弱性的空间聚集性随时间的演变。承灾体脆弱性用社会经济因子——人均 GDP 表示，人均 GDP 越高表示脆弱性越低，人均 GDP 越低表示脆弱性越高。SSP126 情景下社会经济因子的空间聚集性随时间的演变如图 7-16 所示，图中分别展示了 2020～2040 年、2041～2060 年、2061～2080 年和 2081～2100 年四个研究时段内社会经济因子的空间聚集性。研究将聚集性分成高–高、高–低、低–高和低–低四种聚集类型，

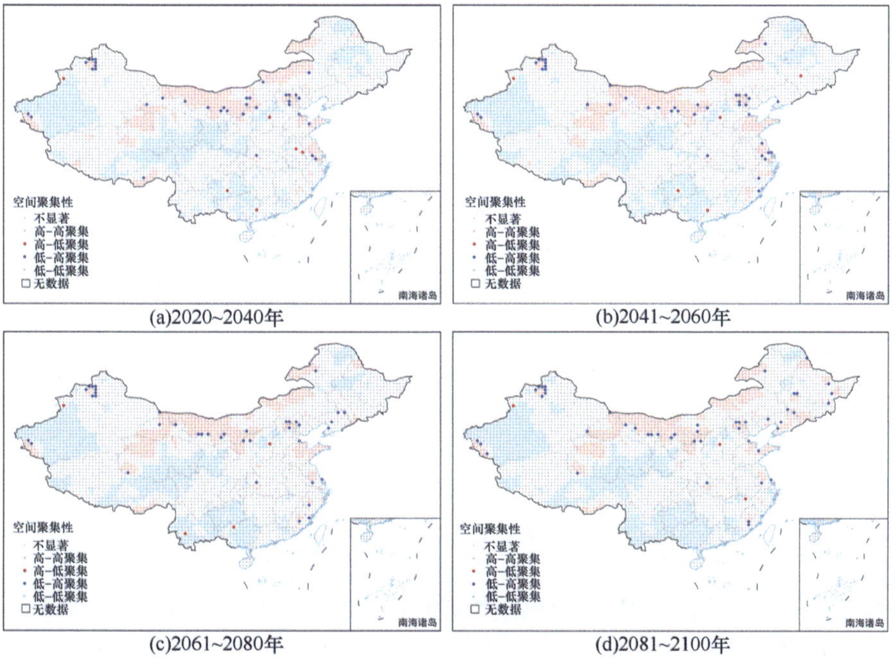

(a)2020~2040年　(b)2041~2060年

(c)2061~2080年　(d)2081~2100年

图 7-16　SSP126 情景下社会经济因子的空间聚集性随时间的演变

这四种类型的脆弱性呈依次减小的状态。四个时间段中，人均 GDP 呈现高–高聚集的区域均分布在中国北方和东部沿海城市，这是因为北方人口稀少而东部沿海城市 GDP 较高。人均 GDP 呈现低–低聚集的区域分布在中国西部、中部和西南部，随着时间的演变，西南区域低–低聚集区在逐渐增加。

SSP245 情景下社会经济因子的空间聚集性随时间的演变如图 7-17 所示，其与 SSP126 情景下的分布格局类似。四个时间段中，人均 GDP 也呈现高–高聚集的区域均分布在中国北方和东部沿海城市，人均 GDP 呈现低–低聚集的区域分布在中国西部、中部和西南部，且随时间的演变，西南区域低–低聚集区在逐渐增加。相比 SSP126 情景，东南部的高–高聚集区数量在中后期要更多，且该区域的低–高聚集区数量也有所减少，说明该区域承灾体的脆弱性要小于 SSP126 情景下的脆弱性。

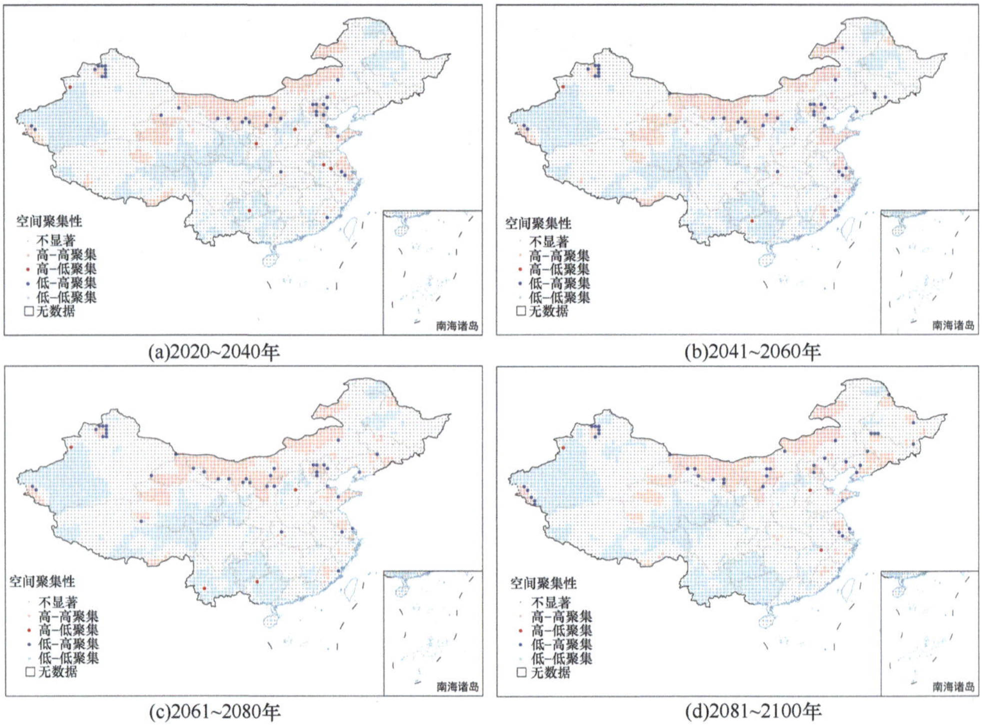

(a)2020~2040年　(b)2041~2060年

(c)2061~2080年　(d)2081~2100年

图 7-17　SSP245 情景下社会经济因子的空间聚集性随时间的演变

SSP585 情景下社会经济因子的空间聚集性随时间的演变如图 7-18 所示，其与 SSP126 情景下的分布格局类似。四个时间段中，人均 GDP 也呈现高–高聚集的区域均分布在中国北方和东部沿海城市，人均 GDP 呈现低–低聚集的区域分布在中国西部、中部和西南部，且随时间的演变，西南区域低–低聚集区在逐渐增加。后期东南区域的高–高聚集区逐渐消失，说明该区域内承灾体脆弱性有所增加。

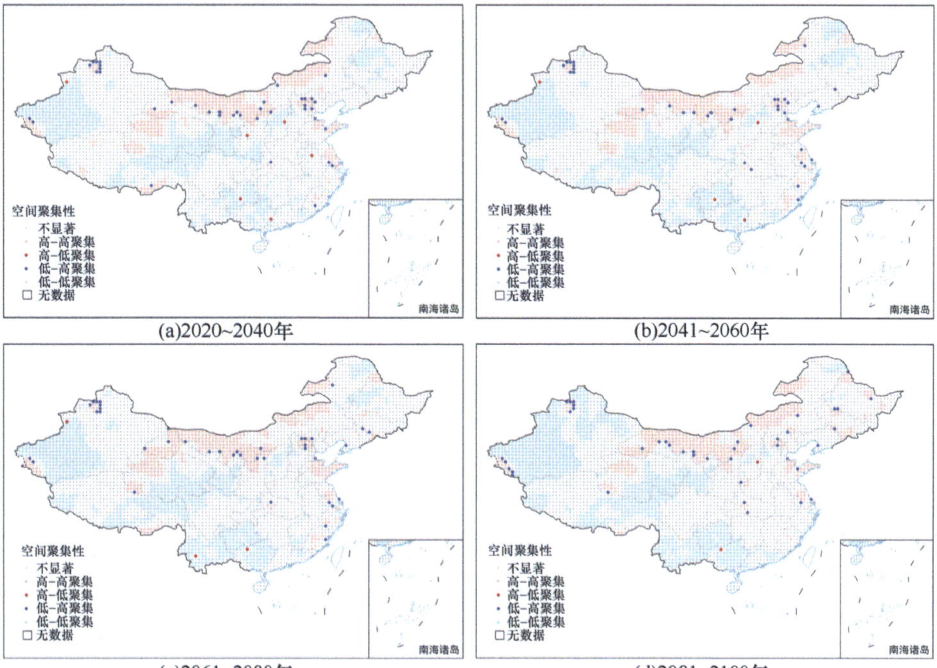

(a)2020~2040年　(b)2041~2060年　(c)2061~2080年　(d)2081~2100年

图 7-18　SSP585 情景下社会经济因子的空间聚集性随时间的演变

7.2.2　不同情景下社会经济因子空间聚集性随时间演变的差异

为进一步分析不同情景下承灾体脆弱性的差异，本节分别对比分析了不同聚集性区域所占面积随时间演变在不同情景下的差异，如图 7-19 所示。低–低聚集区所覆盖区域范围在三个情景下均呈现随时间的演变逐渐增长的趋势。SSP126 情景下的增长较为缓慢，后期在三个情景下聚集区覆盖范围最小；SSP585 情景下的低–低聚集区在后期快速增长，在三个情景中覆盖范围最大。低–高聚集区所覆盖区域范围在三个情景下也均呈现随时间的演变逐渐增长的趋势。SSP126 情景下的低–高聚集区覆盖范围在三个情景中随时间演变增长最快，后期覆盖范围最大；SSP585 情景下的覆盖范围增长最为缓慢，从初期覆盖范围最大到后期最小。三个情景下的高–低聚集区均呈现随时间演变覆盖范围逐渐减少的趋势，其中 SSP585 情景下的减少程度最大，在后期覆盖范围最低。三个情景下的高–高聚集区均呈现随时间的演变覆盖范围逐渐增长的趋势，其中 SSP126 情景下的高–高聚集区增加速度最快，SSP585 情景下的高–高聚集区增加速度最慢，在后期为负增长。综上所述，SSP126 情景下承灾体的脆弱性最低，而 SSP585 情景下承灾体的脆弱性最高。

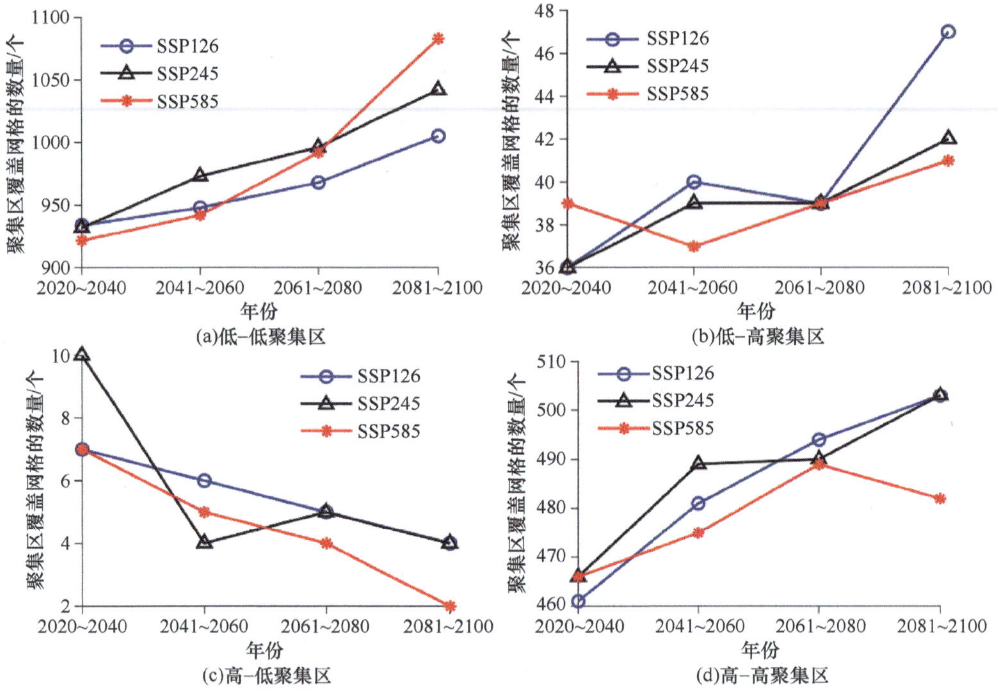

图 7-19　不同情景下不同聚集性区域所占面积随时间的演变

7.2.3　本节小结

整个中国区域承灾体脆弱性随着温室气体排放浓度的增加而增大，且三种情景下，承灾体脆弱性的空间分异类似，脆弱性低的区域集中在中国北方和东部沿海城市，脆弱性较高的区域分布在中国西部、中部和西南部，尤其是西南区域随着时间的演变，脆弱性有明显的增加。

7.3　不同情景下干旱风险的时空分异

本节分别分析了不同情景下不同程度干旱对人口和经济影响的风险随时间的变化。

7.3.1　干旱对人口影响风险的时空分异

1. 不同情景下一般干旱对人口影响风险的时空分异

SSP126 情景下不同时间段一般干旱对人口影响风险的时空分异如图 7-20 所示，研究中不同情景下的干旱风险均根据四分位划分法分成 4 个等级，不同等级用不同颜色进行区分。该情景下，一般干旱对人口影响的风险从前期到中后期呈现不断减小趋势，后期又有所增大。减小的区域主要位于东北平原区、黄土高原区、长江中下游地区和四川盆地及周边地区，这些区域的干旱风险从 4 级降到 3 级，但依然高于北方干旱半干旱区以及青藏高原区。后期这些区域的风险又有增加，再次达到 4 级，但整体上依然低于前期。

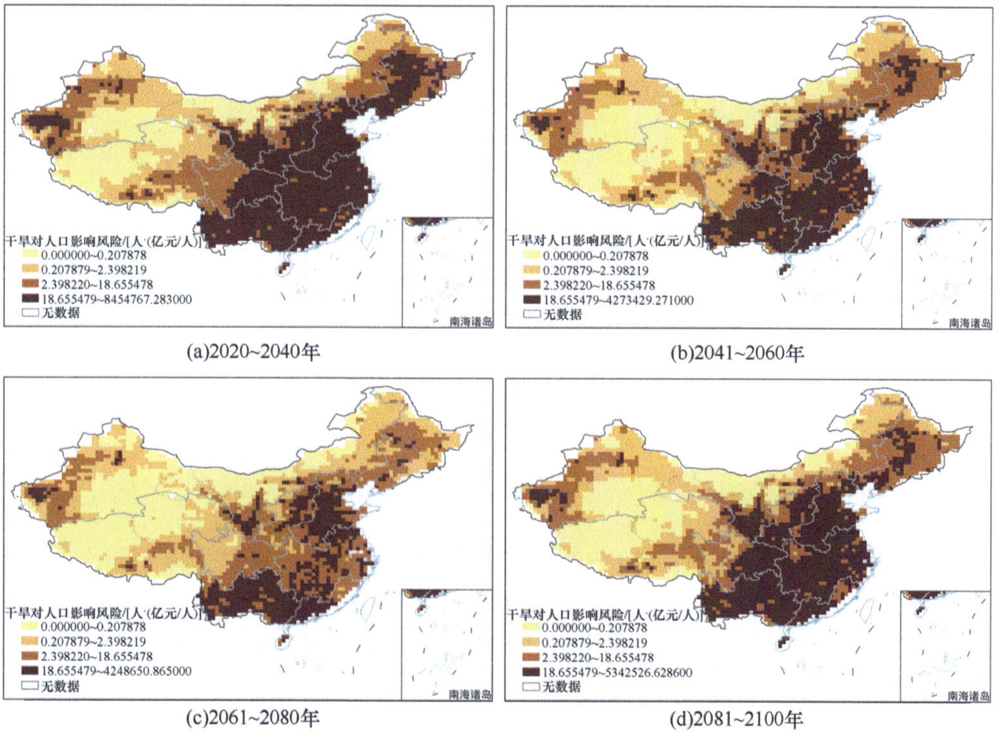

图 7-20　SSP126 情景下不同时间段一般干旱对人口影响风险的时空分异

图例从上到下依次表示 1 级、2 级、3 级、4 级，下同

SSP245 情景下不同时间段一般干旱对人口影响风险的时空分异如图 7-21 所示。该情景下，一般干旱对人口影响的风险从前期到后期呈现不断减小的趋势。

前期为 3~4 级风险区域随时间演变有所减小，而 1~2 级风险区域随时间演变变化不明显。风险减小的区域主要位于东北平原区、黄土高原区、长江中下游地区和四川盆地及周边地区，整体降了一级，但依然高于北方干旱半干旱区以及青藏高原区。

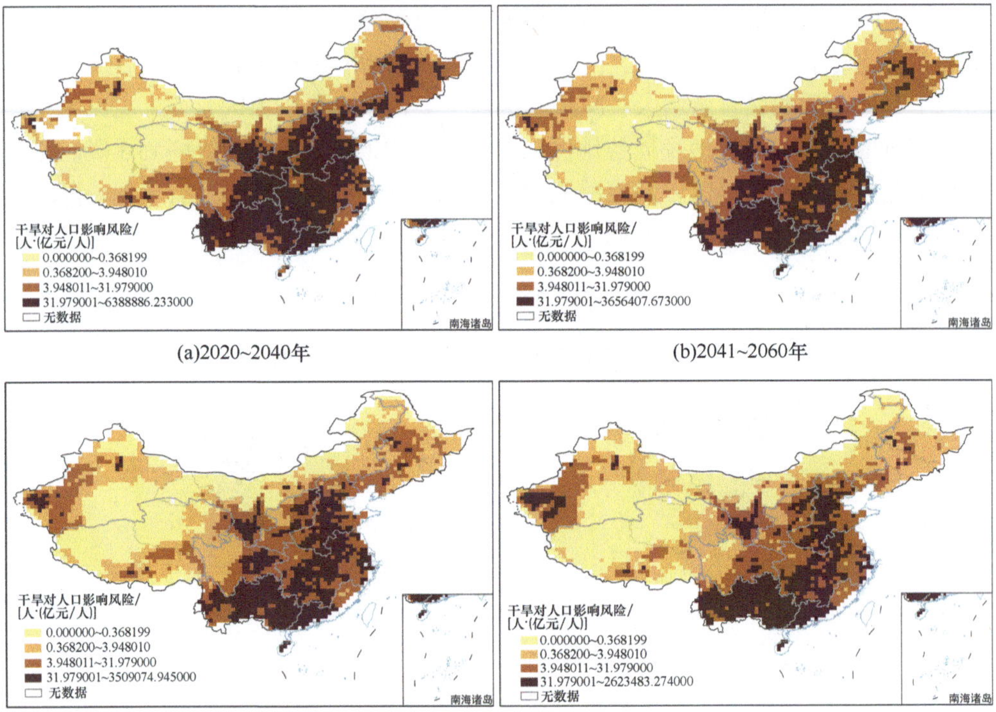

(a)2020~2040年　(b)2041~2060年　(c)2061~2080年　(d)2081~2100年

图 7-21　SSP245 情景下不同时间段一般干旱对人口影响风险的时空分异

SSP585 情景下不同时间段一般干旱对人口影响风险的时空分异如图 7-22 所示。该情景下，一般干旱对人口影响的风险从前期到后期沿胡焕庸线以东呈现不断减小趋势，而北方干旱半干旱区西部呈现不断增大的趋势。胡焕庸线以东后期危险性为 4 级的区域集中在云贵高原区，北方干旱半干旱区西部的风险不断向东扩散。

比较三种情景下的一般干旱风险，SSP245 情景下的一般干旱对人口影响的风险最大，其次是 SSP585 情景，最后是 SSP126 情景，风险最大的区域均集中在人口密集的胡焕庸线以东。SSP126 情景下，75%的干旱风险均小于 19人·(亿元/人)，SSP245 情景下 75%的干旱风险均小于 32人·(亿元/人)，而 SSP585 情景下 75%

的干旱风险均小于 24人·（亿元/人）。随着时间的演变，SSP126 情景下一般干旱对人口影响的风险在整个空间范围先减小，随后在后期又增大；SSP245 情景下的风险在整个时间段依次减小；SSP585 情景下的风险在整个时间段也呈现依次减小的状态，但减小程度较轻。

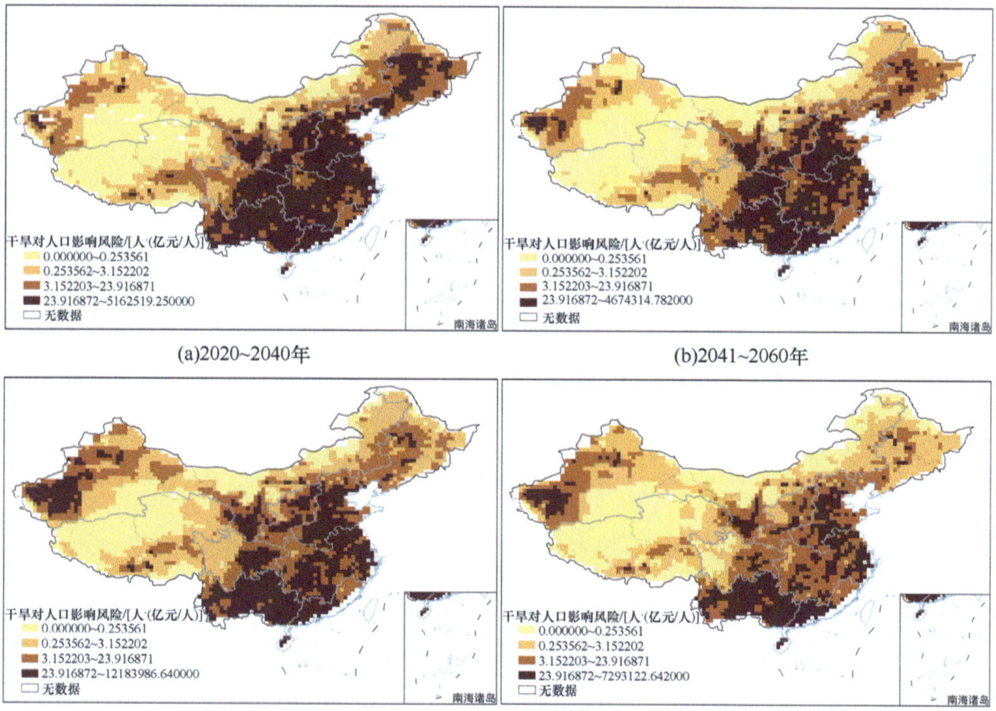

(a)2020~2040年　(b)2041~2060年

(c)2061~2080年　(d)2081~2100年

图 7-22　SSP585 情景下不同时间段一般干旱对人口影响风险的时空分异

2. 不同情景下严重干旱对人口影响风险的时空分异

SSP126 情景下不同时间段严重干旱对人口影响风险的时空分异如图 7-23 所示。该情景下，严重干旱对人口影响的风险从前期到后期呈现不断减小趋势。胡焕庸线以东大部分区域均有不同程度的减小，其中东北平原区的减小程度较为明显，从以 4 级风险覆盖为主到以 2 级风险为主。但长江中下游地区东部部分区域的干旱风险先减小到 0 到后期又增大到 3 级。

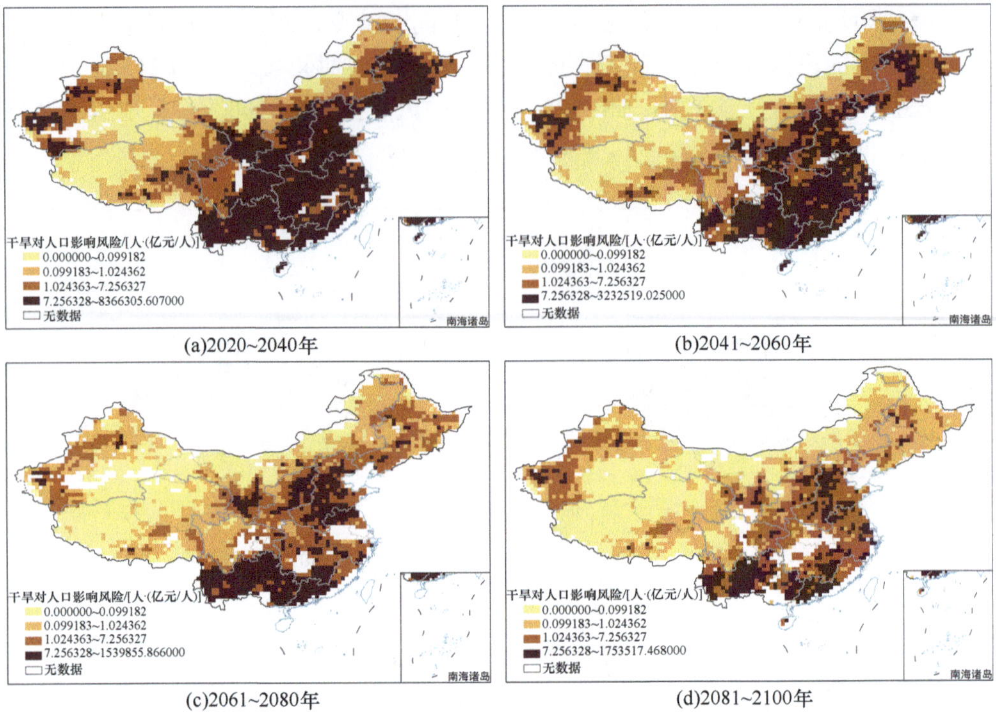

图 7-23　SSP126 情景下不同时间段严重干旱对人口影响风险的时空分异

SSP245 情景下不同时间段严重干旱对人口影响风险的时空分异如图 7-24 所示。该情景下，严重干旱对人口影响的风险前期较其他阶段大，之后不同区域的变化趋势不一。严重干旱风险较大的区域集中在胡焕庸线以东，与前期相比，减轻区域位于东北平原区、长江中下游区、四川盆地及周边地区以及黄土高原区以南，而云贵高原区 4 级风险覆盖面积有所增大。

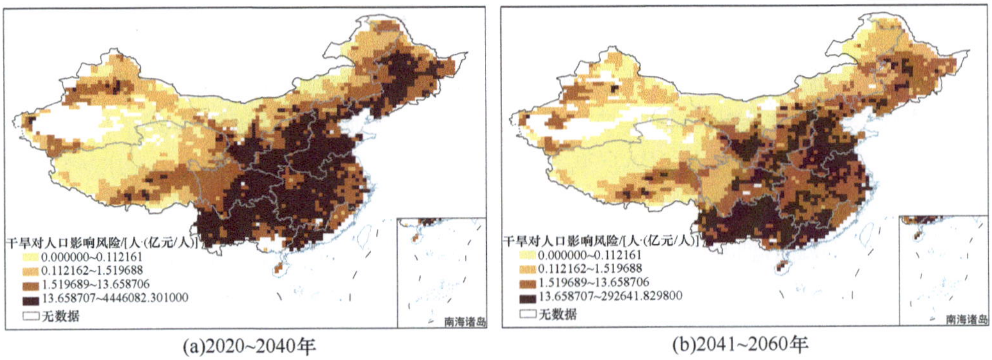

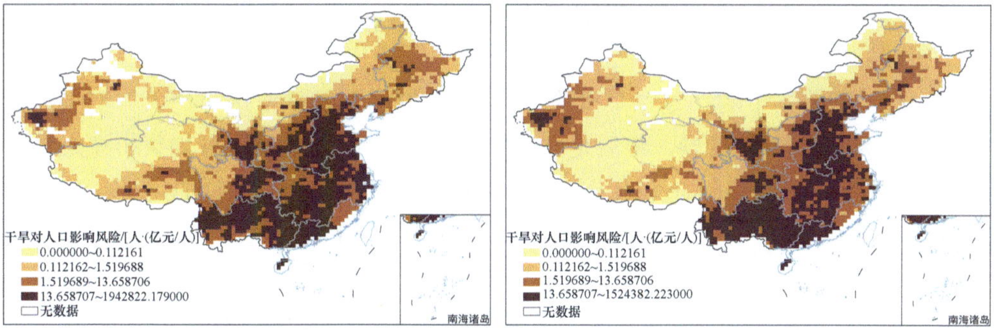

(c)2061~2080年　　(d)2081~2100年

图 7-24　SSP245 情景下不同时间段严重干旱对人口影响风险的时空分异

SSP585 情景下不同时间段严重干旱对人口影响风险的时空分异如图 7-25 所示。该情景下，严重干旱对人口影响的风险整体来看从前期到中前期有所减小，但随后又开始增加。中后期和后期的最大干旱风险均大于前期。从局部来看，北

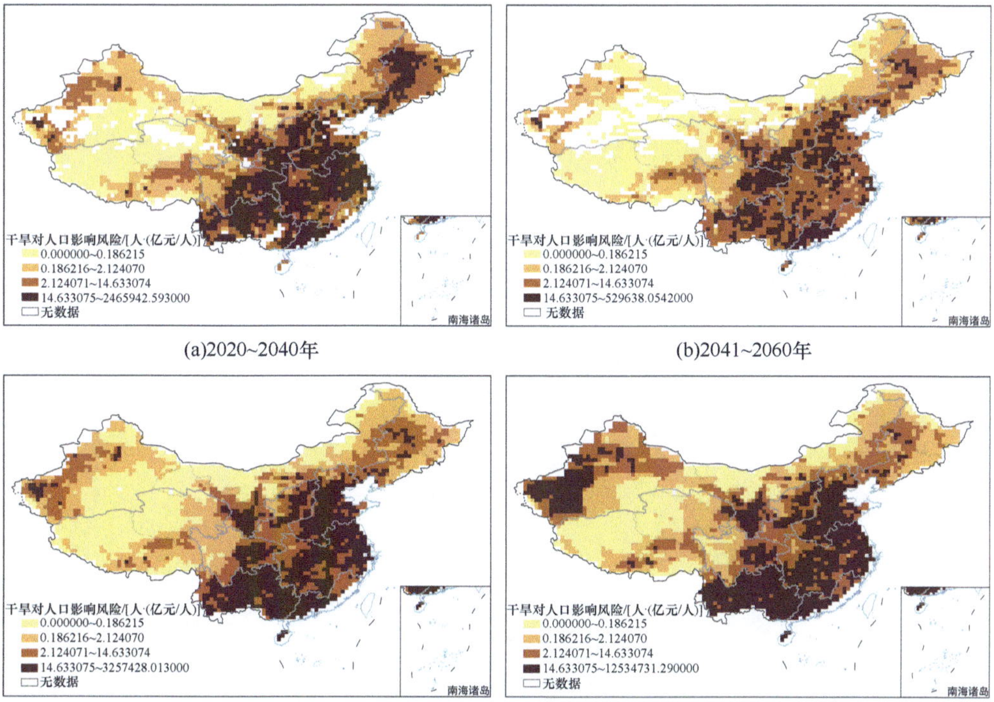

(c)2061~2080年　　(d)2081~2100年

图 7-25　SSP585 情景下不同时间段严重干旱对人口影响风险的时空分异

方干旱半干旱区西部的严重干旱风险在整个时间段呈现不断增大的趋势，青藏高原区西部的风险呈现不断减小的趋势。

比较三种情景下的严重干旱风险：SSP585 情景下的严重干旱对人口影响风险最大，其次是SSP245情景，最后是SSP126情景，风险最大的区域均集中在人口密集的胡焕庸线以东。SSP126 情景下，75%的干旱风险均小于 8人·（亿元/人），SSP245 情景下 75%的干旱风险均小于 14人·（亿元/人），而 SSP585 情景下 75%的干旱风险均小于 15人·（亿元/人）。随着时间的演变，SSP126 情景下严重干旱对人口影响的风险在整个空间范围呈现不断减小的趋势；SSP245 和 SSP585 情景均呈现前期 4 级风险面积占比最大，随后不同区域风险的变化趋势不一。此外，后期 SSP126 和 SSP245 情景下 4 级风险覆盖范围小于前期，而 SSP585 情景后期大于前期。

3. 不同情景下极端干旱对人口影响风险的时空分异

SSP126 情景下不同时间段极端干旱对人口影响风险的时空分异如图 7-26 所示。该情景下，极端干旱对人口影响的 4 级风险前期主要分布在东北平原区、黄

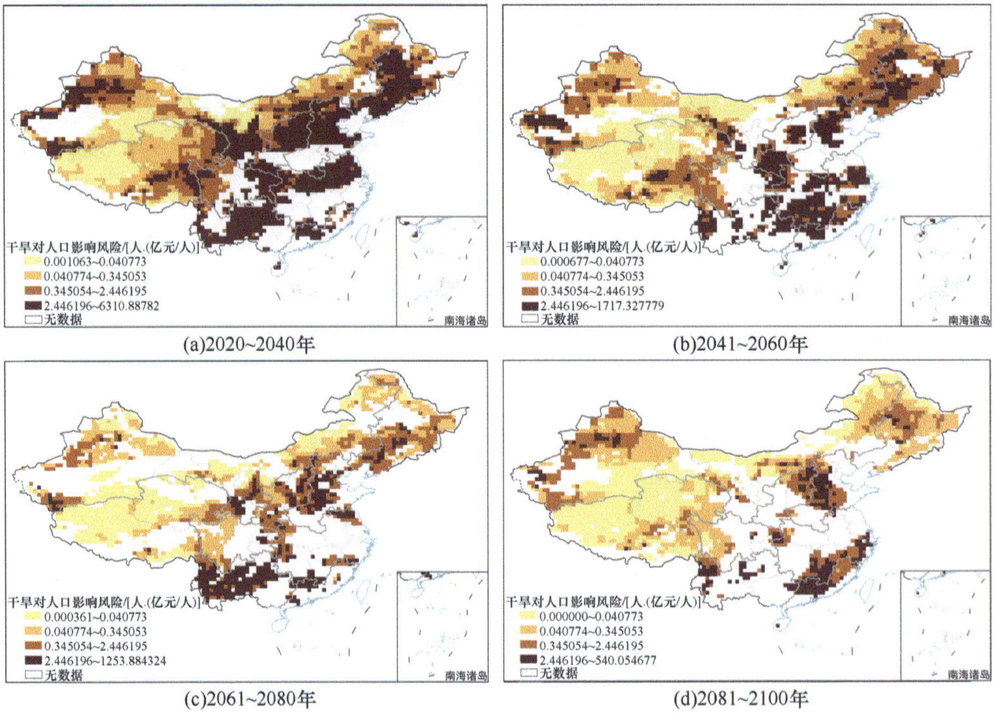

(a)2020~2040年　(b)2041~2060年　(c)2061~2080年　(d)2081~2100年

图 7-26　SSP126 情景下不同时间段极端干旱对人口影响风险的时空分异

淮海平原区和黄土高原区北部、长江中下游地区北部和云贵高原区中部。整体上这些区域的干旱风险随时间演变呈现不断减小的趋势，但华南区的干旱风险在后期相对前期有所增加。

SSP245 情景下不同时间段极端干旱对人口影响风险的时空分异如图 7-27 所示。该情景下，从整个时间段整个空间范围来看，干旱风险呈现中前期减小，后期又增大的趋势，但后期的最大干旱风险依然低于前期。极端干旱对人口影响的 4 级风险在前期主要分布在东北平原区、黄土高原区、黄淮海平原区北部、长江中下游地区和四川盆地及周边地区的交界处。从区域尺度来看，整个时间段黄淮海平原区的 4 级干旱风险面积不断扩散，后期遍布整个区域。长江中下游地区的干旱影响范围也不断扩散，到中后期遍布整个区域，但后期又有所减轻。四川盆地及周边地区东部的干旱风险在中前期减轻，随后又有增大的趋势。

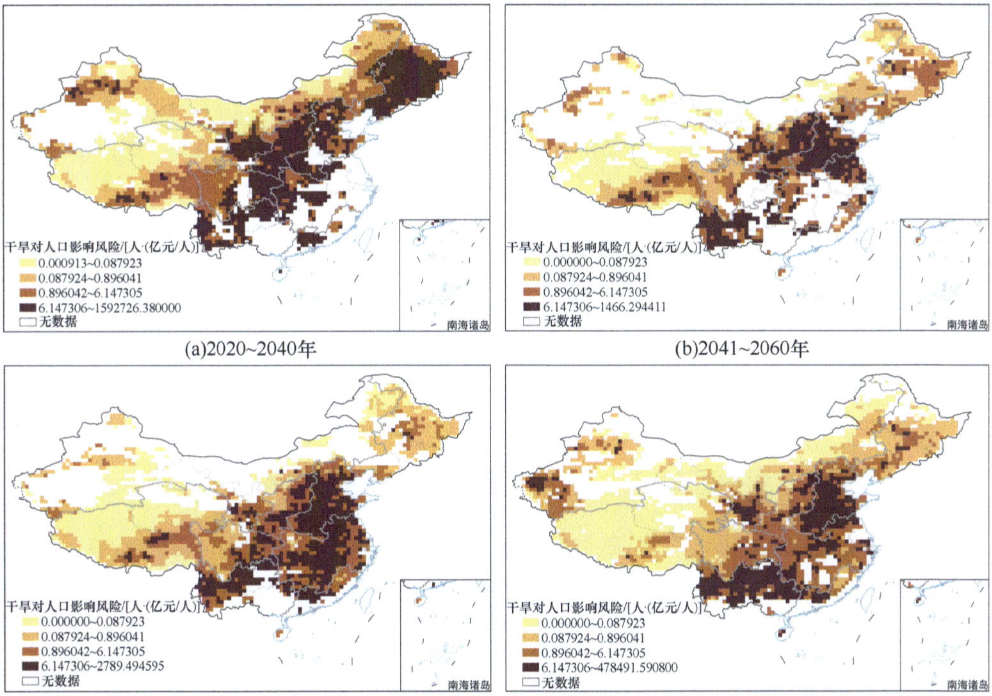

(a)2020~2040年　(b)2041~2060年

(c)2061~2080年　(d)2081~2100年

图 7-27　SSP245 情景下不同时间段极端干旱对人口影响风险的时空分异

SSP585 情景下不同时间段极端干旱对人口影响风险的时空分异如图 7-28 所示。该情景下，从整个时间段整个空间范围来看，干旱风险呈现中前期减小，随后又逐渐增大的趋势，且后期的最大干旱风险明显高于前期，约是前期的 5 倍。前期极端干旱对人口影响较大的区域主要分布在东北平原区、黄土高原区、黄淮海平原区南部、云贵高原区西部和长江中下游地区中部。从区域尺度来看，长江中下游地区东部的极端干旱风险随时间变化不断增大，前期影响较大的区域干旱风险呈现先减小后增大的趋势。

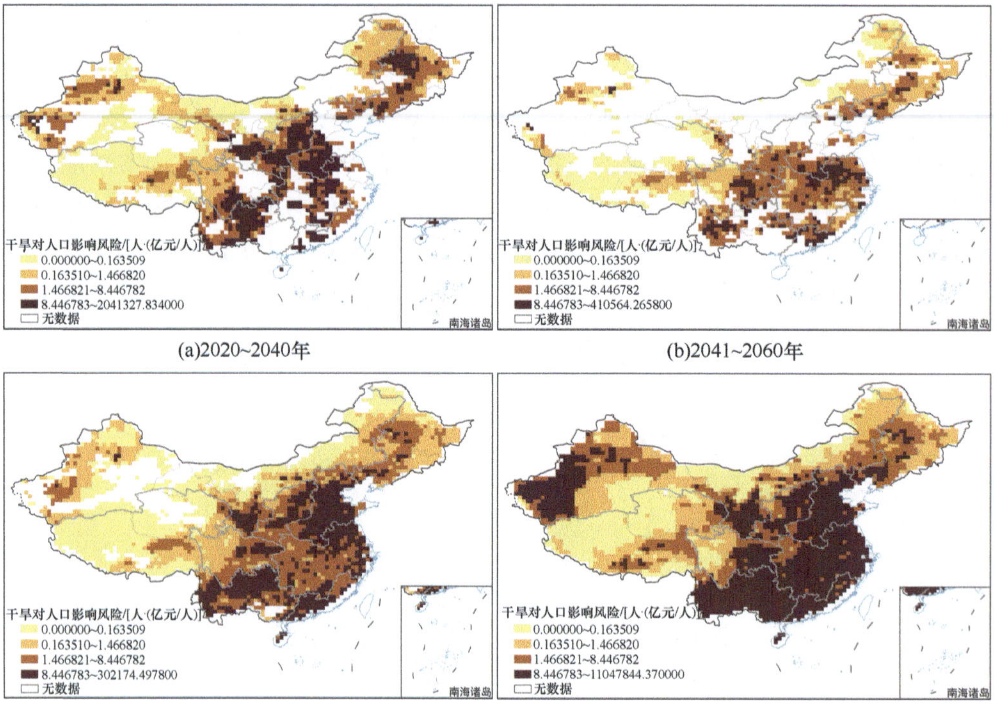

(a)2020~2040年　(b)2041~2060年

(c)2061~2080年　(d)2081~2100年

图 7-28　SSP585 情景下不同时间段极端干旱对人口影响风险的时空分异

比较三种情景下的极端干旱风险：整体来看，SSP585 情景下的极端干旱对人口影响风险最大，其次是 SSP245情景，最后是 SSP126情景，风险最大的区域均集中在人口密集的胡焕庸线以东。SSP126 情景下 75%的干旱风险均小于 3 人·（亿元/人），SSP245 情景下 75%的干旱风险均小于 7 人·（亿元/人），而 SSP585 情景下 75%的干旱风险均小于 9 人·（亿元/人）。随着时间的演变，SSP126 情景下极端干旱对人口影响的风险在整个空间范围随时间演变呈现减小的趋势，风险较大的区域位于中国的北部、中部和东北部；SSP245 和 SSP585 情景下的风险均呈现在中前期减轻，随后逐渐增大的趋势，但 SSP558 情景后期的最大风险明显高于前期，而 SSP245 情景下后期的最大风险依然小于前期。

7.3.2　干旱对经济影响风险的时空分异

1. 不同情景下一般干旱对经济影响风险的时空分异

SSP126 情景下不同时间段一般干旱对经济影响风险的时空分异如图 7-29 所示。该情景下，从整个时间段整个空间范围来看，干旱风险呈现先减小，后期又逐渐增大的趋势，但后期的最大风险依然低于前期。前期 4 级一般干旱风险几乎遍布整个胡焕庸线以东。从中前期到中后期黄土高原区、四川盆地及周边地区东部、云贵高原区和长江中下游地区东西部的干旱风险有所减小，但后期又增强。其余区域的干旱风险变化不是特别明显。

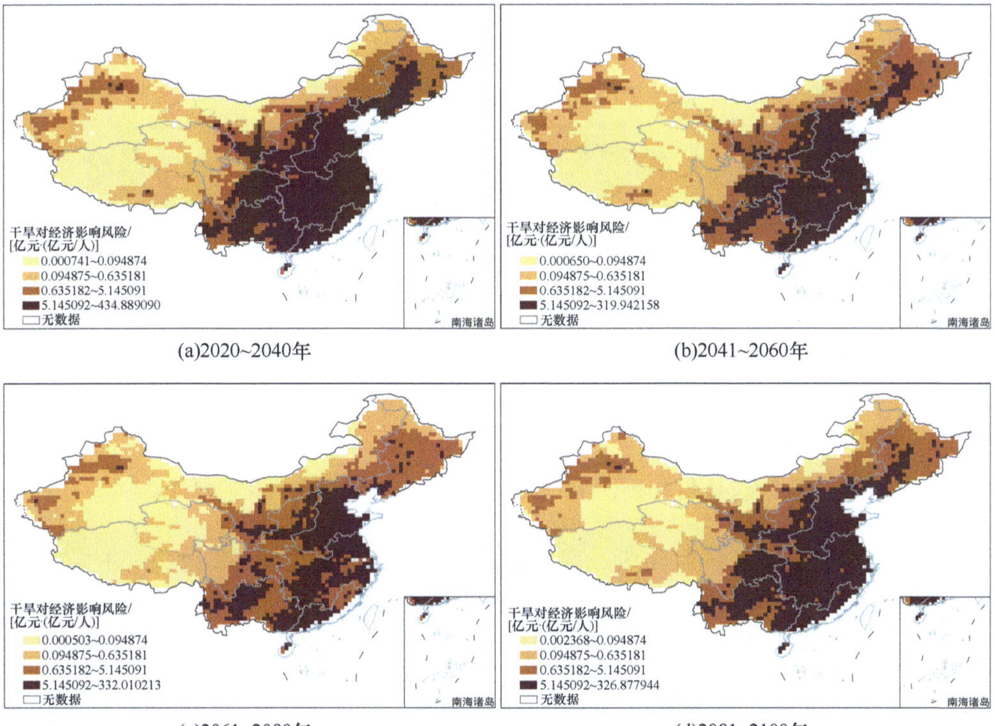

(a)2020~2040年　(b)2041~2060年

(c)2061~2080年　(d)2081~2100年

图 7-29　SSP126 情景下不同时间段一般干旱对经济影响风险的时空分异

SSP245 情景下不同时间段一般干旱对经济影响风险的时空分异如图 7-30 所示。该情景下，从整个时间段整个空间范围来看，干旱风险无论影响范围和最大风险均呈现不断增大的趋势。前期 4 级一般干旱风险遍布在黄淮海平原区、长江中下游地区北部、四川盆地及周边地区和云贵高原区交界处，随后风险区沿着这些区域不断向周边扩散，到后期遍布整个长江中下游地区、云贵高原区、华南区和黄淮海平原区。

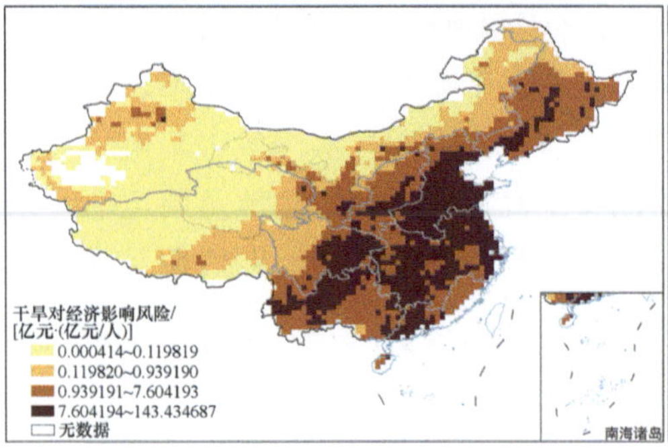

(a)2020~2040年

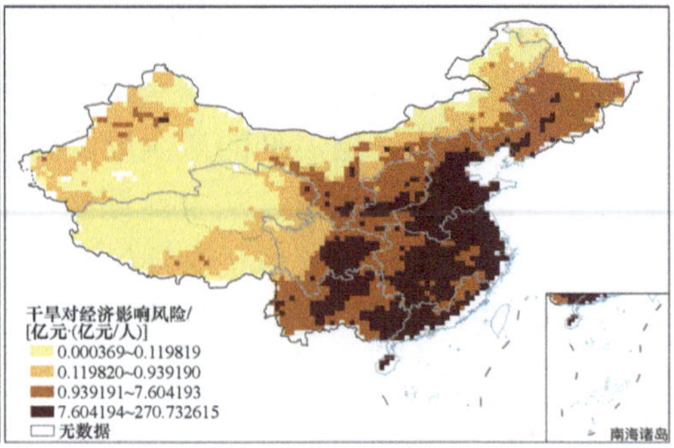

(b)2041~2060年

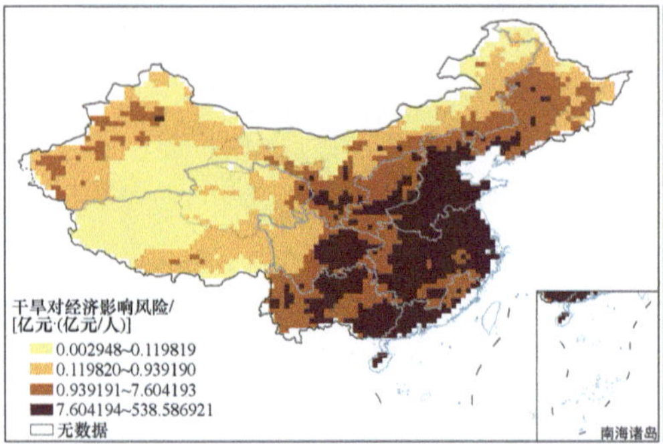

(c)2061~2080年

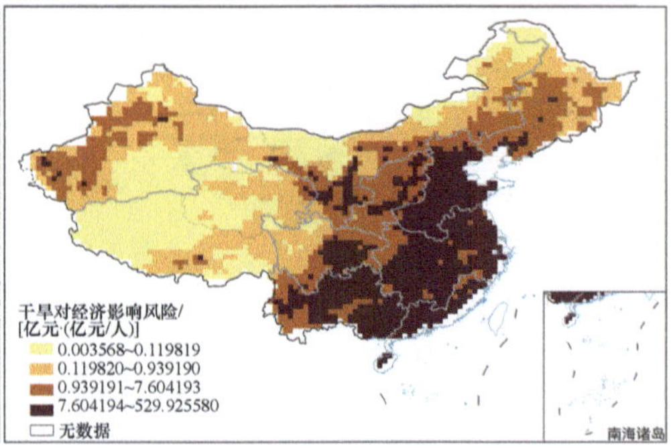

(d)2081~2100年

图 7-30　SSP245 情景下不同时间段一般干旱对经济影响风险的时空分异

SSP585 情景下不同时间段一般干旱对经济影响风险的时空分异如图 7-31 所示。该情景下，从整个时间段整个空间范围来看，干旱风险影响最大风险从前期到中后期呈现不断增大的趋势，后期最大风险有轻微减小。前期 4 级一般干旱风险散布在黄淮海平原区中南部、长江中下游地区东北部、四川盆地及周边地区和云贵高原区交界处，随后风险区沿着这些区域不断向周边扩散，到后期遍布整个长江中下游地区、云贵高原区、华南区和黄淮海平原区。

比较三种情景下的一般干旱风险：从整体来看，SSP245 情景下的一般干旱对经济影响风险最大，其次是 SSP585情景，最后是 SSP126情景，风险最大的区域均集中在 GDP 值较高的胡焕庸线以东，且更靠近沿海城市。SSP126 情景下 75%的干旱风险均小于 5.2 亿元·（亿元/人），SSP245 情景下 75%的干旱风险均小于

7.7 亿元·（亿元/人），而 SSP585 情景下 75%的干旱风险均小于 6.1 亿元·（亿元/人）。随着时间的演变，SSP126 情景下一般干旱对经济影响的 4 级风险范围呈现随时间演变先减小然后在后期又增大的趋势；SSP245 情景下的 4 级风险影响范围随时间变化不断增大，东南沿海城市的变化最为明显；SSP585 情景下一般干旱的 4 级风险影响范围从前期到中后期呈现逐渐增大趋势，但后期变化不明显。

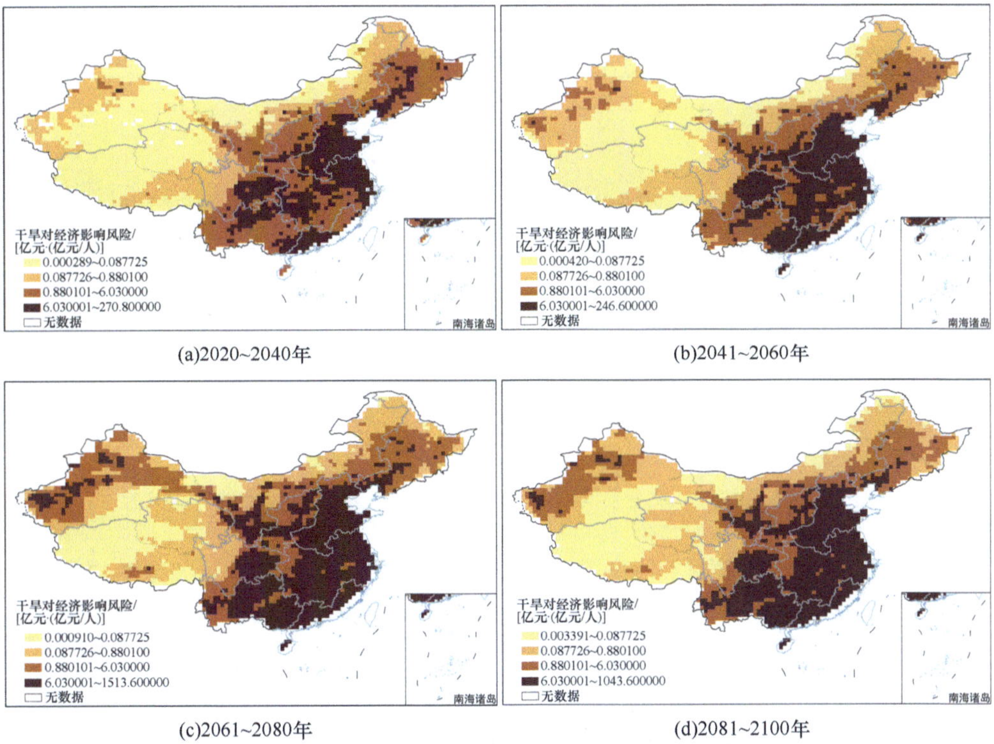

(a)2020~2040年　(b)2041~2060年

(c)2061~2080年　(d)2081~2100年

图 7-31　SSP585 情景下不同时间段一般干旱对经济影响风险的时空分异

2. 不同情景下严重干旱对经济影响风险的时空分异

SSP126 情景下不同时间段严重干旱对经济影响风险的时空分异如图 7-32 所示。该情景下，整个时间段无论空间影响范围还是最大干旱风险均呈现不断减小的趋势，最大干旱风险从前期的 229亿元·（亿元/人）减小到后期的 2亿元·（亿元/人）。干旱风险减轻的区域有东北平原区、四川盆地及周边地区东部、长江中下游地区和云贵高原区。

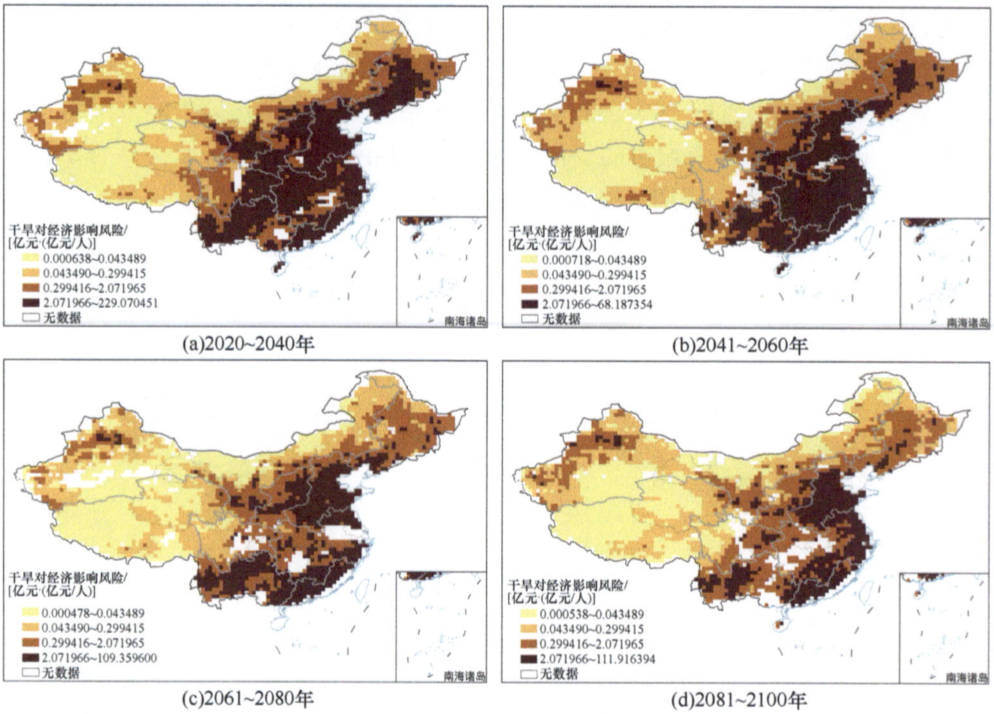

(a)2020~2040年　(b)2041~2060年

(c)2061~2080年　(d)2081~2100年

图 7-32　SSP126 情景下不同时间段严重干旱对经济影响风险的时空分异

SSP245 情景下不同时间段严重干旱对经济影响风险的时空分异如图 7-33 所示。该情景下，整个中国区域的干旱风险覆盖范围在中前期变化不是特别明显，从中后期开始逐渐增大，到后期干旱风险覆盖黄淮海平原区、长江中下游地区、华南区和云贵高原区大部分区域，其中长江中下游地区的干旱风险随时间的变化最大。此外，对于最大干旱风险而言，前期和中前期的最大干旱风险约为 90亿元·（亿元/人），而中后期升高到 210亿元·（亿元/人），后期达到 280亿元·（亿元/人），约为前期的 3 倍。

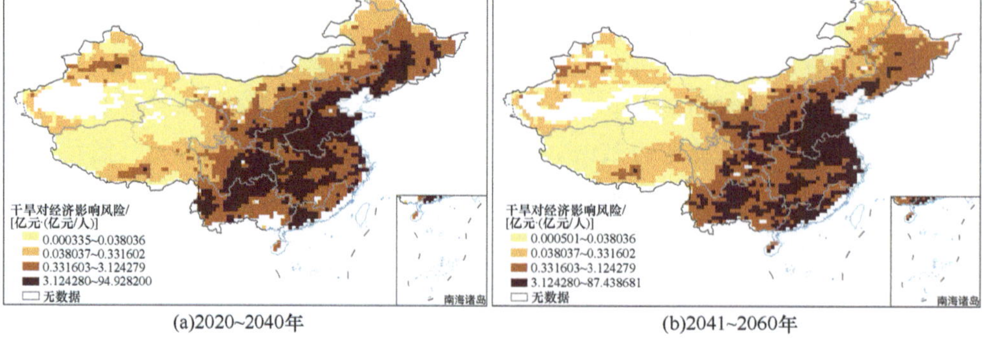

(a)2020~2040年　(b)2041~2060年

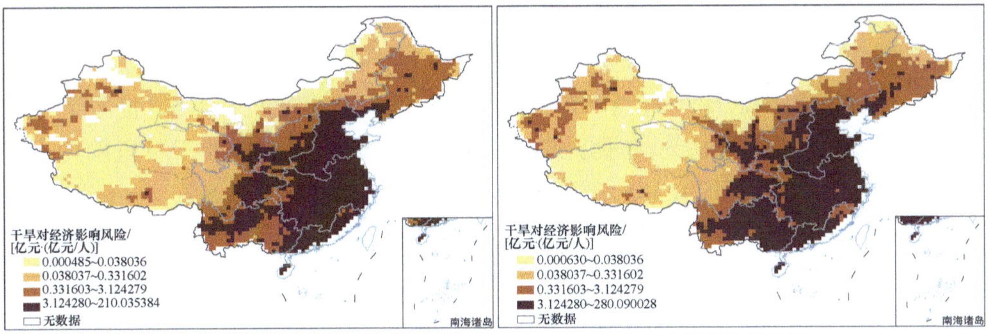

(c)2061~2080年　　(d)2081~2100年

图 7-33　SSP245 情景下不同时间段严重干旱对经济影响风险的时空分异

SSP585 情景下不同时间段严重干旱对经济影响风险的时空分异如图 7-34 所示。该情景下，整个中国区域的干旱风险覆盖范围没有特别明显的变化趋势，但其他各个阶段干旱风险影响范围均大于前期，尤其后期 4 级干旱风险几乎覆盖整个胡焕庸线以东。此外，最大干旱风险也没有明显的变化趋势。

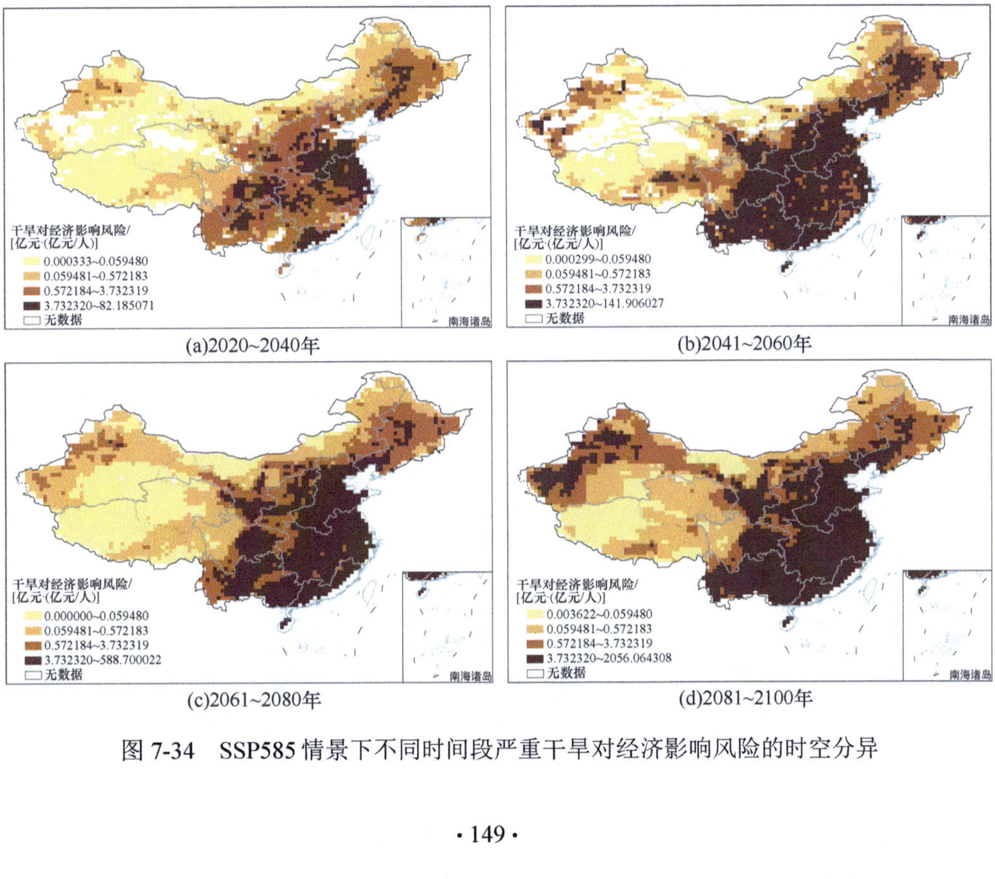

(a)2020~2040年　　(b)2041~2060年

(c)2061~2080年　　(d)2081~2100年

图 7-34　SSP585 情景下不同时间段严重干旱对经济影响风险的时空分异

比较三种情景下的严重干旱风险：从整体来看，SSP585 情景下的严重干旱对经济影响风险最大，其次是 SSP245情景，最后是 SSP126情景，风险最大的区域均集中在 GDP 较高的胡焕庸线以东，且更靠近东部沿海城市。SSP126 情景下 75%的干旱风险均小于 2.1亿元·（亿元/人），SSP245 情景下 75%的干旱风险均小于 3.2亿元·（亿元/人），而 SSP585 情景下 75%的干旱风险均小于 3.8亿元·（亿元/人）。随着时间的演变，SSP126 情景下严重干旱对经济影响的风险在整个空间范围呈现随时间演变逐渐减小的趋势；SSP245 情景下的风险从中后期开始呈现逐渐增大的趋势；SSP585 情景下严重干旱的风险在整个时间段没有明显的变化趋势。

3. 不同情景下极端干旱对经济影响风险的时空分异

SSP126 情景下不同时间段极端干旱对经济影响风险的时空分异如图 7-35 所示。该情景下，整个中国区域的 4 级干旱风险范围在中后期及后期整体有所缩减，但没有特别明显的分异规律。前期主要影响区域散布在黄淮海平原区和黄土高原

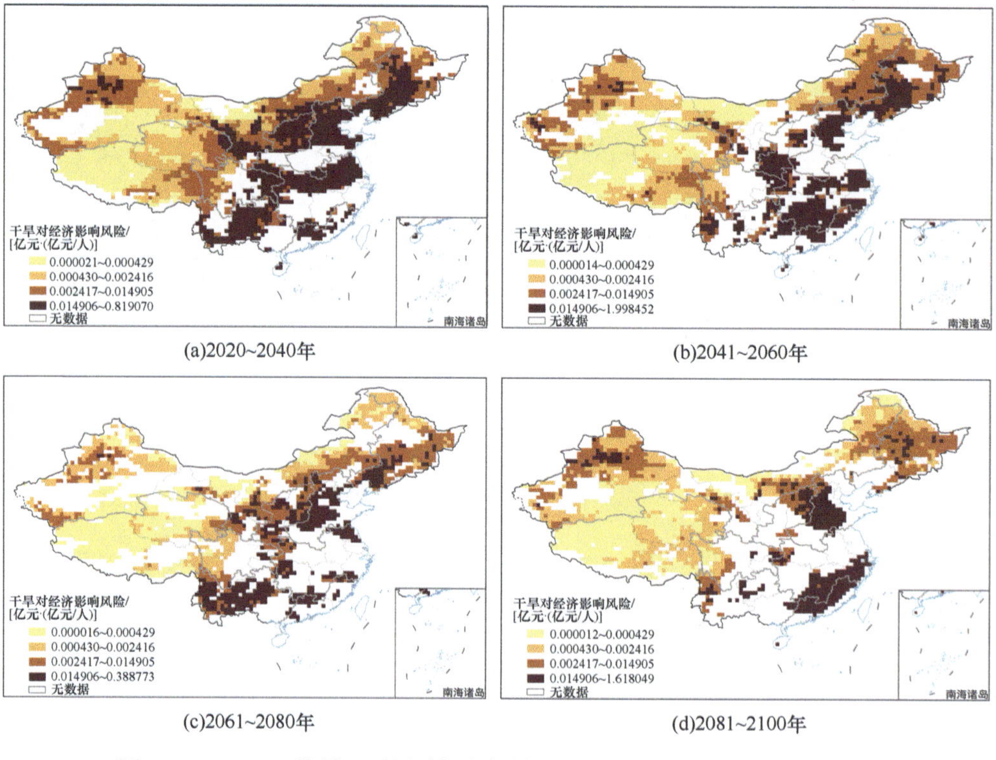

图 7-35　SSP126 情景下不同时间段极端干旱对经济影响风险的时空分异

区北部、长江中下游地区北部、云贵高原区中部和华南区；中前期主要分布在黄土高原区南部、长江中下游地区大部分区域、黄淮海平原区中部往北；中后期主要分布在黄淮海平原区北部和云贵高原区西部；后期主要分布在黄淮海平原区中部、华南区和长江中下游地区交界处。

SSP245 情景下不同时间段极端干旱对经济影响风险的时空分异如图 7-36 所示。该情景下，整个中国区域的 4 级干旱风险范围在中后期及后期整体有所增大。前期主要影响区域位于东北平原区、黄淮海平原区的北部和南部、四川盆地及周边地区东部；中前期主要分布在黄淮海平原区；中后期主要分布在黄淮海平原区和长江中下游地区；后期长江中下游地区的干旱风险有所减轻，其他区域的 4 级干旱风险变化不大。

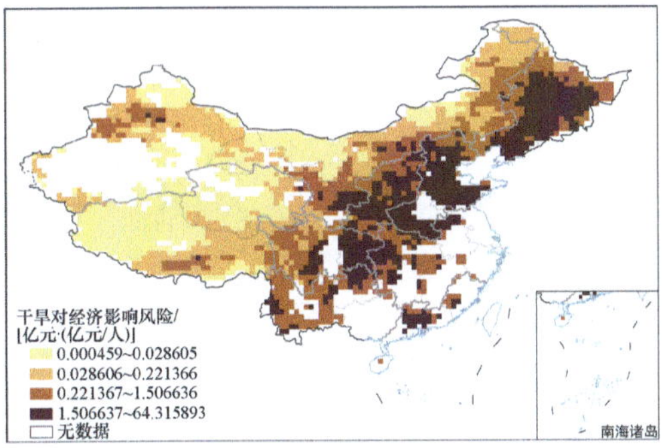

(a)2020~2040年

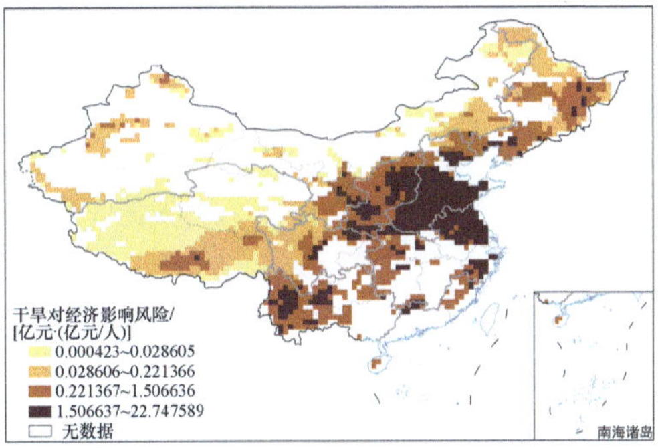

(b)2041~2060年

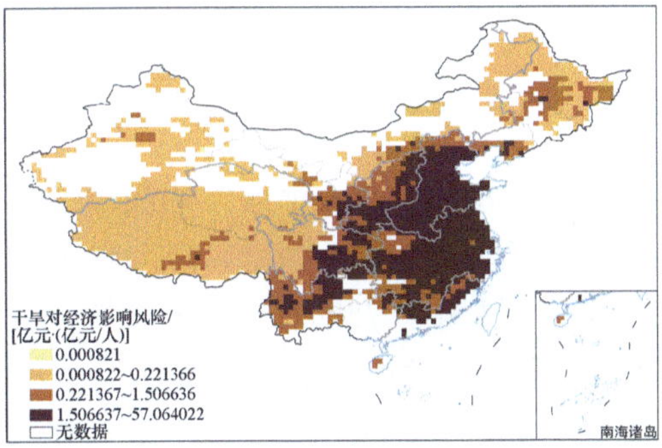

(c)2061~2080年

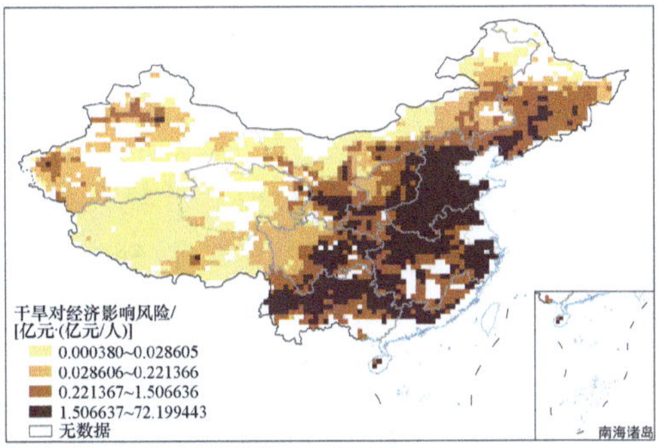

(d)2081~2100年

图 7-36　SSP245 情景下不同时间段极端干旱对经济影响风险的时空分异

SSP585 情景下不同时间段极端干旱对经济影响风险的时空分异如图 7-37 所示。该情景下，整个中国区域的各级干旱风险无论是影响范围还是最大干旱风险，都随时间变化，尤其是后期有明显增加。前期 4 级干旱风险占比较少，散布在黄淮海平原区、黄土高原区、四川盆地及周边地区和云贵高原区交界处；中前期主要集中在长江中下游地区北部；中后期开始有明显扩散，覆盖整个黄淮海平原区和长江中下游地区东北部，以及华南区；后期4级干旱风险几乎覆盖整个胡焕庸线以东区域。

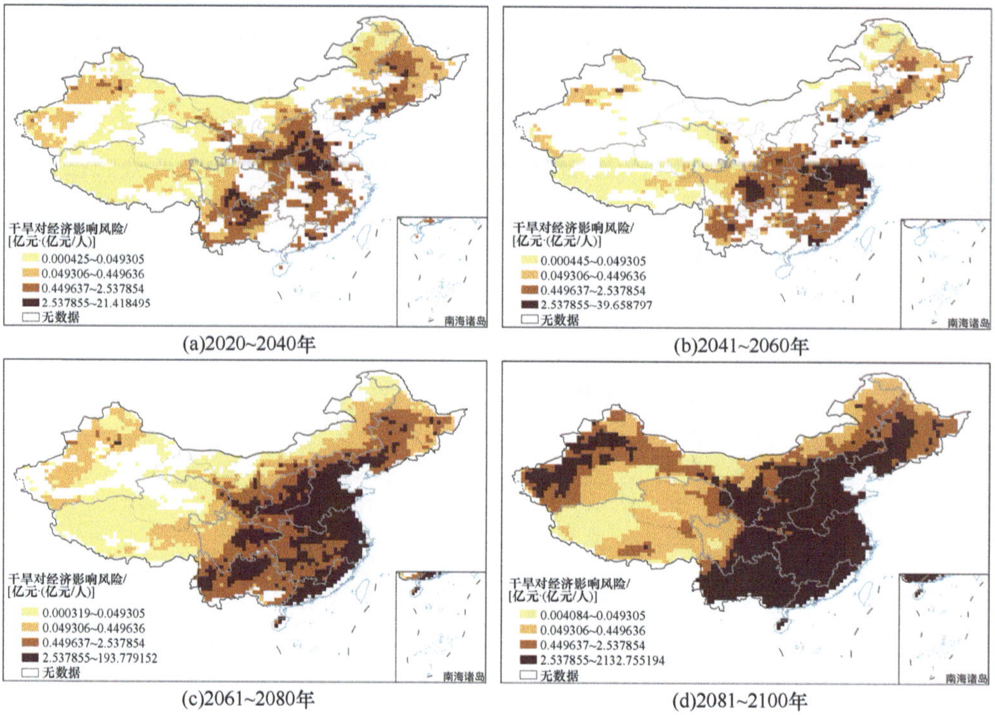

图 7-37　SSP585 情景下不同时间段极端干旱对经济影响风险的时空分异

对比三种情景下的极端干旱风险：从整体来看，SSP585 情景下的极端干旱对经济影响风险最大，其次是 SSP245 情景，最后是 SSP126 情景，风险最大的区域均集中在人口密集的胡焕庸线以东。SSP126 情景下 75%的干旱风险均小于 0.015亿元·（亿元/人），SSP245 情景下 75%的干旱风险均小于 1.6亿元·（亿元/人），而 SSP585 情景下 75%的干旱风险均小于 2.6亿元·（亿元/人）。随着时间的演变，SSP126 情景下极端干旱对经济影响的风险在整个空间范围呈现随时间演变逐渐减小的趋势；SSP245 情景下的风险中后期呈现逐渐增大的趋势；SSP585 情景下的风险在整个时间段也呈现逐渐增大的趋势，后期整个胡焕庸线以东几乎都有加重，且加重程度大于同一时段内 SSP245 情景下的风险加重程度。

7.3.3　本节小结

本节内容分别研究了不同情景下不同程度干旱对人口和经济的影响风险，研究结果表明：一般干旱对人口和经济影响风险在 SSP245 情景下较大，其次是 SSP585情景和 SSP126情景。严重干旱和极端干旱对人口和经济影响风险均随着温室气体排放浓度的增加而增大，且对经济的影响风险大于人口。严重干旱和极端干旱对经济的影响风险，以及极端干旱对人口的影响风险在 SSP126 情景下随时间的演变有减弱趋势，而 SSP245情景和 SSP585 情景均随时间演变增大，且 SSP585 情景下的风险在同一时期的增大程度大于 SSP245 情景；严重干旱对人口的影响风险在 SSP126 情景下有轻微减轻，但是 SSP245情景和 SSP585 情景下变化不是特别明显。

7.4　小　　结

7.4.1　讨论

本章分别研究了不同情景下人口和经济等干旱暴露性和脆弱性的时空分异，以及干旱对人口和经济影响风险的时空分异。

（1）人口和 GDP 的空间分异研究结果表明，二者的分异格局有一定的相似性，一般经济发达区域人口也相对密集，如上海、广州和深圳等地。从整个空间范围来看，三种情景下人口有减少的趋势；而无论是整体还是局部，三种情景下的 GDP 均呈现增加的趋势。从局部来看，SSP585 情景下的人口较为集中，最大人口数量为 1720 万人，高于 SSP245 情景下的 1520 万人和 SSP126 情景下的 1490 万人；SSP585 情景下的 GDP 较为集中，最大 GDP 为 11.75 亿元/km^2，其次是 SSP245 情景下的 7.44 亿元/km^2，SSP126 情景下的 6.73 亿元/km^2。此外，SSP126 情景下人口显著正相关的区域覆盖度最大，而在 SSP585 情景下的最小，表明 SSP126 情景下的人口分布较 SSP585情景更为聚集。三种情景下 GDP 99%显著空间正相关性覆盖区域范围均呈现中前期增加，而中后期减小或不变的趋势。这可能是中前期一个区域 GDP 的增加会带动其周围区域 GDP 的增加，而中后期区域 GDP 均增加到一定程度，这种依靠周边区域带动增长的模式便有所减弱，靠自身的发展更多一些。SSP126 和 SSP245 情景下人口向西南方向迁移，GDP 分布中心分别不断向西和南迁移，而 SSP585 情景下人口和 GDP 分布中心均向东南方向迁移。这可能是 SSP126 和 SSP245 情景下成都的 GDP 增长要大于上海、广州和深圳等地，而 SSP585 情景下上海、广州和深圳等地的 GDP 增长比重较大，尤其是上海。

（2）脆弱性评估反映了承灾体对灾害的抗御能力，涉及人类、经济、自然环境和基础设施等多个要素，是一项复杂的评估工作。受数据获取的约束，本研究仅考虑了人口和GDP两个要素。研究结果表明，整个中国区域承灾体脆弱性随着温室气体排放浓度的增加而增大，且三种情景下，承灾体脆弱性的空间分异类似，脆弱性低的区域集中在中国北方和东部沿海城市，这可能是因为北方人口稀少而东部沿海城市GDP较高。脆弱性较高的区域分布在中国西部、中部和西南部，尤其是西南区域随着时间的演变，脆弱性有明显的增加，这可能因为在中低温室气体排放浓度影响下，西南区域人口随时间的集中程度大于GDP的增长程度，而在高温室气体排放浓度影响下，人口的减小速度小于GDP的减小程度。

（3）虽然随着温室气体排放浓度的增加，一般干旱对人口和经济影响风险并未表现出加重的趋势，但是严重干旱和极端干旱对人口和经济影响风险随着温室气体排放浓度的增加而加重。高温室气体排放浓度路径下的严重干旱和极端干旱对人口和经济影响风险均表现出随时间演变而逐渐加重的趋势；低温室气体排放浓度路径下的严重干旱和极端干旱对人口和经济风险随着时间的演变均有所减轻；中温室气体排放浓度路径下的严重干旱对人口影响风险没有表现出特别明显的随时间演变趋势，但对经济影响风险呈现随时间演变逐渐增加的趋势。

7.4.2 结论

能源密集型、以化石燃料为基础的经济体驱动下的高温室气体排放浓度路径的GDP会高于可持续发展下的低温室气体排放浓度路径。GDP的增加会提高防灾抗灾能力进而减小承灾体的脆弱性，SSP585情景下的GDP较为集中，最大GDP为11.75亿元/km^2，其次是SSP245情景下的7.44亿元/km^2，SSP126情景下的6.73亿元/km^2，但GDP增加的同时也增加了承灾体的暴露性。此外，从整个空间范围来看，三种情景下人口暴露性均有所减小。综合考虑承灾体脆弱性、暴露性以及危险性，研究表明高温室气体排放浓度路径下的严重干旱和极端干旱对人口和经济影响的风险将加重，而低温室气体排放浓度路径将会减轻严重干旱和极端干旱风险。

第 8 章　总结与展望

旱灾影响范围广且发生频次高。我国幅员辽阔，地形气候复杂，干旱造成的损失几乎达到所有气象灾害的半数以上，近年来干旱程度还会逐年递增，因此干旱风险评估显得尤为重要。本书分别分析了绿色道路的可持续的低温室气体排放浓度、遵循历史发展模式的中温室气体排放浓度和高化石燃料消耗下的高温室气体排放浓度情景下干旱事件的危险性、干旱的时空聚集区格局、危险性的影响因素，并基于干旱风险系统理论评估了三种排放情景下的干旱风险，得到了如下主要结论。

从干旱事件的危险性来看，高温室气体排放浓度情景下的干旱危险性较中低温室气体排放浓度情景呈现成倍增强，且不同情景下各个区域干旱危险性的相对严重程度有所变化。低温室气体排放浓度情景下各个农业区干旱危险性最大为 2 级，比较严重的区域位于青藏高原区、黄土高原区、黄淮海平原区和东北平原区等旱作地区，这些区域内一般干旱危险性最大，其次是严重干旱。中温室气体排放浓度情景下各个农业区干旱危险性最大为 5 级，最严重的区域为黄淮海平原区，与其他区域相比，该区域的极端干旱较为突出，而北方干旱半干旱区的一般干旱最严重。高温室气体排放浓度情景下各个农业区干旱危险性最大为 9 级，北方干旱半干旱区以及长江中下游地区的三种干旱程度危险性均较为显著，同时其他区域相较其他两种情景也有不同程度的加重。并且在高温室气体排放浓度情景下，干旱严重性有明显增加，随干旱严重程度的增加而急剧增强的时间点有所推后，一般干旱严重性在中后期开始急剧增强，严重干旱和极端干旱均在后期开始急剧增强，但严重干旱急剧增强的程度要大于极端干旱。此外，四川盆地及周边地区作为我国现代农业发展区和长江中上游重要的生态屏障，干旱危险性虽然在众多区域中表现不突出，但由于其面积和持续时间等干旱特征在众多区域中较为突出，该区域的干旱风险也需要引起关注。极端干旱事件平均每年的个数、平均面积、平均持续时间和平均强度等特征整体上随着温室气体排放浓度的增加逐渐增大。

干旱影响范围和聚集区格局及变化的研究发现，在时空上，不同情景下的干旱影响范围在后期呈现明显差异，随着温室气体排放浓度的增加，干旱影响范围增加了 100 倍。在空间上，三种情景下干旱的主要影响范围不同，其中，中、低温室气体排放浓度情景的主要影响范围位于东北平原区、青藏高原区，而高温室气体排放浓度情景下北方干旱半干旱区的干旱影响范围更大。在时间上，三种情景在季节上均呈现显著的春–冬空间格局类似、夏–秋空间格局类似的特征，低温室气体排放浓度情景下干旱时空聚集区多出现在春、冬季，而中、高温室气体排放浓度情景下干旱时空聚集区多出现在夏、秋季。在低温室气体排放浓度情景下，干旱时空聚集区的数量具有Ⅱ类聚集区减少、Ⅰ类聚集区增多的趋势；中温室气体排放浓度情景下则是Ⅱ类聚集区增多；高温室气体排放浓度情景后期Ⅲ类聚集区出现。此外，干旱集聚程度的时空格局和变化与干旱影响范围具有一致性，但高温室气体排放浓度情景下黄淮海平原区和长江中下游地区的夏、秋季干旱集聚程度较高，说明这些区域发生干旱时集聚程度普遍较高，损失可能较严重。

干旱的影响因素研究发现，温室气体排放浓度的增加削弱了降水对干旱的解释力，但增强了气温对干旱的解释力；时间尺度的增加同时削弱了降水和气温对干旱的解释力；对于二者交互，中、低温室气体排放浓度情景下的交互解释力随着尺度的增加呈削弱趋势，但高温室气体排放浓度情景下交互解释力随着尺度的增加先减弱后增强，在 9 个月尺度时除东北平原区和青藏高原区外，其他区域均高于中、低温室气体排放浓度情景；3 个月尺度下，北方干旱半干旱区和青藏高原区干旱的形成因素较为复杂。此外，中、低温室气体排放浓度情景下，西北地区相对其他区域干旱与降水呈负相关以及与气温呈正相关的相关性更大。高温室气体排放浓度情景下，降水和干旱呈负相关的区域在逐渐向东移动，而呈正相关的区域在逐渐向西集中，且气温与干旱呈正相关的区域依然集中在西北地区。

就干旱风险而言，能源密集型、以化石燃料为基础的经济体驱动的高温室气体排放浓度情景下的 GDP 会高于可持续发展下的低温室气体排放浓度情景，GDP 的增加会提高防灾抗灾能力进而减小承灾体的脆弱性，但 GDP 增加的同时也增加了承灾体的暴露性。研究表明，高温室气体排放浓度情景下的严重干旱和极端干旱对人口和经济影响的风险将加重，而低温室气体排放浓度情景将会减轻严重干旱和极端干旱风险。

本研究虽然从干旱危险性、基于时空 Moran'*I* 的干旱影响范围和聚集区格局及变化、干旱影响因素到干旱风险全面评估且对比分析了三种不同发展路径下不同程度干旱的特点，但依然存在不足。本研究基于 SDAT 框架的 SPEI 评估干旱，SPEI 虽然既保留了多尺度评估特点，又综合考虑了降水和温度两种因素对干旱的影响，但我国幅员辽阔，不同区域的气候和人类活动差异明显，这可能导致 SPEI 对不同区域干旱评估结果的准确性有所差异。另外，干旱风险承灾体脆弱性评估只侧重人口和 GDP，而地形地貌、植被覆盖和基础设施也同样会影响干旱的脆弱性，本研究中脆弱性评估因素较为单一。此外，基于系统论的危险性评估虽然综合考虑了致灾因子危险性、承灾体脆弱性和暴露性等多种要素的相互作用，但研究中视三种要素对风险的影响程度相同，而这种影响程度可能会随研究区域不同而有所差异。

因此，后续研究中可利用 SPEI 对中国不同区域干旱结果的准确性进行评估，进而基于准确性评估结果说明不同区域干旱危险性以及风险评估结果置信度；丰富未来不同情景下地形地貌、植被覆盖和基础设施等影响干旱脆弱性的相关要素，以便评估多种要素综合的干旱脆弱性；在风险评估之前先估计不同区域危险性、承灾体脆弱性和暴露性对干旱风险的影响程度，基于影响程度赋予不同因素相应的权重而进行干旱风险评估。

参 考 文 献

程昌秀. 2022. 时空统计分析: 陆地表层系统研究的实践工具. 北京: 商务印书馆.

范雪薇, 缪驰远, 苟娇娇, 等. 2023. 国际耦合模式比较计划及其模拟能力研究进展. 地理科学进展, 42(6): 1204-1215.

韩会明, 刘喆玥, 刘成林, 等. 2020. 基于 Copula 函数的赣江流域气象干旱特征分析. 水电能源科学, 38(8): 9-13.

韩兰英, 张强, 贾建英, 等. 2019. 气候变暖背景下中国干旱强度、频次和持续时间及其南北差异性. 中国沙漠, 39(5): 1-10.

韩兰英, 张强, 马鹏里, 等. 2021. 气候变暖背景下黄河流域干旱灾害风险空间特征. 中国沙漠, 41(4): 225-234.

韩兰英, 张强, 姚玉璧, 等. 2014. 近 60 年中国西南地区干旱灾害规律与成因. 地理学报, 69(5): 632-639.

侯陈瑶, 朱秀芳, 肖名忠, 等. 2019. 基于游程理论和 Copula 函数的辽宁省农业气象干旱特征研究. 灾害学, 34(2): 222-227.

胡彩虹, 赵留香, 王艺璇, 等. 2016. 气象、农业和水文干旱之间关联性分析. 气象与环境科学, 39(4): 1-6.

胡学平, 许平平, 宁贵财, 等. 2015. 2012-2013 年中国西南地区秋、冬、春季持续干旱的成因. 中国沙漠, 35(3): 763-773.

胡子瑛, 周俊菊, 张利利, 等. 2018. 中国北方气候干湿变化及干旱演变特征. 生态学报, 38(6): 1908-1919.

黄浩, 张勃, 马尚谦, 等. 2020. 甘肃河东地区气象干旱时空变化及干旱危险性分析. 中国农业气象, 41(7): 459-469.

姜彤, 吕嫣冉, 黄金龙, 等. 2020. CMIP6 模式新情景(SSP-RCP)概述及其在淮河流域的应用. 气象科技进展, 10(5): 102-109.

姜彤, 赵晶, 曹丽格, 等. 2018. 共享社会经济路径下中国及分省经济变化预测. 气候变化研究进展, 14(1): 50-58.

金菊良, 杨齐祺, 周玉良, 等. 2016. 干旱分析技术的研究进展. 华北水利水电大学学报(自然科学版), 37(2): 1-15.

李华伟. 2022. 基于 Copula 方法的新疆气象干旱风险评估及其对农业和植被的影响研究. 北京: 华北电力大学.

李京芳, 彭涛, 董晓华, 等. 2022. 基于 Copula 函数的汉江流域水文干旱风险研究. 水土保持研究, 29(3): 179-188.

刘慧丽, 陈浩, 董廷旭, 等. 2023. 川渝地区 NDVI 动态特征及其对气候变化的响应. 生态学报, 16:

1-15.
刘利利, 贾艳, 齐畅, 等. 2020. 基于时空统计方法分析温州市 2020 年 1～3 月新型冠状病毒肺炎的聚集性分布. 山东大学学报(医学版), 58(10): 82-88.
刘牧文, 杨旭辉, 王婧, 等. 2021. 2019-2020 年浙江省杭州市流感病例时空聚集性分析. 疾病监测, 36(4): 376-380.
刘宪锋, 朱秀芳, 潘耀忠, 等. 2015. 农业干旱监测研究进展与展望. 地理学报, 70(11): 1835-1848.
刘泽瑾, 焦利民, 连喜红. 2022. 1995-2020 年气候变化和耕地利用变化对中国耕地气候生产潜力的影响分析. 中国土地科学, 36(3): 62-73.
柳媛普, 王素萍, 王劲松, 等. 2018. 气候变暖背景下西南地区干旱灾害风险评估. 自然资源学报, 33 (2): 325-336.
米娜, 张玉书, 蔡福, 等. 2016. 土壤干旱胁迫对作物影响的模拟研究进展. 生态学杂志, 35(9): 2519-2526.
莫兴国, 胡实, 卢洪健, 等. 2018. GCM 预测情景下中国 21 世纪干旱演变趋势分析. 自然资源学报, 33(7): 1244-1256.
钱正安, 吴统文, 宋敏红, 等. 2001. 干旱灾害和我国西北干旱气候的研究进展及问题. 地球科学进展, 16(1): 28-38.
秦大河. 2018. 气候变化科学概论. 北京: 科学出版社.
上官致洋, 严秀英, 曹飞. 2020. 2011-2016 年抚州市肺结核时空聚集特征分析.社区医学杂志, 18(23): 1565-1568.
邵小路, 姚凤梅, 张佳华, 等. 2014. 华北地区夏季旱涝的大气环流特征诊断. 干旱区研究, 31(1): 131-137.
史培军. 2005. 四论灾害系统研究的理论与实践. 自然灾害学报, (6): 1-7.
史培军, 李宁, 叶谦, 等. 2009. 全球环境变化与综合灾害风险防范研究. 地球科学进展, 24(4): 428-435.
王春乙, 张继权, 霍治国, 等. 2015. 农业气象灾害风险评估研究进展与展望. 气象学报, 73(1): 1-19.
王劲峰, 徐成东. 2017. 地理探测器: 原理与展望. 地理学报, 72(1): 116-134.
王劲松, 李耀辉, 王润元, 等. 2012. 我国气象干旱研究进展评述. 干旱气象, 30(4): 497-508.
王磊之, 崔婷婷, 李笑天, 等. 2022. 降水变化条件下沿海地区暴雨–潮位遭遇联合风险. 水资源保护, 38(4): 110-116.
王亚萍, 王帅, 丁婧祎, 等. 2023. 气候变化背景下全球陆地干湿变化研究综述. 生态学报, 43(2): 475-486.
王峥, 程昌秀, 李畅. 2022. 时空 Moran 散点图及其在中国干旱时空聚集区识别中的应用. 地球信息科学学报, 24(7): 1301-1311.
温庆志, 孙鹏, 张强, 等. 2020. 非平稳标准化降水蒸散指数构建及中国未来干旱时空格局. 地理学报, 75(7): 1465-1482.
翁宇威, 蔡闻佳, 王灿. 2020. 共享社会经济路径(SSPs)的应用与展望. 气候变化研究进展, 16(2): 215-222.
吴佳, 高学杰. 2013. 一套格点化的中国区域逐日观测资料及与其它资料的对比. 地球物理学报,

56(4): 1102-1111.
吴泽棉, 邱建秀, 刘苏峡, 等. 2020. 基于土壤水分的农业干旱监测研究进展. 地理科学进展, 39(10): 1758-1769.
夏军, 陈进, 佘敦先. 2022. 2022 年长江流域极端干旱事件及其影响与对策. 水利学报, 53(10): 1143-1153.
向竣文, 张利平, 邓瑶, 等. 2021. 基于 CMIP6 的中国主要地区极端气温/降水模拟能力评估及未来情景预估. 武汉大学学报(工学版), 54(1): 46-57, 81.
徐新创, 闫军辉, 刘光旭, 等. 2017. CMIP5 不同典型浓度情景下中国极端高温的时空变化. 华中师范大学学报(自然科学版), 51(4): 548-554.
叶笃正, 黄荣辉, 等. 1996. 长江黄河流域旱涝规律和成因研究. 济南: 山东科学技术出版社.
张冰, 巩远发, 徐影, 等. 2014. CMIP5 全球气候模式对中国地区干旱变化模拟能力评估. 干旱气象, 32(5): 694-700.
张丽霞, 陈晓龙, 辛晓歌. 2019. CMIP6 情景模式比较计划(ScenarioMIP)概况与评述. 气候变化研究进展, 15(5): 519-525.
张强, 韩兰英, 张立阳, 等. 2014. 论气候变暖背景下干旱和干旱灾害风险特征与管理策略. 地球科学进展, 29(1): 80-91.
张强, 王劲松, 姚玉璧, 等. 2017. 干旱灾害风险及其管理. 北京: 气象出版社.
张婷, 程昌秀, 杨山力, 等. 2019. 时空聚集性探测方法在极端高温事件聚集分析中的应用研究. 地理与地理信息科学, 35(3): 51-57.
张艳武, 张莉, 徐影. 2016. CMIP5 模式对中国地区气温模拟能力评估与预估. 气候变化研究进展, 12(1): 10-19.
中国气象局. 2019. 中国气象灾害年鉴(2018). 北京: 气象出版社.
周波涛, 钱进. 2021. IPCC AR6 报告解读: 极端天气气候事件变化.气候变化研究进展, 17: 713-718.
周利敏. 2012. 从自然脆弱性到社会脆弱性: 灾害研究的范式转型. 思想战线, 38(2): 11-15.
周天军, 陈梓明, 陈晓龙, 等. 2021. IPCC AR6 报告解读: 未来的全球气候——基于情景的预估和近期信息. 气候变化研究进展, 17(6): 652-663.
周天军, 邹立维, 陈晓龙. 2019. 第六次国际耦合模式比较计划(CMIP6)评述. 气候变化研究进展, 15(5): 445-456.
周天军, 邹立维, 吴波, 等. 2014. 中国地球气候系统模式研究进展:CMIP 计划实施近 20 年回顾. 气象学报, 72(5): 892-907.
Adisa O M, Botai J O, Adeola A M, et al. 2019. Analysis of drought conditions over major maize producing provinces of South Africa. Journal of Agricultural Meteorology, 75(4): 173-182.
Agana N A, Homaifar A. 2017. A Deep Learning Based Approach for Long-term Drought Prediction. Concord: Institute of Electrical and Electronics Engineers: 1-8.
Akwango D, Obaa B B, Turyahabwe N, et al. 2017. Effect of drought early warning system on household food security in Karamoja subregion, Uganda. Agriculture and Food Security, 6(1): 43.
Anderson M C, Hain C, Wardlow B, et al. 2011. Evaluation of drought indices based on thermal remote sensing of evapotranspiration over the continental United States. Journal of Climate, 24(8): 2025-2044.

Andreadis K M, Clark E A, Wood A W, et al. 2005. Twentieth-century drought in the conterminous United States. Journal of Hydrometeorology, 6(6): 985-1001.

Aslam R A, Shrestha S, Pal I, et al. 2020. Projections of climatic extremes in a data poor transboundary river basin of India and Pakistan. International Journal of Climatology, 40: 4992-5010.

Bae H, Ji H, Lim Y J, et al. 2019. Characteristics of drought propagation in South Korea: relationship between meteorological, agricultural, and hydrological droughts. Natural Hazards, 99(1): 1-16.

Beran M A, Rodier J A. 1985. Hydrological Aspects of Drought: a Contribution to the International Hydrological Programme. Paris: United Nations Educational, Scientific and Cultural Organization (UNESCO).

Blanchet J, Mélèse V. 2020. A Bayesian framework for the multiscale assessment of storm severity and related uncertainties. Journal of Hydrometeorology, 21(1): 109-122.

Carrão H, Naumann G, Barbosa P. 2018. Global projections of drought hazard in a warming climate: a prime for disaster risk management. Climate Dynamics, 50(5-6): 2137-2155.

Carvalho D, Rocha A, Costoya X, et al. 2021. Wind energy resource over Europe under CMIP6 future climate projections: what changes from CMIP5 to CMIP6. Renewable and Sustainable Energy Reviews, 151: 111594.

Chen X G, Li Y, Yao N, et al. 2022. Projected dry/wet regimes in China using SPEI under four SSP-RCPs based on statistically downscaled CMIP6 data. International Journal of Climatology, 42(16): 9357-9384.

Cook B I, Mankin J S, Marvel K, et al. 2020. Twenty-first century drought projections in the CMIP6 forcing scenarios. Earth's Future, 8(6): e2019EF001461.

Dai A G. 2011a. Characteristics and trends in various forms of the PDSI during 1990-2008. Journal of Geophysical Research, 116: D12115.

Dai A G. 2011b. Drought under global warming: a review. WIREs Climate Change, 2(1): 45-65.

Dai A G, Zhao T B. 2017. Uncertainties in historical changes and future projections of drought. Part Ⅰ: estimates of historical drought changes. Climatic Change, 144: 519-533.

Eyring V, Bony S, Meehl G A, et al. 2016. Overview of the coupled model intercomparison project phase 6 (CMIP6) experimental design and organization. Geoscientific Model Development, 9: 1937-1958.

Faiz M A, Zhang Y, Tian X, et al. 2022. Time series analysis for droughts characteristics response to propagation. International Journal of Climatology, 43(3): 1561-1575.

Farahmand A, AghaKouchak A. 2015. A generalized framework for deriving nonparametric standardized drought indicators. Advances in Water Resources, 76: 140-145.

Gaona J, Quintana-Seguí P, Escorihuela M J, et al. 2022. Interactions between precipitation, evapotranspiration and soil-moisture-based indices to characterize drought with high-resolution remote sensing and land-surface model data. Natural Hazards and Earth System Sciences, 22(10): 3461-3485.

Glaz J, Naus J, Wallenstein S. 2001. Scan Statistics. Berlin: Springer.

Gleick P H. 1989. Climate change, hydrology, and water resources. Reviews of Geophysics, 27: 329-344.

Gocic M, Trajkovic S. 2013. Analysis of precipitation and drought data in Serbia over the period 1980-2010. Journal of Hydrology, 494: 32-42.

González J, Valdés J B. 2006. New drought frequency index: definition and comparative performance analysis. Water Resources Research, 42 (11): W11421.

Gonzalez P, Neilson R P, Lenihan J M, et al. 2010. Global patterns in the vulnerability of ecosystems to vegetation shifts due to climate change. Global Ecology and Biogeography, 19: 755-768.

Grose M R, Narsey S, Delage F P, et al. 2020. Insights from CMIP6 for Australia's future climate. Earth's Future, 8(5): e2019EF001469.

Gu L, Chen J, Yin J B, et al. 2020. Responses of precipitation and runoff to climate warming and implications for future drought changes in China. Earth's Future, 8(10): e2020EF001718.

Guan Y, Liu J, Chen A, et al. 2022. Spatial aggregation of global dry and wet patterns based on the standard precipitation index. Earth's Future, 10: 1-12.

Guo S L, Guo J, Hou Y K, et al. 2015. Prediction of future runoff change based on Budyko hypothesis in Yangtze River Basin. Advances in Water Resources, 26: 151-160.

Gusain A, Ghosh S, Karmakar S. 2020. Added value of CMIP6 over CMIP5 models in simulating Indian summer monsoon rainfall. Atmospheric Research, 232: 104680.

Guttman N B. 1999. Accepting the standardized precipitation index: a calculation algorithm. Journal of the American Water Resources Association, 35(2): 311-322.

Han R C, Li Z L, Li Z J, et al. 2021. Spatial-temporal assessment of historical and future meteorological droughts in China. Atmosphere, 12: 787.

Han Z, Huang Q, Huang S, et al. 2021. Spatial-temporal dynamics of agricultural drought in the Loess Plateau under a changing environment: characteristics and potential influencing factors. Agricultural Water Management, 244: 106540.

Huang Z Q, Zhao T T G, Zhang Y Y, et al. 2021. A five-parameter Gamma-Gaussian model to calibrate monthly and seasonal GCM precipitation forecasts. Journal of Hydrology, 603: 126893.

IPCC. 2013. Climate Change 2013: the Physical Science Basis. Contribution of Working Group Ⅰ to the Fifth Assessment Report of the Intergovernmental Panel on Climate Change. Cambridge: Cambridge University Press.

IPCC. 2021. Climate Change 2021: the Physical Science Basis. Contribution of Working Group Ⅰ to the Sixth Assessment Report of the Intergovernmental Panel on Climate Change. Cambridge: Cambridge University Press.

ISDR. 2004. Living with Risk: a Global Review of Disaster Reduction Initiatives (2 vols). Geneva: United Nations Publications.

Jehanzaib M, Sattar M N, Lee J H, et al. 2020. Investigating effect of climate change on drought propagation from meteorological to hydrological drought using multi-model ensemble projections. Stochastic Environmental Research and Risk Assessment, 34: 7-21.

Jia H, Chen F, Zhang C, et al. 2022. High emissions could increase the future risk of maize drought in China by 60-70%. Science of the Total Environment, 852: 158474.

Jiang T, Su B, Wang Y, et al. 2022. Gridded datasets for population and economy under shared socioeconomic pathways for 2020-2100. Advances in Climate Change Research, 18: 381-383.

Kalisa W, Zhang J, Igbawua T, et al. 2020. Spatio-temporal analysis of drought and return periods over the East African region using standardized precipitation index from 1920 to 2016. Agricultural Water Management, 237: 106195.

Koutroulis A G, Grillakis M G, Tsanis I K, et al. 2016. Evaluation of precipitation and temperature simulation performance of the CMIP3 and CMIP5 historical experiments. Climate Dynamics, 47: 1881-1898.

Kulldorff M, Rand K, Cherman G, et al. 1998. SaTScan v. 2.1: Software for the Spatial and Space-time

Scan Statistics. Bethesda: National Cancer Institute.

Kwon M, Kwon H H, Han D W. 2019. Spatio-temporal drought patterns of multiple drought indices based on precipitation and soil moisture: a case study in South Korea. International Journal of Climatology, 39(12): 4669-4687.

Li H, Li Z, Chen Y, et al. 2021. Drylands face potential threat of robust drought in the CMIP6 SSPs scenarios. Environmental Research Letters, 16(11): 114004.

Li H B, Sheffield J, Wood E F. 2010. Bias correction of monthly precipitation and temperature fields from Intergovernmental Panel on Climate Change AR4 models using equidistant quantile matching. Journal of Geophysical Research: Atmospheres, 115: D10101.

Li H X, Chen H P, Wang H J. 2017. Effects of anthropogenic activity emerging as intensified extreme precipitation over China. Journal of Geophysical Research: Atmospheres, 122(13): 6899-6914.

Li Q X, Huang J Y, Jiang Z H, et al. 2014. Detection of urbanization signals in extreme winter minimum temperature changes over Northern China. Climatic Change, 122: 595-608.

Liang L, Zhao S H, Qin Z H, et al. 2014. Drought change trend using MODIS TVDI and its relationship with climate factors in China from 2001 to 2010. Journal of Integrative Agriculture, 13(7): 1501-1508.

Liu X, Pan Y, Zhu X, et al. 2018. Drought evolution and its impact on the crop yield in the North China Plain. Journal of Hydrology, 564: 984-996.

Liu Y, Chen J. 2021a. Future global socioeconomic risk to droughts based on estimates of hazard, exposure, and vulnerability in a changing climate. Science of the Total Environment, 751: 142159.

Liu Y, Chen J. 2021b. Socioeconomic risk of droughts under a 2.0℃ warmer climate: assessment of population and GDP exposures to droughts in China. International Journal of Climatology, 41: E380-E391.

Liu Y, Chen J, Pan T. 2021. Spatial and temporal patterns of drought hazard for China under different RCP scenarios in the 21st century. International Journal of Disaster Risk Reduction, 52: 101948.

Lu Y, Cai H, Jiang T, et al. 2019. Assessment of global drought propensity and its impacts on agricultural water use in future climate scenarios. Agricultural and Forest Meteorology, 278: 107623.

Lyu K, Zhang X, Church J A. 2020. Regional dynamic sea level simulated in the CMIP5 and CMIP6 models: mean biases, future projections, and their linkages. Journal of Climate, 33(15): 6377-6398.

Ma Z C, Sun P, Zhang Q, et al. 2022. The characteristics and evaluation of future droughts across China through the CMIP6 multi-model ensemble. Remote Sensing, 14: 1097.

Mesbahzadeh T, Mirakbari M, Mohseni Saravi M, et al. 2020. Meteorological drought analysis using copula theory and drought indicators under climate change scenarios (RCP). Meteorological Applications, 27(1): e1856.

Meza I, Siebert S, Döll P, et al. 2020. Global-scale drought risk assessment for agricultural systems. Natural Hazards and Earth System Sciences, 20(2): 695-712.

Mishra A K, Singh V P. 2010. A review of drought concepts. Journal of Hydrology, 391(1-2): 202-216.

Müller L M, Bahn M. 2022. Drought legacies and ecosystem responses to subsequent drought. Global Change Biology, 28(17): 5086-5103.

Naumann G, Alfieri L, Wyser K, et al. 2018. Global changes in drought conditions under different levels of warming. Geophysical Research Letters, 45(7): 3285-3296.

O'Neill B C, Tebaldi C, van Vuuren D P, et al. 2016. The scenario model intercomparison project

(ScenarioMIP) for CMIP6. Geoscientific Model Development, 9(9): 3461-3482.

Palmer W C. 1965. Meteorological Drought. Washington D.C.: United States Department of Commerce, Weather Bureau.

Paulo A, Martins D, Santos Pereira L. 2016. Influence of precipitation changes on the SPI and related drought severity: an analysis using long-term data series. Water Resources Management, 30(15): 5737-5757.

Pei W, Tian C Z, Fu Q, et al. 2022. Risk analysis and influencing factors of drought and flood disasters in China. Natural Hazards, 110(3): 1599-1620.

Popp A, Calvin K, Fujimori S, et al. 2017. Land-use futures in the shared socio-economic pathways. Global Environmental Change, 42: 331-345.

Potopová V, Štěpánek P, Možný M, et al. 2015. Performance of the standardised precipitation evapotranspiration index at various lags for agricultural drought risk assessment in the Czech Republic. Agricultural and Forest Meteorology, 202: 26-38.

Qian W J, Chang H H. 2021. Projecting health impacts of future temperature: a comparison of quantile-mapping bias-correction methods. International Journal of Environmental Research and Public Health, 18: 1992-2013.

Qin L J, Liao X L, Xu W, et al. 2022. Change in population exposure to future tropical cyclones in Northwest Pacific. Atmosphere, 14(1): 69.

Quiring S M. 2009. Developing objective operational definitions for monitoring drought. Journal of Applied Meteorology and Climatology, 48(6): 1217-1229.

Satish K K, AnandRaj P, Sreelatha K, et al. 2021. Regional analysis of drought severity-duration-frequency and severity-area-frequency curves in the Godavari River Basin, India. International Journal of Climatology, 41(12): 5481-5501.

Shao D, Chen S, Tan X, et al. 2018. Drought characteristics over China during 1980-2015. International Journal of Climatology, 38(9): 3532-3545.

Song Z H, Xia J, She D X, et al. 2021. Assessment of meteorological drought change in the 21st century based on CMIP6 multi-model ensemble projections over mainland China. Journal of Hydrology, 601: 126643.

Sperber K R, Annamalai H, Kang I S, et al. 2013. The Asian summer monsoon: an intercomparison of CMIP5 vs. CMIP3 simulations of the late 20th century. Climate Dynamics, 41: 2711-2744.

Su B D, Huang J L, Fischer T, et al. 2018. Drought losses in China might double between the 1.5℃ and 2.0℃ warming. Proceedings of the National Academy of Sciences of the United States of America, 115(42): 10600-10605.

Su B D, Huang J L, Mondal S K, et al. 2021. Insight from CMIP6 SSP-RCP scenarios for future drought characteristics in China. Atmospheric Research, 250: 105375.

Sun J L, Lei X H, Tian Y, et al. 2013. Hydrological impacts of climate change in the upper reaches of the Yangtze River Basin. Quaternary International, 304: 62-74.

Svoboda M, Hayes M, Wood D. 2012. Standardized Precipitation Index: User Guide. Geneva: World Meteorological Organization.

Ukkola A M, de Kauwe M G, Roderick M L, et al. 2020. Robust future changes in meteorological drought in CMIP6 projections despite uncertainty in precipitation. Geophysical Research Letters, 47(11): e2020GL087820.

Ullah I, Ma X, Ren G, et al. 2022. Recent changes in drought events over South Asia and their possible linkages with climatic and dynamic factors. Remote Sensing, 14(13): 3219.

van Vuuren D P, Edmonds J, Kainuma M, et al. 2011. The representative concentration pathways: an overview. Climatic Change, 109(1): 5-31.

Vicente-Serrano S M, Beguería S, López-Moreno J I. 2010. A multiscalar drought index sensitive to global warming: the standardized precipitation evapotranspiration index. Journal of Climate, 23(7): 1696-1718.

Vicente-Serrano S M, Lopez-Moreno J I, Beguería S, et al. 2014. Evidence of increasing drought severity caused by temperature rise in Southern Europe. Environmental Research Letters, 9(4): 044001.

Wan C J, Cheng C X, Ye S J, et al. 2021. Recognizing the aggregation characteristics of extreme precipitation events using spatio-temporal scanning and the local spatial autocorrelation model. Atmosphere, 12(2): 218-231.

Wang J F, Li X H, Christakos G, et al. 2010. Geographical detectors-based health risk assessment and its application in the neural tube defects study of the Heshun Region, China. International Journal of Geographical Information Science, 24(1): 107-127.

Wang X Y, Zhuo L, Li C, et al. 2020. Temporal and spatial evolution trends of drought in Northern Shaanxi of China: 1960-2100. Theoretical and Applied Climatology, 139: 965-979.

Wells N, Goddard S, Hayes M J. 2004. A self-calibrating Palmer drought severity index. Journal of Climate, 17(12): 2335-2351.

Williams A P, Cook B I, Smerdon J E. 2022. Rapid intensification of the emerging Southwestern North American megadrought in 2020-2021. Nature Climate Change, 12: 232-234.

World Meteorological Organization. 2012. Standardized Precipitation Index User Guide. Geneva: WMO.

Wu H, Wilhite D A. 2004. An operational agricultural drought risk assessment model for Nebraska, USA. Natural Hazards, 33: 1-21.

Xie W, Wang S, Yan X. 2022. Evaluation and projection of diurnal temperature range in Maize cultivation areas in China based on CMIP6 models. Sustainability, 14(3): 1660.

Xu Y, Gao X J, Shen Y, et al. 2009. A daily temperature dataset over China and its application in validating a RCM simulation. Advances in Atmospheric Sciences, 26(4): 763-772.

Xu Y, Zhang X, Hao Z, et al. 2021. Projections of future meteorological droughts in China under CMIP6 from a three-dimensional perspective. Agricultural Water Management, 252: 106849.

Yang X, Zhou B, Xu Y, et al. 2021. CMIP6 evaluation and projection of temperature and precipitation over China. Advances in Atmospheric Sciences, 38: 817-830.

Yao J, Zhao Y, Yu X. 2018. Spatial-temporal variation and impacts of drought in Xinjiang (Northwest China) during 1961-2015. PeerJ, 6: e4926.

Yao N, Li L, Feng P, et al. 2020. Projections of drought characteristics in China based on a standardized precipitation and evapotranspiration index and multiple GCMs. Science of the Total Environment, 704: 135245.

Yin J, Medellín-Azuara J, Escriva-Bou A. 2022. Groundwater levels hierarchical clustering and regional groundwater drought assessment in heavily drafted aquifers. Hydrology Research, 53(7): 1031-1046.

Zargar A, Sadiq R, Naser B, et al. 2011. A review of drought indices. Environmental Reviews, 19: 333-349.

Zhang G, Gan T Y, Su X. 2021. Twenty-first century drought analysis across China under climate change. Climate Dynamics, 59(5): 1665-1685.

Zhang J, You Q, Ren G, et al. 2023. Inequality of global thermal comfort conditions changes in a warmer world. Earth's Future: e2022EF003109.

Zhang Y, Hu X, Zhang Z, et al. 2023. The increasing risk of future simultaneous droughts over the Yangtze River basin based on CMIP6 models. Stochastic Environmental Research and Risk Assessment, 37(7): 2577-2601.

Zhao J, Zhang Q, Zhu X, et al. 2020. Drought risk assessment in China: evaluation framework and influencing factors. Geography and Sustainability, 1(3): 220-228.

Zhu H H, Jiang Z H, Li J, et al. 2020. Does CMIP6 inspire more confidence in simulating climate extremes over China? Advances in Atmospheric Sciences, 37: 1119-1132.

Zhu H H, Jiang Z H, Li L. 2021. Projection of climate extremes in China, an incremental exercise from CMIP5 to CMIP6. Science Bulletin, 66(24): 2528-2537.

Zhu X, Lee S Y, Wen X H, et al.2021. Extreme climate changes over three major river basins in China as seen in CMIP5 and CMIP6. Climate Dynamics, 57: 1187-1205.

Zou L W, Zhou T J. 2022. Mean and extreme precipitation changes over China under SSP scenarios: results from high-resolution dynamical downscaling for CORDEX East Asia. Climate Dynamics, 58(3): 1015-1031.